范例导航系列丛书

Excel 2010 公式·函数·图表与数据分析

文杰书院　编著

清华大学出版社
北 京

内 容 简 介

本书是"范例导航"系列丛书的一个分册,以通俗易懂的语言、精挑细选的实用技巧、翔实生动的操作案例,全面介绍了 Excel 2010 公式、函数、图表与数据分析的知识以及应用案例,主要内容包括 Excel 公式基础与操作、公式审核与错误处理、Excel 函数基础与操作、数组公式与多维引用、使用统计图表分析数据、使用数据透视表与透视图分析数据和使用模拟分析与规划分析等。

本书配套一张多媒体全景教学光盘,其中收录了本书全部知识点的视频教学课程,同时还赠送了多套相关视频教学课程。超低的学习门槛和超丰富的光盘内容,可以帮助读者循序渐进地学习、掌握和提高。

本书可作为有一定 Excel 基础操作知识的读者学习公式、函数、图表与数据分析的参考用书,既可以作为函数速查工具手册,又可以作为丰富的函数应用案例宝典,适合广大电脑爱好者及各行各业人员作为学习 Excel 的自学手册使用,同时还可以作为初、中级电脑培训班的电脑课堂教材。

图书在版编目(CIP)数据

Excel 2010 公式·函数·图表与数据分析/文杰书院编著. --北京:清华大学出版社,2015
(范例导航系列丛书)
ISBN 978-7-302-37572-2

Ⅰ. ①E… Ⅱ. ①文… Ⅲ. ①表处理软件 Ⅳ. ①TP391.13

中国版本图书馆 CIP 数据核字(2014)第 174677 号

责任编辑:魏　莹　郑期彤
装帧设计:杨玉兰
责任校对:王　晖
责任印制:杨　艳

出版发行:清华大学出版社
　　　　网　　　址:http://www.tup.com.cn,http://www.wqbook.com
　　　　地　　　址:北京清华大学学研大厦 A 座　　　邮　　编:100084
　　　　社 总 机:010-62770175　　　邮　　购:010-62786544
　　　　投稿与读者服务:010-62776969,c-service@tup.tsinghua.edu.cn
　　　　质 量 反 馈:010-62772015,zhiliang@tup.tsinghua.edu.cn
　　　　课 件 下 载:http://www.tup.com.cn,010-62791865
印 刷 者:北京鑫丰华彩印有限公司
装 订 者:三河市少明印务有限公司
经　　销:全国新华书店
开　　本:185mm×260mm　　　印　张:26.5　　　字　　数:638 千字
　　　　　(附 DVD1 张)
版　　次:2015 年 1 月第 1 版　　　印　　次:2015 年 1 月第 1 次印刷
印　　数:1~3000
定　　价:58.00 元

产品编号:056117-01

致 读 者

　　"范例导航系列丛书"将成为您"快速掌握电脑技能，灵活运用职场工作"的全新学习工具和业务宝典，通过"图书+多媒体视频教学光盘+网上学习指导"等多种方式与渠道，为您奉上丰盛的学习与进阶的盛宴。

　　"范例导航系列丛书"涵盖了电脑基础与办公、图形图像处理、计算机辅助设计等多个领域，本系列丛书汲取目前市面上同类图书作品的成功经验，针对读者最常见的需求来进行精心设计，从而知识更丰富，讲解更清晰，覆盖面更广，是读者首选的电脑入门与应用类学习与参考用书。

　　衷心希望通过我们坚持不懈的努力能够满足读者的需求，不断提高我们的图书编写和技术服务水平，进而达到与读者共同学习，共同提高的目的。

一、轻松易懂的学习模式

　　我们秉承**"打造最优秀的图书、制作最优秀的电脑学习软件、提供最完善的学习与工作指导"**的原则，在本系列图书的编写过程中，聘请电脑操作与教学经验丰富的老师和来自工作一线的技术骨干倾力合作编写，为您系统化地学习和掌握相关知识与技术奠定扎实的基础。

1. 快速入门、学以致用

　　本套图书特别注重读者学习习惯和实践工作应用，针对图书的内容与知识点，设计了更加贴近读者学习的教学模式，采用**"基础知识学习+范例应用与上机指导+课后练习"**的教学模式，帮助读者从*初步了解*到**掌握**再到**实践应用**，循序渐进地成为电脑应用高手与行业精英。

2. 版式清晰，条理分明

　　为便于读者学习和阅读本书，我们聘请专业的图书排版与设计师，根据读者的阅读习

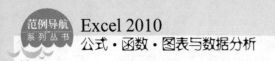

惯，精心设计了赏心悦目的版式，全书图案精美、布局美观，读者可以轻松完成整个学习过程，进而在轻松愉快的阅读氛围中，快速学习、逐步提高。

3. 结合实践，注重职业化应用

本套图书在内容安排方面，尽量摒弃枯燥无味的基础理论，精选了更适合实际生活与工作的知识点，每个知识点均采用"**基础知识+范例应用**"的模式编写，其中"基础知识"操作部分偏重在知识的学习与灵活运用，"范例应用"主要讲解该知识点在实际工作和生活中的综合应用。除此之外，每一章的最后都安排了"课后练习"，帮助读者综合应用本章的知识制作实例并进行自我练习。

二、轻松实用的编写体例

本套图书在编写过程中，注重内容起点低，操作上手快，讲解言简意赅，读者不需要复杂的思考，即可快速掌握所学的知识与内容。同时针对知识点及各个知识板块的衔接，科学地划分章节，知识点分布由浅入深，符合读者循序渐进与逐步提高的学习习惯，从而使学习达到事半功倍的效果。

- **本章要点**：在每章的章首页，我们以言简意赅的语言，清晰地表述了本章即将介绍的知识点，读者可以有目的地学习与掌握相关知识。

- **操作步骤**：对于需要实践操作的内容，全部采用分步骤、分要点的讲解方式，图文并茂，使读者不但可以动手操作，还可以在大量实践案例的练习中，不断地积累经验、提高操作技能。

- **知识精讲**：对于软件功能和实际操作应用比较复杂的知识，或者难以理解的内容，进行更为详尽的讲解，帮助您拓展、提高与掌握更多的技巧。

- **范例应用与上机操作**：读者通过阅读和学习此部分内容，可以边动手操作，边阅读书中所介绍的实例，一步一步地快速掌握和巩固所学知识。

- **课后练习**：通过此栏目内容，不但可以温习所学知识，还可以通过练习，达到巩固基础、提高操作能力的目的。

三、精心制作的教学光盘

本套丛书配套多媒体视频教学光盘，旨在帮助读者完成"从入门到提高，从实践操作到职业化应用"的一站式学习与辅导过程。配套光盘共分为"基础入门"、"知识拓展"、

"上网交流"和"配套素材"4个模块，每个模块都注重知识点的分配与规划，使光盘功能更加完善。

- **基础入门**：在"基础入门"模块中，为读者提供了本书全部重要知识点的多媒体视频教学全程录像，从而帮助读者在阅读图书的同时，还可以通过观看视频操作快速掌握所学知识。

- **知识拓展**：在"知识拓展"模块中，为读者免费赠送了与本书相关的 4 套多媒体视频教学录像，读者在学习本书视频教学内容的同时，还可以学到更多的相关知识，读者相当于买了一本书，获得了 5 本书的知识与信息量！

- **上网交流**：在"上网交流"模块中，读者可以通过网上访问的形式，与清华大学出版社和本丛书作者远程沟通与交流，有助于读者在学习中有疑问的时候，可以快速解决问题。

- **配套素材**：在"配套素材"模块中，读者可以打开与本书学习内容相关的素材与资料文件夹，在这里读者可以结合图书中的知识点，通过配套素材全景还原知识点的讲解与设计过程。

四、图书产品与读者对象

"范例导航系列丛书"涵盖电脑应用的各个领域，为各类初、中级读者提供了全面的学习与交流平台，适合电脑的初、中级读者，以及对电脑有一定基础、需要进一步学习电脑办公技能的电脑爱好者与工作人员，也可作为大中专院校、各类电脑培训班的教材。本次出版共计 10 本，具体书目如下。

- Office 2010 电脑办公基础与应用（Windows 7+Office 2010 版）
- Dreamweaver CS6 网页设计与制作
- AutoCAD 2014 中文版基础与应用
- Excel 2010 电子表格入门与应用
- Flash CS6 中文版动画设计与制作
- CorelDRAW X6 中文版平面设计与制作
- Excel 2010 公式·函数·图表与数据分析
- Illustrator CS6 中文版平面设计与制作

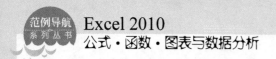
- UG NX 8.5 中文版入门与应用
- After Effects CS6 基础入门与应用

五、全程学习与工作指导

为了帮助您顺利学习、高效就业，如果您在学习与工作中遇到疑难问题，欢迎您与我们及时地进行交流与沟通，我们将全程免费答疑。希望我们的工作能够让您更加满意，希望我们的指导能够为您带来更大的收获，希望我们可以成为志同道合的朋友！

您可以通过以下方式与我们取得联系：

QQ 号码：12119840

读者服务 QQ 交流群号：128780298

电子邮箱：itmingjian@163.com

文杰书院网站：www.itbook.net.cn

最后，感谢您对本系列图书的支持，我们将再接再厉，努力为读者奉献更加优秀的图书。衷心地祝愿您能早日成为电脑高手！

编　者

前　　言

Excel 2010 是最新版的 Office 2010 中最重要的家族成员，它比以往的老版本功能更强大、更具人性化、设计更专业、使用更方便，被广泛地应用于数据管理、财务统计、金融等领域。为帮助读者快速学习与应用 Excel 2010 办公软件，以便在日常的学习和工作中学以致用，我们编写了本书。

本书在编写过程中根据读者的学习习惯，采用由浅入深的方式讲解，通过大量的实例讲解，介绍了 Excel 的使用方法和技巧，为读者快速学习提供了一个全新的学习和实践操作平台，无论从基础知识的安排还是实践应用能力的训练，都充分地考虑了用户的需求，有助于用户理论知识与应用能力的同步提高。

读者可以通过本书配套的多媒体视频教学光盘进行学习，还可以通过光盘中赠送的视频学习其他相关课程。本书结构清晰，内容丰富，全书分为 16 章，主要包括 4 个方面的内容。

1. Excel 2010 快速入门与应用

本书第 1 章介绍 Excel 2010 快速入门与应用的相关知识，包括 Excel 的启动与退出、工作薄的基本操作、工作表的基本操作、单元格的基本操作和格式化工作表方面的内容。

2. Excel 公式与函数基础知识

本书第 2～4 章介绍 Excel 公式与函数基础知识，包括认识公式与函数、公式中的运算符及其优先级、输入与编辑公式、函数的结构和种类、输入函数的方法、定义和使用名称等相关知识及操作方法，同时还讲解公式审核与错误处理的方法。

3. 函数应用举例

本书第 5～11 章主要介绍文本与逻辑函数、日期与时间函数、数学与三角函数、财务函数、统计函数、查找与引用函数和数据库与信息函数方面的知识与操作技巧。

4. 数据分析与处理

本书第 12～16 章介绍数据分析与处理方面的知识，主要介绍数组公式与多维引用、使用统计图表分析数据、数据分析与处理、使用数据透视表与透视图分析数据和使用模拟分析与规划分析方面的知识与操作技巧。

本书由文杰书院组织编写，参与本书编写工作的有李军、袁帅、王超、徐伟、李强、许媛媛、贾亮、安国英、冯臣、高桂华、贾丽艳、李统才、李伟、蔺丹、沈书慧、蔺影、宋艳辉、张艳玲、安国华、高金环、贾万学、蔺寿江、贾亚军、沈嵘、刘义等。

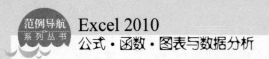
我们真切希望读者在阅读本书之后，开阔了视野，增长了实践操作技能，并从中学到和掌握操作的经验和规律，具备灵活运用的水平。鉴于编者水平有限，书中纰漏和考虑不周之处在所难免，热忱欢迎读者予以批评指正，以便我们日后能编写出更好的图书。

如果读者在使用本书时遇到问题，可以访问网站 http://www.itbook.net.cn 或发邮件至 itmingjian@163.com 与我们交流和沟通。

编　者

目　录

第 1 章　Excel 2010 快速入门与应用......1

1.1 认识 Excel 2010 工作界面.................2

　1.1.1 Excel 2010 的工作界面.............2

　1.1.2 快速访问工具栏.....................2

　1.1.3 标题栏...................................3

　1.1.4 功能区...................................3

　1.1.5 工作区...................................3

　1.1.6 编辑栏...................................4

　1.1.7 状态栏...................................4

　1.1.8 滚动条...................................4

　1.1.9 工作表切换区.........................5

1.2 Excel 2010 的基本概念.....................5

　1.2.1 什么是工作簿、工作表及
　　　　单元格...................................5

　1.2.2 工作簿、工作表与单元格
　　　　的关系...................................6

1.3 工作簿的基本操作.............................7

　1.3.1 创建新工作簿.........................7

　1.3.2 开始输入数据.........................8

　1.3.3 保存和关闭工作簿.................9

　1.3.4 打开保存的工作簿.................10

　1.3.5 保护工作簿...........................10

1.4 工作表的基本操作.............................11

　1.4.1 选取工作表...........................12

　1.4.2 重命名工作表.......................14

　1.4.3 添加与删除工作表.................15

　1.4.4 复制与移动工作表.................16

　1.4.5 保护工作表...........................18

1.5 单元格的基本操作.............................19

　1.5.1 选取单元格...........................19

　1.5.2 插入单元格...........................20

　1.5.3 清除与删除单元格.................21

　1.5.4 移动与复制单元格.................23

1.6 格式化工作表...................................24

　1.6.1 调整表格行高与列宽.............25

　1.6.2 设置字体格式.......................26

　1.6.3 设置对齐方式.......................27

　1.6.4 添加表格边框.......................27

　1.6.5 自动套用格式.......................28

1.7 范例应用与上机操作.........................29

　1.7.1 缩放窗口...............................29

　1.7.2 隐藏工作表...........................30

　1.7.3 取消隐藏工作表.....................30

1.8 课后练习...31

　1.8.1 思考与练习...........................31

　1.8.2 上机操作...............................32

第 2 章　Excel 公式基础与操作.............33

2.1 公式简介...34

　2.1.1 认识公式...............................34

　2.1.2 运算符...................................34

　2.1.3 运算符优先级.......................36

2.2 为单元格或单元格区域命名.............36

　2.2.1 为单元格命名.......................36

　2.2.2 为单元格区域命名.................37

2.3 使用单元格引用...............................39

　2.3.1 A1 引用样式和 R1C1 引用
　　　　样式...................................39

　2.3.2 相对引用、绝对引用和
　　　　混合引用...........................39

　2.3.3 多单元格和单元格区域的
　　　　引用...................................43

　2.3.4 引用本工作簿其他
　　　　工作表的单元格.................45

2.3.5 引用其他工作簿中的
单元格 46

2.4 输入与编辑公式 47
2.4.1 输入公式 47
2.4.2 修改公式 49
2.4.3 移动与复制公式 49
2.4.4 显示与隐藏公式 51
2.4.5 删除公式 53

2.5 范例应用与上机操作 53
2.5.1 计算岗前考核成绩 53
2.5.2 通过单元格引用计算
全年总产量 54

2.6 课后练习 55
2.6.1 思考与练习 55
2.6.2 上机操作 56

第3章 公式审核与错误处理 57

3.1 公式审核与快速计算 58
3.1.1 使用公式的分步计算 ...58
3.1.2 使用公式错误检查器 ...59
3.1.3 追踪引用单元格 60
3.1.4 显示单元格中的公式 ...61
3.1.5 隐藏编辑栏中的公式 ...61
3.1.6 自动显示计算结果 63
3.1.7 自动求和 63

3.2 公式中的常见错误值 64
3.2.1 "#####"错误及解决方法 64
3.2.2 "#DIV/0!"错误及解决
方法 64
3.2.3 "#N/A"错误及解决方法 65
3.2.4 "#NAME?"错误及解决
方法 65
3.2.5 "#NULL!"错误及解决
方法 65
3.2.6 "#NUM!"错误及解决
方法 65

3.2.7 "#REF!"错误及解决方法 66
3.2.8 "#VALUE!"错误及解决
方法 66

3.3 使用公式的常见问题 66
3.3.1 检查公式中的错误 66
3.3.2 处理意外循环引用 67
3.3.3 有目的地启用循环引用 68
3.3.4 显示公式本身 69
3.3.5 自动重算和手动重算 ...70

3.4 处理公式中的常见错误 71
3.4.1 括号不匹配 71
3.4.2 空白但非空的单元格 ...71
3.4.3 显示值与实际值 72

3.5 公式结果的检验和验证 73
3.5.1 使用按键查看运算结果 73
3.5.2 使用公式求值查看分步
计算结果 74

3.6 范例应用与上机操作 75
3.6.1 在多个单元格中输入
同一个公式 75
3.6.2 复制公式但不使用相对
引用 75

3.7 课后练习 76
3.7.1 思考与练习 76
3.7.2 上机操作 76

第4章 Excel 函数基础与操作 77

4.1 函数简介 78
4.1.1 认识函数 78
4.1.2 函数的语法结构 78
4.1.3 函数的分类 78
4.1.4 函数参数类型 80

4.2 输入函数 81
4.2.1 使用"函数库"组中的
功能按钮插入函数 81

　　　　7.4.14 计算反双曲正切值 151
　　　　7.4.15 计算给定坐标的反正
　　　　　　　 切值 152
　　7.5 范例应用与上机操作 152
　　　　7.5.1 使用 SUM 函数与
　　　　　　　 PRODUCT 函数统计
　　　　　　　 销售额 153
　　　　7.5.2 根据直径计算圆的周长 153
　　7.6 课后练习 154
　　　　7.6.1 思考与练习 154
　　　　7.6.2 上机操作 154

第 8 章　财务函数 155

　　8.1 折旧函数 156
　　8.2 折旧函数应用举例 157
　　　　8.2.1 计算注塑机每个结算期的
　　　　　　　 余额递减折旧值 157
　　　　8.2.2 计算切割机每个结算期的
　　　　　　　 折旧值 157
　　　　8.2.3 使用固定余额递减法计算
　　　　　　　 显示器折旧值 158
　　　　8.2.4 使用双倍余额递减法计算
　　　　　　　 键盘折旧值 159
　　　　8.2.5 使用余额递减法计算房屋
　　　　　　　 折旧值 159
　　　　8.2.6 使用年限总和折旧法计算
　　　　　　　 T 区折旧值 160
　　　　8.2.7 计算商铺在一个期间内的
　　　　　　　 线性折旧值 161
　　8.3 投资函数 161
　　8.4 投资函数应用举例 162
　　　　8.4.1 计算零存整取的未来值 162
　　　　8.4.2 计算浮动利率存款的
　　　　　　　 未来值 163
　　　　8.4.3 根据预期回报计算理财
　　　　　　　 投资期数 164

　　　　8.4.4 计算贷款买车的贷款额 164
　　　　8.4.5 计算投资中的净现值 165
　　　　8.4.6 计算未必定发生的投资的
　　　　　　　 净现值 165
　　8.5 本金与利息函数 166
　　　　常见的本金与利息函数 166
　　8.6 本金与利息函数应用举例 167
　　　　8.6.1 计算贷款的每月分期
　　　　　　　 付款额 167
　　　　8.6.2 计算贷款在给定期间内的
　　　　　　　 支付利息 168
　　　　8.6.3 计算贷款在给定期间内
　　　　　　　 偿还的本金 168
　　　　8.6.4 计算特定投资期内支付的
　　　　　　　 利息 169
　　　　8.6.5 计算两个付款期之间累计
　　　　　　　 支付的利息 170
　　　　8.6.6 计算两个付款期之间累计
　　　　　　　 支付的本金 170
　　　　8.6.7 将名义年利率转换为实际
　　　　　　　 年利率 171
　　　　8.6.8 将实际年利率转换为名义
　　　　　　　 年利率 171
　　　　8.6.9 计算贷款年利率 172
　　8.7 报酬率计算函数 173
　　　　常见的报酬率计算函数 173
　　8.8 报酬率计算函数应用举例 173
　　　　8.8.1 计算一系列现金流的内部
　　　　　　　 收益率 174
　　　　8.8.2 计算不同利率下的内部
　　　　　　　 收益率 174
　　　　8.8.3 计算未必定期发生现金流
　　　　　　　 的内部收益率 175
　　8.9 范例应用与上机操作 176
　　　　8.9.1 使用 SLN 函数计算线性
　　　　　　　 升值 176

第6章 日期与时间函数..................**115**

6.1 认识日期与时间函数...............116
　　6.1.1 了解日期数据...............116
　　6.1.2 了解时间数据...............116
　　6.1.3 常用的日期函数...........116

6.2 日期函数应用举例...............117
　　6.2.1 推算春节倒计时...........118
　　6.2.2 判断一个日期所在的季度.....118
　　6.2.3 计算员工退休日期...........119
　　6.2.4 指定日期的上一月份天数.....120
　　6.2.5 计算员工工龄...............120
　　6.2.6 返回指定日期的星期值.......121
　　6.2.7 返回上一星期日的日期数.....121
　　6.2.8 返回日期在"安全生产"
　　　　　中的周数...................122
　　6.2.9 统计员工出勤情况...........123
　　6.2.10 统计员工在职时间.........124

6.3 时间函数.......................124
　　6.3.1 时间的加减运算...........124
　　6.3.2 时间的舍入运算...........125
　　6.3.3 常用的时间函数...........125

6.4 时间函数应用举例...............125
　　6.4.1 计算精确的比赛时间.........125
　　6.4.2 返回选手之间相差的秒数.....126
　　6.4.3 安排用餐时间...............127
　　6.4.4 计算电影播放时长...........128

6.5 范例应用与上机操作.............128
　　6.5.1 统计试用期到期人数.........128
　　6.5.2 计算员工加班时长...........129

6.6 课后练习.......................130
　　6.6.1 思考与练习...............130
　　6.6.2 上机操作.................130

第7章 数学与三角函数..................**131**

7.1 常用数学函数...................132
　　7.1.1 了解取余函数.............132
　　7.1.2 了解舍入函数.............132
　　7.1.3 了解随机函数.............133
　　7.1.4 了解求和函数.............133

7.2 数学函数应用举例...............133
　　7.2.1 计算库存结余.............133
　　7.2.2 利用员工编号标示员工
　　　　　所在部门.................134
　　7.2.3 计算人均销售额...........135
　　7.2.4 计算每天销售数量.........135
　　7.2.5 计算营业额...............136
　　7.2.6 计算车次.................136
　　7.2.7 随机显示数字.............137
　　7.2.8 随机抽取中奖号码.........138
　　7.2.9 计算学生总分成绩.........138
　　7.2.10 统计女性教授人数.........139
　　7.2.11 统计商品打折销售额.......140
　　7.2.12 统计各部门销售额.........140
　　7.2.13 统计指定商品的销售
　　　　　　数量...................141
　　7.2.14 计算学生平均成绩.........141

7.3 基本三角函数...................142

7.4 三角函数应用举例...............143
　　7.4.1 根据已知弧度计算
　　　　　五角星内角和.............143
　　7.4.2 根据角度和半径计算弧长....144
　　7.4.3 计算指定角度的正弦值......144
　　7.4.4 计算数字的反正弦值........145
　　7.4.5 计算双曲正弦值...........146
　　7.4.6 计算反双曲正弦值.........146
　　7.4.7 计算给定角度的余弦值......147
　　7.4.8 计算反余弦值.............147
　　7.4.9 计算双曲余弦值...........148
　　7.4.10 计算反双曲余弦值.........149
　　7.4.11 计算给定弧度的正切值......149
　　7.4.12 计算反正切值.............150
　　7.4.13 计算双曲正切值...........150

4.2.2 使用插入函数向导输入
    函数 82
4.2.3 手动输入函数 84
4.3 编辑函数 84
4.3.1 修改函数 84
4.3.2 嵌套函数 85
4.4 定义名称 86
4.4.1 在 Excel 中定义名称的
    作用 86
4.4.2 名称的命名规则 87
4.4.3 将公式定义为名称 87
4.5 函数与公式的限制 88
4.5.1 计算精度限制 88
4.5.2 公式字符限制 89
4.5.3 函数参数的限制 89
4.5.4 函数嵌套层数的限制 89
4.6 范例应用与上机操作 89
4.6.1 通过函数计算应缴物业费 90
4.6.2 通过函数对学生成绩进行
    排名 91
4.7 课后练习 92
4.7.1 思考与练习 92
4.7.2 上机操作 92

第5章 文本与逻辑函数 93

5.1 文本函数 94
5.1.1 什么是文本函数 94
5.1.2 认识文本数据 94
5.1.3 区分文本与数值 94
5.1.4 文本函数介绍 95
5.2 文本函数应用举例 96
5.2.1 转换货币格式 96
5.2.2 将数值转换为大写汉字 97
5.2.3 生成 26 个字母序列 97
5.2.4 将全角字符转换为半角
    字符 98

5.2.5 利用身份证号码判断性别........98
5.2.6 分离姓名与电话号码............99
5.2.7 将文本中每个单词的首
    字母转换为大写...............100
5.2.8 英文句首字母大写............101
5.2.9 将文本格式的数字转换为
    普通数字....................101
5.2.10 比对文本..................102
5.2.11 清理非打印字符............103
5.2.12 删除多余空格..............103
5.3 逻辑函数........................104
5.3.1 什么是逻辑函数............104
5.3.2 逻辑函数介绍..............104
5.4 逻辑函数应用举例................105
5.4.1 对销售员评级..............105
5.4.2 标注不及格考生............106
5.4.3 检测产品是否合格..........106
5.4.4 判断员工是否有资格
    竞选组长....................107
5.4.5 判断考生是否需要补考......107
5.4.6 判断录入的手机号码
    是否正确....................108
5.4.7 对比数据是否相同..........109
5.4.8 对销售情况进行比较........109
5.4.9 对产品进行分类............110
5.4.10 选择面试人员..............110
5.5 范例应用与上机操作..............111
5.5.1 检查网店商品是否发货......111
5.5.2 升级电话号码位数..........112
5.5.3 检查身份证号码长度
    是否正确....................113
5.6 课后练习........................113
5.6.1 思考与练习................113
5.6.2 上机操作..................114

IX

8.9.2 使用 PV 函数计算一次性
存款额 176

8.9.3 使用 XIRR 函数计算设备
不定期现金流收益率 177

8.10 课后练习 178
8.10.1 思考与练习 178
8.10.2 上机操作 178

第 9 章　统计函数 179

9.1 常规统计函数 180
9.2 常规统计函数应用举例 181
9.2.1 统计参加植树节的人数 181
9.2.2 统计请假人数 181
9.2.3 统计数学不及格的学生
人数 182
9.2.4 统计 A 班语文成绩优秀的
学生人数 183
9.2.5 计算人均销售额 183
9.2.6 计算女员工人均销售额 184
9.2.7 计算女员工销售额大于
6000 的人均销售额 185
9.2.8 计算销售额的中间值 185
9.2.9 计算销售额中的最大值 186
9.2.10 计算已上报销售额中的
最大值 187
9.2.11 计算销售额中的最小值 187
9.2.12 计算已上报销售额中的
最小值 188
9.2.13 提取销售季军的销售额 189
9.2.14 提取销售员最后一名的
销售额 189
9.2.15 根据总成绩对考生进行
排名 190
9.3 数理统计函数 191
9.4 数理统计函数应用举例 192
9.4.1 统计配套生产最佳产量 192

9.4.2 预测下一年的销量 192
9.4.3 检验电视与电脑耗电量的
平均值 193
9.4.4 检验电视与电脑耗电量的
方差 194
9.4.5 检验本年度与 4 年前商品
销量的平均记录 194
9.4.6 计算一段时间内随机抽取
销量的峰值 195
9.4.7 计算一段时间内随机抽取
销量的不对称度 196
9.4.8 计算选手的最终得分 196
9.4.9 预测未来指定日期的天气 197
9.5 范例应用与上机操作 198
9.5.1 统计北京地区的平均
销售额 198
9.5.2 计算前三名销售额的总和 198
9.5.3 通过每天盐分摄入量预测
最高血压值 199
9.6 课后练习 200
9.6.1 思考与练习 200
9.6.2 上机操作 200

第 10 章　查找与引用函数 201

10.1 查找函数 202
10.2 查找函数应用举例 202
10.2.1 标注热销产品 202
10.2.2 提取商品在某一季度的
销量 203
10.2.3 快速提取员工编号 204
10.2.4 快速提取员工所在部门 204
10.2.5 不区分大小写提取成绩 205
10.2.6 对岗位考核成绩进行
评定 206
10.3 引用函数 206
10.4 引用函数应用举例 207

10.4.1 定位年会抽奖号码位置 207

10.4.2 统计选手组别数量 208

10.4.3 汇总各销售区域的
销售量 209

10.4.4 统计公司的部门数量 209

10.4.5 添加客户的电子邮件
地址 210

10.4.6 统计未完成销售额的
销售员数量 210

10.4.7 对每日销售量做累积
求和 211

10.4.8 快速输入 12 个月份 212

10.4.9 统计销售人员数量 212

10.4.10 转换数据区域 213

10.5 范例应用与上机操作 214

10.5.1 使用 LOOKUP 函数对
百米赛跑评分 214

10.5.2 通过差旅费报销明细
统计出差人数 214

10.5.3 查询指定员工的信息 215

10.6 课后练习 216

10.6.1 思考与练习 216

10.6.2 上机操作 216

第 11 章 数据库与信息函数 217

11.1 数据库函数 218

11.2 数据库函数应用举例 219

11.2.1 统计手机的返修记录 219

11.2.2 统计符合条件的销售额
总和 219

11.2.3 统计符合条件的销售额
平均值 220

11.2.4 统计销售精英人数 220

11.2.5 统计销售额上报人数 221

11.2.6 提取指定条件的销售额 222

11.2.7 提取销售员的最高
销售额 222

11.2.8 提取销售二部的最低
销售额 223

11.2.9 计算销售精英销售额的
样本标准偏差值 223

11.2.10 计算销售精英销售额的
总体标准偏差值 224

11.2.11 计算销售员销售额的
样本总体方差值 224

11.2.12 计算销售员销售额的
总体方差值 225

11.3 信息函数 226

11.4 信息函数应用举例 226

11.4.1 统计需要进货的商品
数量 227

11.4.2 统计指定商品的进货
数量总和 227

11.4.3 判断员工是否签到 228

11.4.4 判断员工是否缺席会议 229

11.4.5 统计女员工人数 229

11.4.6 统计男员工人数 230

11.4.7 查找员工的相关信息 231

11.4.8 统计销售额总和 231

11.5 范例应用与上机操作 232

11.5.1 统计符合多条件的
销售额总和 232

11.5.2 计算销售精英的平均
月销售额 233

11.5.3 返回开奖号码的奇偶
组合 233

11.6 课后练习 234

11.6.1 思考与练习 234

11.6.2 上机操作 234

第 12 章　数组公式与多维引用 235

12.1　理解数组 236
　12.1.1　数组的相关定义 236
　12.1.2　数组的存在形式 237

12.2　数组公式与数组运算 238
　12.2.1　认识数组公式 238
　12.2.2　数组公式的编辑 239
　12.2.3　数组的运算 239
　12.2.4　数组的矩阵运算 239

12.3　数组构建 240
　12.3.1　行列函数生成数组 240
　12.3.2　一维数组生成二维数组 240

12.4　条件统计 241
　12.4.1　单条件统计 241
　12.4.2　多条件统计 242

12.5　数据筛选 243
　12.5.1　一维区域取得不重复
　　　　　记录 243
　12.5.2　多条件提取唯一记录 244

12.6　利用数组公式排序 245
　12.6.1　快速实现中文排序 245
　12.6.2　根据产品产量进行排序 245

12.7　多维引用的工作原理 246
　12.7.1　认识引用的维度 246
　12.7.2　引用函数生成的多维
　　　　　引用 247

12.8　多维引用应用 247
　12.8.1　支持多维引用的函数 247
　12.8.2　统计多学科不及格人数 247
　12.8.3　根据比赛评分进行动态
　　　　　排名 248

12.9　范例应用与上机操作 250
　12.9.1　利用数组公式快速计算
　　　　　考生总成绩 250

12.9.2　利用数组公式快速计算
　　　　　销售额总和 250

12.10　课后练习 251
　12.10.1　思考与练习 251
　12.10.2　上机操作 252

第 13 章　使用统计图表分析数据 253

13.1　认识图表 254
　13.1.1　图表的类型 254
　13.1.2　图表的组成 256

13.2　创建图表 258
　13.2.1　使用图表向导创建图表 259
　13.2.2　使用功能区创建图表 260
　13.2.3　使用快捷键创建图表 260

13.3　编辑图表 262
　13.3.1　设计图表布局 262
　13.3.2　设计图表样式 262
　13.3.3　调整图表大小 263
　13.3.4　移动图表位置 264
　13.3.5　更改图表类型 264
　13.3.6　设置图表数据源 265
　13.3.7　保存图表模板 266

13.4　设置图表格式 267
　13.4.1　设置图表标题 267
　13.4.2　设置图表背景 269
　13.4.3　设置图例 270
　13.4.4　设置数据标签 270
　13.4.5　设置坐标轴标题 271
　13.4.6　设置网格线 272

13.5　创建与使用迷你图 273
　13.5.1　创建迷你图 273
　13.5.2　改变迷你图类型 274
　13.5.3　标记与突出显示数据点 275
　13.5.4　改变迷你图样式 275
　13.5.5　改变迷你图标记颜色 276

13.5.6 清除迷你图 277

13.6 编辑数据系列 277

  13.6.1 添加数据系列 277

  13.6.2 更改数据系列 279

  13.6.3 删除数据系列 281

  13.6.4 快速添加数据系列 281

13.7 图表分析 282

  13.7.1 添加趋势线 283

  13.7.2 添加折线 283

  13.7.3 添加涨/跌柱线 284

  13.7.4 添加误差线 285

13.8 范例应用与上机操作 286

  13.8.1 使用柱形图显示学生
成绩差距 286

  13.8.2 使用折线图显示产品
销量 286

  13.8.3 使用饼图显示人口比例 287

  13.8.4 使用条形图显示工作
业绩 288

  13.8.5 使用面积图显示销售
情况 288

  13.8.6 使用散点图显示数据
分布 289

  13.8.7 使用股价图显示股价
涨跌 290

  13.8.8 使用圆环图显示部分与
整体间关系 290

  13.8.9 使用气泡图显示数据
分布 291

  13.8.10 使用曲面图显示两组
数据的最佳组合 292

  13.8.11 使用雷达图显示若干
数据系列的聚合值 292

13.9 课后练习 293

  13.9.1 思考与练习 293

  13.9.2 上机操作 294

第 14 章 数据分析与处理 295

14.1 了解 Excel 数据列表 296

  14.1.1 数据列表的使用 296

  14.1.2 创建数据列表 296

  14.1.3 使用记录单添加数据 296

14.2 数据排序 297

  14.2.1 简单排序 298

  14.2.2 按多个关键字进行排序 298

  14.2.3 按笔画排序 299

  14.2.4 按单元格颜色排序 300

  14.2.5 按字体颜色排序 301

  14.2.6 自定义排序 302

  14.2.7 对数据列表中的某部分
进行排序 303

  14.2.8 按行排序 304

14.3 筛选数据 306

  14.3.1 筛选 306

  14.3.2 按照文本的特征筛选 307

  14.3.3 按照数字的特征筛选 308

  14.3.4 按照日期的特征筛选 309

  14.3.5 按照字体颜色或单元格
颜色筛选 310

  14.3.6 使用通配符进行模糊
筛选 313

  14.3.7 筛选多列数据 314

  14.3.8 取消筛选 315

  14.3.9 复制和删除筛选后的
数据 315

  14.3.10 使用高级筛选 316

14.4 分级显示数据 317

  14.4.1 新建分级显示 318

  14.4.2 隐藏与显示明细数据 318

  14.4.3 清除分级显示 319

14.5 数据的分类汇总 320

  14.5.1 简单分类汇总 320

  14.5.2 多重分类汇总 321

14.5.3 隐藏与显示汇总结果 322

14.5.4 删除分类汇总 324

14.6 合并计算.................................325

14.6.1 按位置合并计算 325

14.6.2 按分类合并计算 327

14.7 范例应用与上机操作.................328

14.7.1 按考试成绩筛选符合
要求的应聘人员 329

14.7.2 合并计算两组两个
月销量总和 330

14.8 课后练习.................................332

14.8.1 思考与练习 332

14.8.2 上机操作 332

**第 15 章 使用数据透视表与透视图
分析数据 333**

15.1 数据透视表与数据透视图.........334

15.1.1 数据透视表介绍 334

15.1.2 数据透视图介绍 334

15.1.3 数据透视图与标准
图表的区别 335

15.2 创建与编辑数据透视表.............336

15.2.1 创建数据透视表 336

15.2.2 设置数据透视表中的
字段 337

15.2.3 刷新数据透视表 338

15.2.4 删除数据透视表 338

15.3 操作数据透视表中的数据.........340

15.3.1 数据透视表的排序 340

15.3.2 更改字段名称和汇总
方式 340

15.3.3 筛选数据透视表中的
数据 341

15.4 美化数据透视表.......................342

15.4.1 应用数据透视表布局 342

15.4.2 应用数据透视表样式 343

15.5 创建动态的数据透视表.............344

15.5.1 通过定义名称创建动态
的数据透视表 344

15.5.2 使用表功能创建动态的
数据透视表 346

15.6 创建数据透视图.......................348

15.6.1 使用数据源创建 348

15.6.2 使用数据透视表创建 349

15.7 编辑数据透视图.......................350

15.7.1 更改数据透视图类型 350

15.7.2 设置图表样式 351

15.7.3 分析数据透视图 352

15.7.4 筛选数据 353

15.7.5 清除筛选 353

15.7.6 更改数据源 354

15.7.7 手动刷新数据 355

15.7.8 移动数据透视表和数据
透视图 356

15.8 美化数据透视图.......................358

15.8.1 更改数据透视图布局 358

15.8.2 应用数据透视图样式 359

15.9 范例应用与上机操作.................360

15.9.1 制作考生资料统计
透视表 360

15.9.2 制作工资明细统计
透视图 361

15.10 课后练习...............................362

15.10.1 思考与练习 362

15.10.2 上机操作 362

第 16 章 使用模拟分析与规划分析 363

16.1 手动模拟运算...........................364

16.2 使用模拟运算表.......................364

16.2.1 使用公式进行模拟运算....364

16.2.2 单变量模拟运算............365

16.2.3 双变量模拟运算 366

16.2.4 模拟运算表的纯计算
用法 367

16.2.5 模拟运算表与普通的
运算方式的差别 368

16.3 使用方案 369

16.3.1 创建方案 369

16.3.2 显示方案 371

16.3.3 修改方案 371

16.3.4 删除方案 372

16.3.5 合并方案 373

16.3.6 生成方案报告 374

16.4 借助单变量求解进行逆向模拟
分析 375

16.4.1 在表格中进行单变量
求解 375

16.4.2 求解方程式 376

16.4.3 使用单变量求解的
注意事项 377

16.5 规划模型 378

16.5.1 认识规划模型 378

16.5.2 创建规划模型 378

16.6 规划模型求解 380

16.6.1 建立工作表 380

16.6.2 规划求解 381

16.7 分析求解结果 382

16.7.1 显示分析报告 383

16.7.2 修改规划求解参数 383

16.7.3 修改规划求解选项 384

16.8 范例应用与上机操作 386

16.8.1 计算不同年限贷款月
偿还额 386

16.8.2 计算不同利率下不同年限
贷款月偿还额 387

16.9 课后练习 388

16.9.1 思考与练习 388

16.9.2 上机操作 388

课后练习答案 389

第1章

Excel 2010 快速入门与应用

本章主要介绍 Excel 2010 的基础知识，包括 Excel 2010 的工作界面和基本概念，以及工作簿、工作表和单元格的基本操作方法。通过本章的学习，读者可以掌握 Excel 2010 基础操作方面的知识，为深入学习 Excel 2010 公式、函数、图表与数据分析知识奠定基础。

1. 认识 Excel 2010 工作界面
2. Excel 2010 的基本概念
3. 工作簿的基本操作
4. 工作表的基本操作
5. 单元格的基本操作
6. 格式化工作表

1.1 认识 Excel 2010 工作界面

　　Excel 2010 具有强大的数据运算分析功能,如果准备使用 Excel 2010 程序进行工作, 首先要了解 Excel 2010 的工作界面, 本节将详细介绍 Excel 2010 工作界面的相关知识。

1.1.1 Excel 2010 的工作界面

　　启动 Excel 2010 程序后即可进入其工作界面, Excel 2010 工作界面是由快速访问工具栏、标题栏、功能区、工作区、编辑栏、状态栏、滚动条和工作表切换区组成的, 如图 1-1 所示。

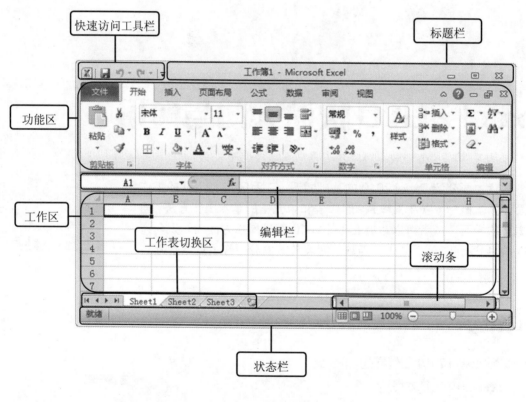

图 1-1

1.1.2 快速访问工具栏

　　快速访问工具栏位于窗口顶部左侧,用于显示程序图标和常用命令,如【保存】按钮 、【撤销】按钮 等, 如图 1-2 所示。在 Excel 2010 的使用过程中, 用户可以根据工作需要, 添加或者删除快速访问工具栏中的工具。

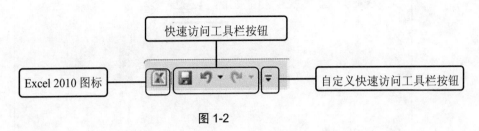

图 1-2

1.1.3　标题栏

标题栏位于窗口的最上方，快速访问工具栏的右侧，左侧显示窗口名称和程序名称，右侧显示 3 个按钮，分别是【最小化】按钮 、【最大化】按钮 /【还原】按钮 和【关闭】按钮 ，如图 1-3 所示。

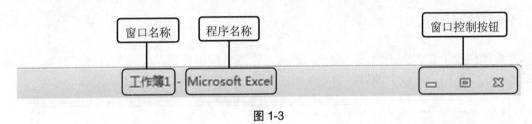

图 1-3

1.1.4　功能区

功能区位于标题栏和快速访问工具栏下方，工作时需要用到的命令位于此处。选择不同的选项卡，即可进行相应的操作，例如，在【开始】选项卡中可以使用设置字体、设置对齐方式、设置数字格式和单元格等功能，如图 1-4 所示。

图 1-4

在功能区的每个选项卡中，会将功能类似、性质相近的命令按钮集合在一起，称之为"组"，用户可以方便、快捷地在相应的组中选择各种命令，编辑电子表格。

1.1.5　工作区

工作区位于 Excel 2010 程序窗口的中间，默认呈表格排列状，是 Excel 2010 对数据进行分析对比的主要工作区域，如图 1-5 所示。

第一章　Excel 2010 快速入门与应用

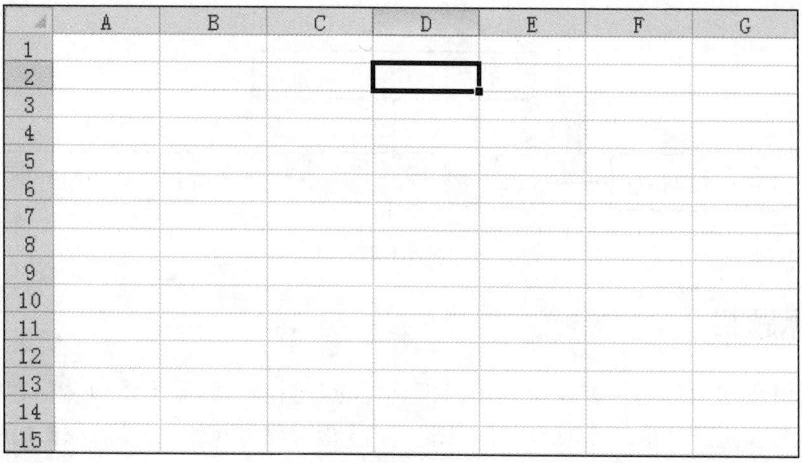

	A	B	C	D	E	F	G
1							
2							
3							
4							
5							
6							
7							
8							
9							
10							
11							
12							
13							
14							
15							

图 1-5

1.1.6 编辑栏

编辑栏位于工作区的上方，主要功能是显示或者编辑所选单元格的内容，例如，文本或者公式等，用户可以在编辑栏中对单元格进行相应的编辑，如图 1-6 所示。

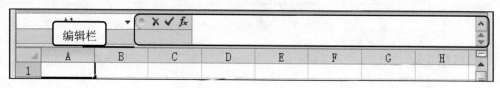

图 1-6

1.1.7 状态栏

状态栏位于窗口的最下方，在状态栏中可以看到工作表中的单元格以及工作区的状态；通过视图切换按钮，可以选择相应的工作表视图模式，在状态栏的最右侧，可以通过拖动显示比例滑块，或者单击【放大】按钮⊕或者【缩小】按钮⊖，调整工作表的显示比例，如图 1-7 所示。

图 1-7

1.1.8 滚动条

滚动条包括垂直滚动条和水平滚动条，分别位于工作区的右侧和下方，用于调节工作区的显示区域，如图 1-8 所示。

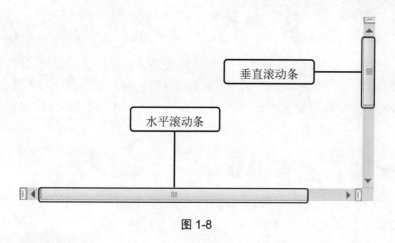

图 1-8

1.1.9　工作表切换区

　　工作表切换区位于工作表的左下方，其中包括工作表切换按钮和工作表标签两个部分，如图 1-9 所示。

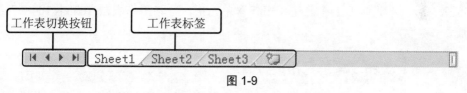

图 1-9

▦ 1.2　Excel 2010 的基本概念

　　Excel 2010 在日常工作中主要用于数据的分析与处理，能够快速便捷地对数值进行整合、归纳等操作。本节将详细介绍 Excel 2010 的基本概念。

1.2.1　什么是工作簿、工作表及单元格

　　Excel 2010 程序中包含的最基本的三个元素分别是工作簿、工作表和单元格，下面分别予以详细介绍。

1. 工作簿

　　工作簿是在 Excel 中用来保存并处理工作数据的文件，它的扩展名是.xlsx。在 Microsoft Excel 中，工作簿是处理和存储数据的文件。一个工作簿最多可以包含 255 张工作表。默认情况下一个工作簿中包含 3 个工作表。由于每个工作簿可以包含多张工作表，因此可以在一个文件中管理多种类型的相关信息。

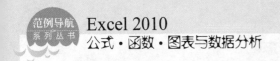
2. 工作表

工作簿中的每一张表称为工作表。工作表用于显示和分析数据。可以同时在多张工作表上输入并编辑数据，并且可以对不同工作表的数据进行汇总计算。只包含一个图表的工作表是工作表的一种，称图表工作表。每个工作表与一个工作标签相对应，如 Sheet1、Sheet2、Sheet3 等。

3. 单元格

单元格是工作表中最小的单位，可以拆分或者合并，单个数据的输入和修改都是在单元格内进行的。

1.2.2　工作簿、工作表与单元格的关系

在 Excel 中工作簿、工作表与单元格之间的关系为包含与被包含的关系，即工作簿包含工作表，通常一个工作簿默认包含 3 张工作表，用户可以根据需要进行增删，但最多不能超过 255 个，最少不能低于 1 个。工作表包含单元格，一张工作表由 16384×1048576 个单元格组成。

1. 工作簿、工作表与单元格的位置

工作簿中的每张表格称为工作表，工作表的集合即组成了工作簿。而单元格是工作表的基础单位，用户通过编辑工作表中的单元格来分析、处理数据。工作簿、工作表与单元格在 Excel 2010 中的位置如图 1-10 所示。

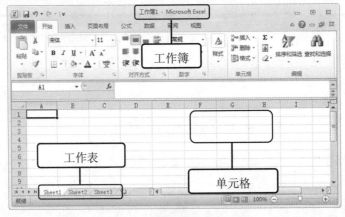

图 1-10

2. 工作簿、工作表与单元格的关系

工作簿、工作表与单元格之间是相互依存的关系，它们是构成 Excel 2010 最基本的三个元素，三者的关系如图 1-11 所示。

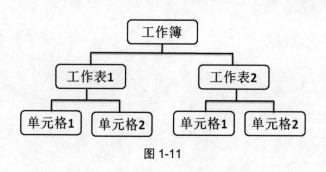

图 1-11

1.3 工作簿的基本操作

如果准备使用 Excel 2010 程序分析、处理数据，首先要了解对工作簿的操作，本节将详细介绍工作簿的基本操作方面的知识。

1.3.1 创建新工作簿

在使用工作簿之前，首先要创建一个空白的工作簿，以供用户编辑使用。下面详细介绍创建新工作簿的操作方法。

素材文件※无
效果文件※第 1 章\效果文件\工作簿 2.xlsx

step 1 ① 启动 Excel 2010 程序，选择【文件】选项卡；② 选择【新建】选项卡；③ 在【可用模板】区域中，选择【空白工作簿】选项；④ 单击【创建】按钮，如图 1-12 所示。

step 2 在 Excel 2010 程序窗口中，显示一个名为"工作簿 2"的新建空白工作簿，如图 1-13 所示，这样即可完成创建新工作簿的操作。

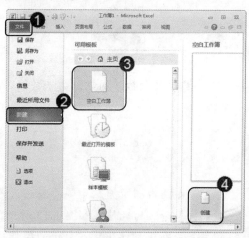

图 1-12

图 1-13

1.3.2 开始输入数据

在 Excel 2010 工作簿中，常见的数据形式有文本数据、数值数据等，下面分别予以详细介绍。

1. 输入文本

在日常工作中，文本是比较常见的一种数据形式，如表的标题等，下面详细介绍输入文本的操作方法。

素材文件❀ 第 1 章\素材文件\工作簿 2.xlsx
效果文件❀ 第 1 章\效果文件\工作簿 2.1.xlsx

 ① 在工作簿中，选择准备输入文本数据的单元格；② 在单元格中，输入准备输入的文本，如图 1-14 所示。

 通过以上方法，即可完成在工作簿中输入文本的操作，结果如图 1-15 所示。

图 1-14

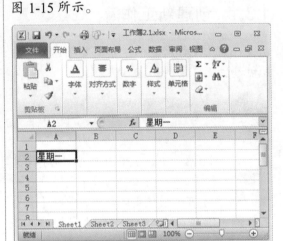

图 1-15

2. 输入数值

在 Excel 工作表中，可以输入正数或负数、整数或小数以及分数或科学计数法数值等。下面详细介绍输入数值的操作方法。

素材文件❀ 第 1 章\素材文件\工作簿 2.xlsx
效果文件❀ 第 1 章\效果文件\工作簿 2.1.xlsx

 在工作簿中，选择准备输入数值数据的单元格，如图 1-16 所示。

 在选中的单元格中，直接输入准备输入的数值，如图 1-17 所示，这样即可完成在工作簿中输入数值的操作。

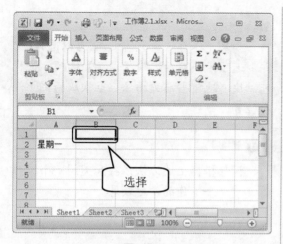

图 1-16

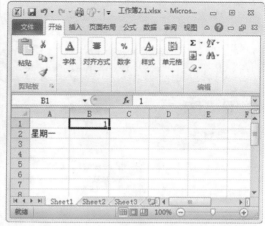

图 1-17

1.3.3　保存和关闭工作簿

　　在输入完数据以后，用户可以选择将工作簿保存或关闭，以节省系统资源。下面详细介绍保存和关闭工作簿的操作方法。

素材文件 ❀ 第 1 章\素材文件\课程表.xlsx

效果文件 ❀ 第 1 章\效果文件\课程表.xlsx

step 1　① 打开素材文件，选择【文件】选项卡；② 选择【另存为】选项，如图 1-18 所示。

step 2　① 弹出【另存为】对话框，选择文件保存路径；② 在【文件名】文本框中输入准备使用的文件名称；③ 击【保存】按钮，如图 1-19 所示。

图 1-18

图 1-19

step 3　返回到工作簿界面，单击【标题栏】中的【关闭】按钮 ❌ ，如图 1-20 所示，这样即可完成保存并关闭工作簿的操作。

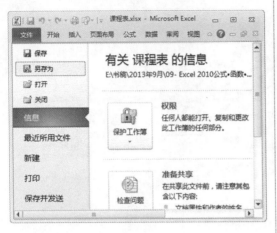

图 1-20

1.3.4 打开保存的工作簿

如果准备查看已经保存的工作簿数据,可以选择在电脑中将其再次打开,以供查看。下面详细介绍打开保存的工作簿的操作方法。

素材文件 ❄ 第1章\素材文件\课程表.xlsx
效果文件 ❄ 第1章\效果文件\课程表.xlsx

step 1 在电脑中找到准备打开的工作簿的保存位置,双击准备打开的工作簿文件,如图 1-21 所示。

step 2 保存的工作簿文件已经打开,如图 1-22 所示,这样即可完成打开保存的工作簿的操作。

图 1-21

图 1-22

1.3.5 保护工作簿

如果不希望其他人看到工作簿中的内容,可以选择将工作簿加密,达到保护工作簿的目的。下面详细介绍保护工作簿的操作方法。

素材文件※ 第1章\素材文件\课程表.xlsx
效果文件※ 第1章\效果文件\课程表.xlsx

step 1 ① 打开素材文件，选择【文件】选项卡；② 选择【信息】选项卡；③ 单击【保护工作簿】下拉按钮；④ 在弹出的下拉菜单中，选择【用密码进行加密】菜单项，如图1-23所示。

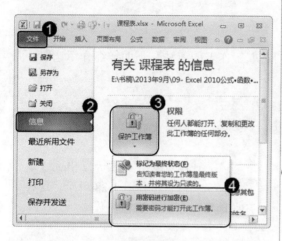

图 1-23

step 3 ① 弹出【确认密码】对话框，在【重新输入密码】文本框中，输入刚刚设定的密码，② 单击【确定】按钮，如图1-25所示。

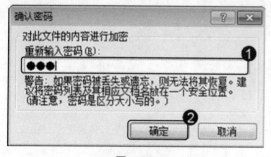

图 1-25

step 2 ① 弹出【加密文档】对话框，在【密码】文本框中，输入准备使用的密码；② 单击【确定】按钮，如图1-24所示。

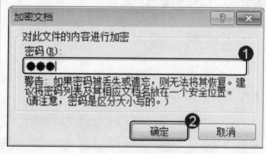

图 1-24

step 4 返回到【信息】选项卡，可以看到【保护工作簿】下拉按钮右侧提示"需要密码才能打开此工作簿"信息，如图1-26所示，即可完成保护工作簿的操作。

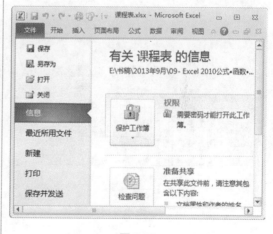

图 1-26

 ## 1.4 工作表的基本操作

工作表包含在工作簿中，因此工作表的操作都是在工作簿中进行的。工作表的操作主要包括选取工作表、重命名工作表、添加与删除工

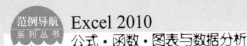
作表、复制与移动工作表和保护工作表。本节将详细介绍工作表的基本操作。

1.4.1 选取工作表

在对工作表进行操作之前，用户首先要选取一张工作表，选取工作表常见的方法有选取一张工作表、选取相邻的两张或多张工作表，以及选取不相邻的两张或多张工作表，下面分别予以详细介绍。

1. 选取一张工作表

通常情况下，选取一张工作表是最常见的选取工作表的方法。下面详细介绍选取一张工作表的操作方法。

素材文件※第1章\素材文件\课程表.xlsx
效果文件※第1章\效果文件\课程表.xlsx

 打开素材文件，单击准备选取的工作表标签，如 Sheet3，如图 1-27 所示。

step 2 可以看到当前显示为 Sheet3 工作表内容，如图 1-28 所示，这样即可完成选取一张工作表的操作。

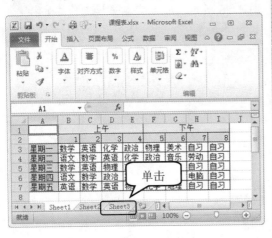

图 1-27

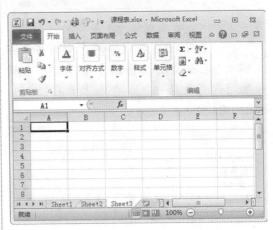

图 1-28

2. 选取相邻的两张或多张工作表

如果准备选取两张或者两张以上相邻的工作表，可以使用 Shift 键来完成。下面详细介绍具体的操作方法。

素材文件※第1章\素材文件\课程表.xlsx
效果文件※第1章\效果文件\课程表.xlsx

step 1 打开素材文件，单击准备同时选中多张工作表中的第一张工作表标签，如图 1-29 所示。

step 2 按住 Shift 键，单击准备同时选中多张工作表中的最后一张工作表标签，这样即可选取两张或多张相邻的工作表，如图 1-30 所示。

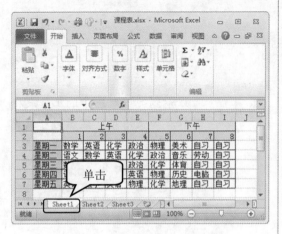

图 1-29

图 1-30

3. 选取不相邻的两张或多张工作表

如果准备选取两张或者两张以上不相邻的工作表，可以使用 Ctrl 键来完成，下面详细介绍具体操作方法。

素材文件❀ 第 1 章\素材文件\课程表.xlsx
效果文件❀ 第 1 章\效果文件\课程表.xlsx

step 1 打开素材文件，单击准备同时选中多张工作表中的第一张工作表标签，如图 1-31 所示。

step 2 按住 Ctrl 键，依次单击准备选择的工作表标签，这样即可选取不相邻的两张或多张工作表，如图 1-32 所示。

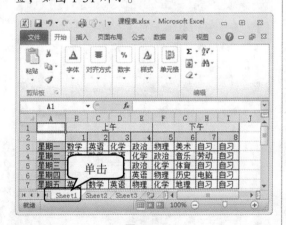

图 1-31

图 1-32

1.4.2 重命名工作表

在 Excel 2010 工作簿中，工作表的默认名称为"Sheet+数字"，如 Sheet1、Sheet2 等，用户可以根据实际工作需要对工作表名称进行修改。下面详细介绍重命名工作表名称的操作方法。

素材文件 ❀ 第 1 章\素材文件\课程表.xlsx
效果文件 ❀ 第 1 章\效果文件\课程表.xlsx

 ① 打开素材文件，右击准备重命名的工作表标签；② 在弹出的快捷菜单中，选择【重命名】菜单项，如图 1-33 所示。

图 1-33

 可以看到，此时选中的工作表标签转换为文本框，显示为可编辑状态，如图 1-34 所示。

图 1-34

可以看到，已经重新命名了选中的工作表标签，如图 1-36 所示，这样即可完成重命名工作表名称的操作。

在工作表标签文本框中，输入准备使用的工作表名称，如"一年级课程表"，并按 Enter 键，如图 1-35 所示。

图 1-35

图 1-36

1.4.3 添加与删除工作表

在实际工作中，用户可以根据工作的需要，对工作簿内的工作表进行添加与删除。下面分别详细介绍具体操作方法。

1. 添加工作表

在一个工作簿内，默认包含 3 张工作表，如果需要多张工作表，用户可以通过插入工作表按钮，添加新的工作表。下面详细介绍添加工作表的具体操作方法。

 素材文件 ※ 第1章\素材文件\课程表.xlsx
效果文件 ※ 第1章\效果文件\课程表.xlsx

step 1　打开素材文件，在工作表切换区中，单击【插入工作表】按钮 📋，如图 1-37 所示。

step 2　可以看到，已经添加了新的工作表，如图 1-38 所示，这样即可完成添加工作表的操作。

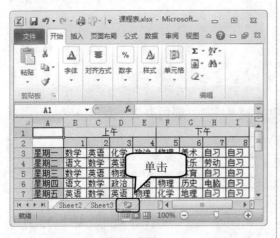

图 1-37

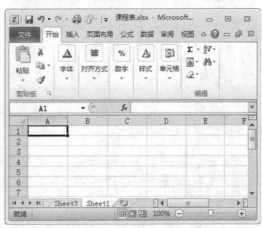

图 1-38

2. 删除工作表

在 Excel 2010 工作簿中，可以将不再需要使用的工作表进行删除，以节省系统资源。下面详细介绍删除工作表的具体操作方法。

 素材文件 ※ 第1章\素材文件\课程表.xlsx
效果文件 ※ 第1章\效果文件\课程表.xlsx

step 1　① 打开素材文件，右击准备删除的工作表标签；② 在弹出的快捷菜单中，选择【删除】菜单项，如图 1-39 所示。

step 2　通过以上方法，即可完成删除工作表的操作，结果如图 1-40 所示。

图 1-39

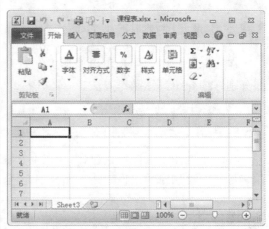

图 1-40

1.4.4 复制与移动工作表

复制工作表是指，在原工作表的基础上，创建一个与当前工作表具有相同内容的工作表；而移动工作表是指，在不改变工作表数量的情况下，对工作表的位置进行调整，下面分别予以详细介绍。

1. 复制工作表

为了不影响当前工作表的内容，用户可以复制一份工作表用来进行数据编辑。下面详细介绍复制工作表的操作方法。

素材文件 第1章\素材文件\课程表.xlsx
效果文件 第1章\效果文件\课程表.xlsx

step 1 ① 打开素材文件，右击准备复制工作表的工作表标签；② 在弹出的快捷菜单中，选择【移动或复制】菜单项，如图 1-41 所示。

step 2 ① 弹出【移动或复制工作表】对话框，在【下列选定工作表之前】列表框中，选择准备复制的工作表；② 选中【建立副本】复选框；③ 单击【确定】按钮，如图 1-42 所示。

图 1-41

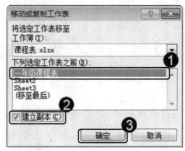

图 1-42

step 3 通过以上方法，即可完成复制工作表的操作，结果如图1-43所示。

图 1-43

 智慧锦囊

先按住 Ctrl 键，再按住鼠标左键选择准备复制的工作表标签，并水平拖动鼠标指针，在工作表标签上方会出现黑色小三角标志▼，表示可以复制工作表，拖动至目标位置后，释放鼠标左键，这样也可完成复制工作表的操作。

2. 移动工作表

移动工作表是将某张工作表移动至指定位置，以方便工作需要。下面详细介绍移动工作表的操作方法。

> 素材文件❋ 第1章\素材文件\课程表.xlsx
> 效果文件❋ 第1章\效果文件\课程表.xlsx

step 1 ① 打开素材文件，右击准备复制工作表的工作表标签；② 在弹出的快捷菜单中，选择【移动或复制】菜单项，如图1-44所示。

step 2 ① 弹出【移动或复制工作表】对话框，在【下列选定工作表之前】列表框中，选择【移至最后】选项；② 单击【确定】按钮，如图1-45所示。

图 1-44

图 1-45

step 3 通过以上方法，即可完成移动工作表的操作，结果如图1-46所示。

图 1-46

智慧锦囊

按住鼠标左键选择准备复制的工作表标签，并水平拖动鼠标指针，在工作表标签上方会出现黑色小三角标志▼，表示可以移动工作表，拖动至目标位置后，释放鼠标左键，这样也可完成移动工作表的操作。

1.4.5 保护工作表

如果需要对当前工作表数据进行保护，可以使用保护工作表功能，保护工作表中的数据不被编辑。下面详细介绍保护工作表的操作方法。

素材文件 ❀ 第 1 章\素材文件\课程表.xlsx
效果文件 ❀ 第 1 章\效果文件\课程表.xlsx

 step 1　① 打开素材文件，右击需要设置保护的工作表标签；② 在弹出的快捷菜单中，选择【保护工作表】菜单项，如图 1-47 所示。

step 2　① 弹出【保护工作表】对话框，选中【保护工作表及锁定的单元格内容】复选框；② 在【取消工作表保护时使用的密码】文本框中，输入准备使用的密码；③ 单击【确定】按钮，如图 1-48 所示。

图 1-47

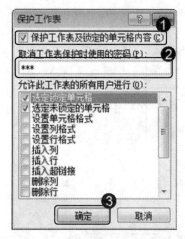

图 1-48

step 3　① 弹出【确认密码】对话框，在【重新输入密码】文本框中，输入刚刚设置的密码；② 单击【确定】按钮，如图 1-49 所示。

step 4　返回到工作表界面，可以看到工作表的部分功能被禁止，例如，【插入】选项卡中的所有命令被禁止，如图 1-50 所示，这样即可完成保护工作表的操作。

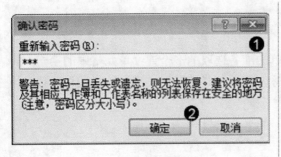

图 1-49

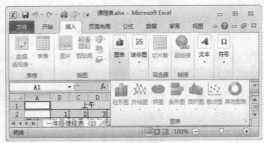

图 1-50

1.5　单元格的基本操作

在 Excel 2010 工作表中，单元格的基本操作包括选取单元格、插入单元格、清除与删除单元格以及移动与复制单元格，本节将分别予以详细介绍。

1.5.1　选取单元格

在 Excel 2010 工作表中，选取单元格包括选取一个单元格、选取多个连续单元格以及选取多个不相连单元格，下面分别予以详细介绍。

1. 选取一个单元格

在打开 Excel 2010 工作表时，工作表中第一个单元格处于选中的状态。如果准备选取其他单元格，可以单击准备选取的单元格，此时单元格的周围带有粗黑的边框，如图 1-51 所示。

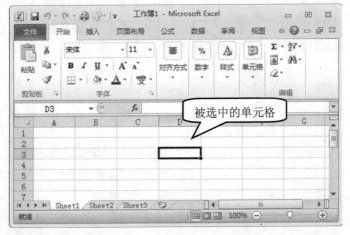

图 1-51

2. 选取多个连续单元格

　　如果准备选取多个连续的单元格，可以单击准备选取的多个连续单元格中的第一个，然后按住鼠标左键不放，拖动鼠标指针至目标位置后，释放鼠标左键，这样即可完成选取多个连续单元格的操作，如图 1-52 所示。

图 1-52

3. 选取多个不相连单元格

　　如果准备选取多个不相连的单元格，可以单击准备选取的第一个单元格，然后按住 Ctrl 键，依次单击准备选取的单元格，这样即可完成选取多个不相连单元格的操作，如图 1-53 所示。

图 1-53

1.5.2　插入单元格

　　在 Excel 2010 工作表中，用户可以根据工作需要，在工作表中插入单元格。下面详细介绍插入单元格的操作方法。

素材文件⊛ 第1章\素材文件\课程表.xlsx

效果文件⊛ 第1章\效果文件\课程表.xlsx

step 1　① 打开素材文件,选择准备插入单元格的位置;② 选择【开始】选项卡;③ 单击【单元格】组中的【插入】下拉按钮;④ 在弹出的下拉菜单中,选择【插入单元格】菜单项,如图1-54所示。

step 2　① 弹出【插入】对话框,选中【活动单元格下移】单选按钮;② 单击【确定】按钮,如图1-55所示。

图 1-55

step 3　返回到工作表界面,选择的单元格已经下移,并插入了一个新的单元格,如图1-56所示,这样即可完成插入单元格的操作。

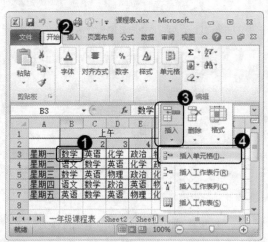

图 1-54

 智慧锦囊

　右击准备插入单元格的单元格位置,在弹出的快捷菜单中,选择【插入】菜单项,同样可以弹出【插入】对话框。

图 1-56

1.5.3　清除与删除单元格

在 Excel 2010 工作表中,如果对于某个单元格中的数据不准备再使用,可以将其清除;对于多出的单元格,可以将其删除,下面分别予以详细介绍。

1. 清除单元格

清除单元格包括清除单元格格式、清除单元格内容、清除单元格批注、清除单元格超链接以及全部清除。下面以全部清除为例,详细介绍清除单元格的操作方法。

素材文件⊛ 第1章\素材文件\课程表.xlsx

效果文件⊛ 第1章\效果文件\课程表.xlsx

① 打开素材文件, 选择准备清除的单元格; ② 选择【开始】选项卡; ③ 单击【编辑】组中的【清除】下拉按钮 ; ④ 在弹出的下拉菜单中, 选择【全部清除】菜单项, 如图 1-57 所示。

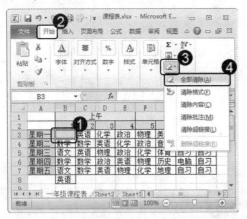

图 1-57

 可以看到选中的单元格中的格式、内容等一并被清除, 如图 1-58 所示, 这样即可完成清除单元格的操作。

图 1-58

2. 删除单元格

如果准备不再使用当前单元格, 可以将其删除。下面详细介绍删除单元格的操作方法。

素材文件 ❀ 第 1 章\素材文件\课程表.xlsx

 效果文件 ❀ 第 1 章\效果文件\课程表.xlsx

 ① 打开素材文件, 选择准备删除的单元格; ② 选择【开始】选项卡; ③ 单击【单元格】组中的【删除】按钮, 如图 1-59 所示。

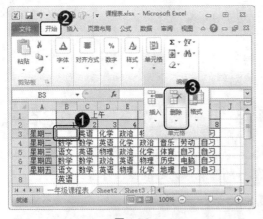

图 1-59

 返回到工作表界面, 可以看到选中的单元格已经被删除, 如图 1-60 所示, 这样即可完成删除单元格的操作。

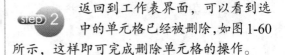
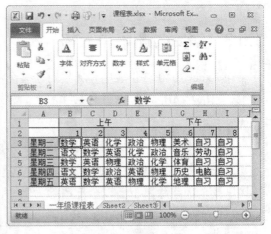

图 1-60

1.5.4 移动与复制单元格

在使用 Excel 2010 软件处理数据的过程中，经常需要将当前数据移动至别处，或者在保留当前数据的前提下复制另外一份数据，这需要通过移动和复制单元格操作来完成，下面分别予以详细介绍。

1. 移动单元格

移动单元格是指在不保留当前单元格中数据的情况下，将单元格移动至其他位置。下面详细介绍移动单元格的操作方法。

 素材文件❀ 第 1 章\素材文件\课程表.xlsx
 效果文件❀ 第 1 章\效果文件\课程表.xlsx

step 1 ① 打开素材文件，选择准备移动的单元格；② 选择【开始】选项卡；③ 单击【剪贴板】组中的【剪切】按钮，如图 1-61 所示。

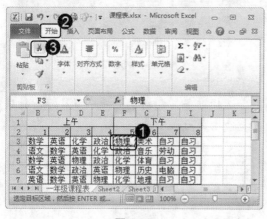

图 1-61

step 3 通过以上方法，即可完成移动单元格的操作，结果如图 1-63 所示。

图 1-63

step 2 ① 选择准备移动到的单元格位置；② 单击【剪贴板】组中的【粘贴】按钮，如图 1-62 所示。

图 1-62

 智慧锦囊

选择准备移动的单元格，将鼠标指针移动至选中单元格的边缘，鼠标变为形状，按住鼠标左键不放，拖动鼠标指针至目标位置后，释放鼠标左键，同样可以完成移动单元格的操作。

 考考您

请您根据上述方法移动某单元格到其他位置，测试一下您的学习效果。

2. 复制单元格

复制单元格是指将当前单元格以及单元格中的数据保留，然后再另外复制一份单元格以及数据。下面详细介绍复制单元格的操作方法。

素材文件 第 1 章\素材文件\课程表.xlsx
效果文件 第 1 章\效果文件\课程表.xlsx

 ① 打开素材文件，选择准备复制的单元格；② 选择【开始】选项卡；③ 单击【剪贴板】组中的【复制】按钮，如图 1-64 所示。

 ① 选择准备复制单元格的位置；② 单击【剪贴板】组中的【粘贴】按钮，如图 1-65 所示。

图 1-64

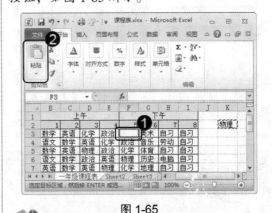

图 1-65

 通过以上方法，即可完成复制单元格的操作，结果如图 1-66 所示。

图 1-66

智慧锦囊

选择准备复制的单元格，将鼠标指针移动至选中单元格的边缘，鼠标变为 形状，按住 Ctrl 键，再按住鼠标左键不放，拖动鼠标指针至目标位置后，释放鼠标左键，同样可以完成复制单元格的操作。

考考您

请您根据上述方法复制单元格，测试一下您的学习效果。

1.6 格式化工作表

在 Excel 2010 工作表中，格式化工作表包括调整表格行高与列宽、设置字体格式、设置对齐方式、添加表格边框以及自动套用格式，本节将分别予以详细介绍。

1.6.1 调整表格行高与列宽

调整表格行高与列宽的常见方法有自定义行高、自动调整行高、自定义列宽、自动调整列宽和默认列宽，下面详细介绍调整表格行高与列宽的操作方法。

素材文件❄第1章\素材文件\课程表.xlsx
效果文件❄第1章\效果文件\课程表.xlsx

step 1 ① 打开素材文件，选择准备调整行高和列宽的单元格区域；② 选择【开始】选项卡；③ 在【单元格】组中，单击【格式】下拉按钮；④ 弹出的下拉菜单中，选择【自动调整行高】菜单项，如图 1-67 所示。

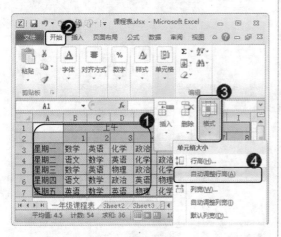

图 1-67

step 3 ① 单击【格式】下拉按钮；② 在弹出的下拉菜单中，选择【自动调整列宽】菜单项，如图 1-69 所示。

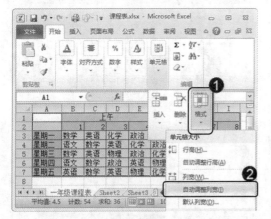

图 1-69

step 2 可以看到选中的单元格区域中的单元格行高已被自动调整，如图 1-68 所示。

图 1-68

step 4 可以看到选中的单元格区域中的单元格列宽已被自动调整，如图 1-70 所示，这样即可完成调整表格行高与列宽的操作。

图 1-70

1.6.2　设置字体格式

在 Excel 2010 工作表中，可以通过设置字体格式，达到美化工作表的效果。下面详细介绍设置字体格式的操作。

素材文件❀ 第 1 章\素材文件\课程表.xlsx
效果文件❀ 第 1 章\效果文件\课程表.xlsx

step 1 ① 打开素材文件，选择准备设置字体格式的单元格区域；② 选择【开始】选项卡；③ 在【字体】组中，单击【字体】下拉列表框右侧的下拉按钮；④ 在弹出的下拉列表中，选择准备设置的字体选项，如图 1-71 所示。

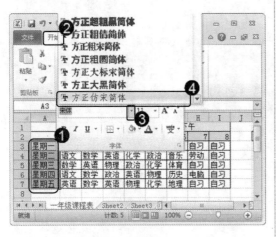

图 1-71

step 3 ① 在【字体】组中，单击【字体颜色】下拉按钮 **A▾**；② 在弹出的下拉列表中，选择准备设置的字体颜色选项，如图 1-73 所示。

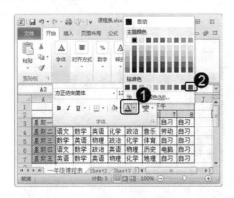

图 1-73

step 2 ① 在【字体】组中，单击【字号】下拉列表框右侧的下拉按钮；② 在弹出的下拉列表中，选择准备设置的字号选项，如图 1-72 所示。

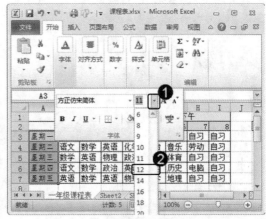

图 1-72

step 4 通过以上方法，即可完成设置字体格式的操作，结果如图 1-74 所示。

图 1-74

考考您

请您根据上述方法设置一下其他单元格中的字体格式，测试一下您的学习效果。

1.6.3 设置对齐方式

设置对齐方式是指设置数据在单元格中显示的位置，包括文本左对齐、居中和文本右对齐三种横向对齐方式，以及顶端对齐、垂直居中和底端对齐三种垂直对齐方式，下面以设置居中对齐方式为例，详细介绍设置对齐方式的操作方法。

素材文件※ 第1章\素材文件\课程表.xlsx

效果文件※ 第1章\效果文件\课程表.xlsx

 ① 打开素材文件，选择准备设置对齐方式的单元格区域；② 选择【开始】选项卡；③ 在【对齐方式】组中，单击【居中】按钮，如图1-75所示。

step 2 可以看到，选中的单元格区域中的数据已经按照居中方式显示，如图1-76所示，这样即可完成设置对齐方式的操作。

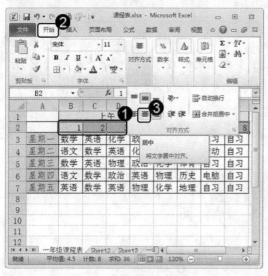

图 1-75

图 1-76

1.6.4 添加表格边框

在 Excel 2010 工作表中，可以根据实际工作需要为表格添加边框。下面以添加粗匣框线为例，详细介绍添加表格边框的具体操作方法。

素材文件※ 第1章\素材文件\课程表.xlsx

效果文件※ 第1章\效果文件\课程表.xlsx

 ① 打开素材文件，选择准备添加表格边框的单元格区域；② 选择【开始】选项卡；③ 在【字体】组中，单击【边框】下拉按钮；④ 弹出的下拉菜单中，选择【粗匣框线】菜单项，如图1-77所示。

step 2 返回到工作表界面，可以看到，已经为选中的单元格区域设置了粗匣框线，如图1-78所示，这样即可完成添加表格边框的操作。

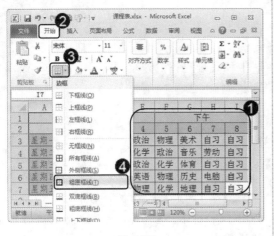

图 1-77

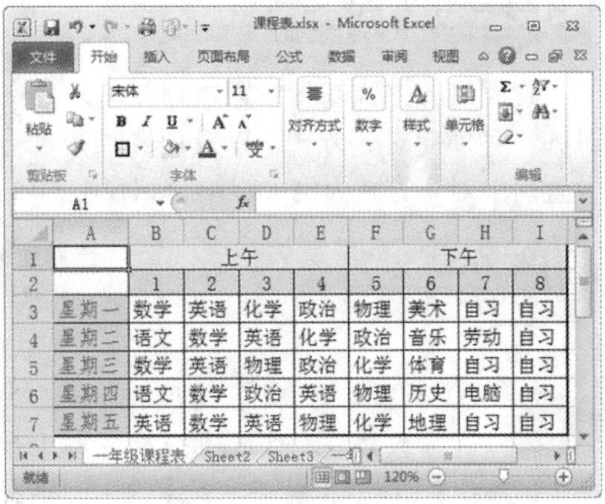

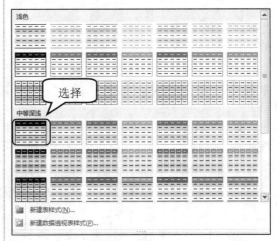

图 1-78

1.6.5 自动套用格式

在 Excel 2010 工作表中，系统为用户预设了多个表格格式，用户可以选择准备使用的表格格式来达到美化工作表的目的。下面详细介绍自动套用格式的操作方法。

素材文件 第 1 章\素材文件\课程表.xlsx
效果文件 第 1 章\效果文件\课程表.xlsx

 ① 打开素材文件，选择准备使用套用格式的单元格区域；② 选择【开始】选项卡；③ 在【样式】组中，单击【套用表格格式】下拉按钮，如图 1-79 所示。

 弹出【套用格式样式】列表，在列表中选择准备使用的表格样式，如图 1-80 所示。

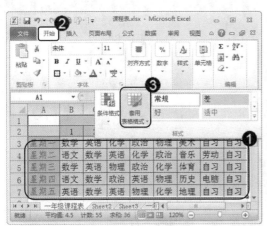

图 1-79

 ① 弹出【套用表格式】对话框，选中【表包含标题】复选框；② 单击【确定】按钮，如图 1-81 所示。

图 1-80

通过以上方法，即可完成自动套用格式的操作，结果如图 1-82 所示。

28

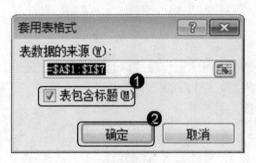

图 1-81

图 1-82

1.7 范例应用与上机操作

通过本章的学习，读者可以掌握 Excel 2010 的基础知识与操作技巧，下面通过一些操作练习，以达到巩固学习、拓展提高的目的。

1.7.1 缩放窗口

通过窗口缩放功能，可以调整当前工作表显示比例的大小。下面以调整窗口缩放 150% 为例，详细介绍缩放窗口的操作方法。

素材文件※ 第 1 章\素材文件\旅游行程.xlsx

效果文件※ 第 1 章\效果文件\旅游行程.xlsx

step 1 打开素材文件，在窗口最下方的状态栏中，使用鼠标左键拖动显示比例滑块，如图 1-83 所示。

step 2 拖动至"150%"处释放鼠标左键，这样即可完成通过显示比例滑块缩放窗口的操作，结果如图 1-84 所示。

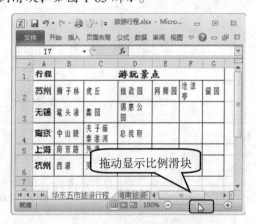

图 1-83

图 1-84

1.7.2　隐藏工作表

在一个工作簿内，通常会有多张工作表，把不常用的工作表隐藏起来，可以方便查找常用的工作表，以提高工作效率。下面详细介绍隐藏工作表的操作方法。

素材文件※ 第1章\素材文件\旅游行程.xlsx
效果文件※ 第1章\效果文件\旅游行程.xlsx

step 1　① 打开素材文件，右击准备隐藏的工作表标签；② 在弹出的快捷菜单中，选择【隐藏】菜单项，如图1-85所示。

step 2　可以看到选中的工作表已经被隐藏起来，如图1-86所示，这样即可完成隐藏工作表的操作。

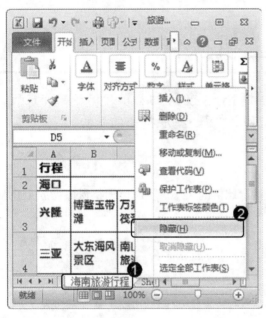

图 1-85

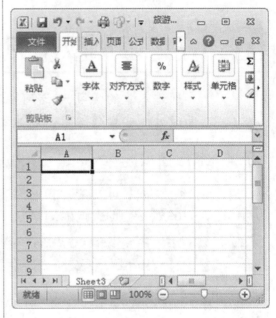

图 1-86

1.7.3　取消隐藏工作表

如果想再次使用或者编辑已经隐藏的工作表，可以取消其隐藏，让工作表显示出来。下面详细介绍取消隐藏工作表的操作方法。

素材文件※ 第1章\素材文件\旅游行程.xlsx
效果文件※ 第1章\效果文件\旅游行程.xlsx

step 1　① 打开素材文件，右击任意工作表标签；② 在弹出的快捷菜单中，选择【取消隐藏】菜单项，如图1-87所示。

step 2　① 弹出【取消隐藏】对话框，在【取消隐藏工作表】列表框中，选择准备显示的工作表标签；② 单击【确定】按钮，如图1-88所示。

图 1-87

图 1-88

 3 可以看到，被隐藏的工作表已经被显示出来，如图 1-89 所示，这样即可完成取消隐藏工作表的操作。

图 1-89

智慧锦囊

取消隐藏工作表时，在【取消隐藏工作表】列表框中，不能同时选择多个工作表标签，如果需要取消隐藏多个工作表，只要重复执行取消隐藏工作表的操作步骤即可。

1.8 课后练习

1.8.1 思考与练习

一、填空题

1. Excel 2010 程序中包含的最基本的三个元素分别是_____、工作表和_____。
2. _____是在 Excel 中用来保存并处理工作数据的文件，它的扩展名是.xlsx。

3. 工作簿中的每一张表称为_____。_____用于显示和分析数据。可以同时在多张工作表上输入并编辑数据，并且可以对不同工作表的数据进行汇总计算。

4. _____是工作表中最小的单位，单个数据的输入和修改都是在_____内进行的。

二、判断题

1. 工作表中的每张表格称为工作簿，工作簿的集合即组成了工作表。　　　（　　）

2. 工作簿、工作表与单元格之间是相互依存的关系。　　　（　　）

三、思考题

1. Excel 2010 的工作界面由哪些部分组成？

2. 格式化工作表包括哪些操作？

1.8.2　上机操作

1. 打开"起亚报价.xlsx"文档文件，重命名 Sheet1 工作表为"东风起亚"并设置工作表保护。效果文件可参考"第 1 章\效果文件\起亚报价.xlsx"。

2. 打开"12月.xlsx"文档文件，为工作表中数据添加所有边框。效果文件可参考"第 1 章\效果文件\12 月.xlsx"。

第**2**章

Excel 公式基础与操作

本章主要介绍 Excel 公式方面的知识与技巧，同时还讲解为单元格或单元格区域命名、使用单元格引用和输入与编辑公式的方法。通过本章的学习，读者可以掌握 Excel 公式基础与操作方面的知识，为深入学习 Excel 2010 公式、函数、图表与数据分析知识奠定基础。

范 例 导 航

1. 公式简介
2. 为单元格或单元格区域命名
3. 使用单元格引用
4. 输入与编辑公式

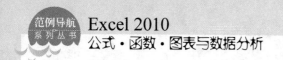

2.1 公式简介

公式是 Excel 工作表中进行数值计算的等式。Excel 作为数据处理工具，有着强大的计算功能，利用公式可以完成庞大的计算，本节将详细介绍公式方面的知识。

2.1.1 认识公式

公式输入是以 "=" 开始的，简单的公式有加、减、乘、除等计算。通常情况下，公式由函数、参数、常量和运算符组成，下面分别予以介绍。

- 函数：在 Excel 中包含的许多预定义公式，可以对一个或多个数据执行运算，并返回一个或多个值。函数可以简化或缩短工作表中的公式。
- 参数：函数中用来执行操作或计算单元格或单元格区域的数值。
- 常量：在公式中直接输入的数字或文本值，不参与运算且数值不发生改变。
- 运算符：用来连接公式中准备进行计算的符号或标记。运算符可以表达公式内执行计算的类型，包括算术运算符、比较运算符、文本运算符和引用运算符。

2.1.2 运算符

在 Excel 2010 工作簿中，公式运算符(对公式中的运算产生特定类型的运算)包括比较运算符、算术运算符、文本运算符和引用运算符，下面分别予以详细介绍。

1. 比较运算符

比较运算符用来对两个数值进行比较，产生的结果为逻辑值 True(真)或 False(假)。下面介绍常见的比较运算符，如表 2-1 所示。

表 2-1

公式中使用的符号	含　义	示　例
=(等号)	等于	A1=B1
>(大于号)	大于	A1>B1
<(小于号)	小于	A1<B1
>=(大于等于号)	大于或等于	A1>=B1
<=(小于等于号)	小于或等于	A1<=B1
<>(不等号)	不等于	A1<>B1

2. 算术运算符

算术运算符用来完成基本的数学运算，如加法、减法、乘法和除法等。下面介绍常见的几种算术运算符，如表 2-2 所示。

表 2-2

公式中使用的符号	含 义	示 例
+(加号)	加法	9+1
-(减号)	减法	9-2
*(星号)	乘法	3*8
/(正斜号)	除法	6/2
%(百分号)	百分比	72%
^(脱字号)	乘方	9^2
!(阶乘)	连续乘法	4!=4*3*2*1
-(负号)	负号	-5(负 5)

3. 文本运算符

文本运算符是将一个或多个文本连接为一个组合文本的一种运算符，文本运算符使用和号"&"，连接一个或多个文本字符串，如表 2-3 所示。

表 2-3

公式中使用的符号	含 义	示 例
&(和号)	将两个文本连接起来产生一个连续的文本值	"运"&"算"得到运算

4. 引用运算符

在 Excel 2010 工作表中，使用引用运算符可以对单元格区域进行合并运算。下面介绍几种常用的引用运算符，如表 2-4 所示。

表 2-4

公式中使用的符号	含 义	示 例
:(冒号)	区域运算符，生成对两个引用之间所有单元格的引用	A1:A2
,(逗号)	联合运算符，用于将多个引用合并为一个引用	SUM(A1:A4,A4:A6)
(空格)	交集运算符，生成在两个引用中共有的单元格引用	SUM(A1:A7 B1:B7)

2.1.3　运算符优先级

运算符优先级是指在一个公式中含有多个运算符的情况下 Excel 的运算顺序，如表 2-5 所示。

表 2-5

优 先 级	符 号	运 算 符
1	^	幂运算符
2	*	乘法运算符
2	/	除法运算符
3	+	加法运算符
3	−	减法运算符
4	&	连接运算符
5	=	等于运算符
5	<	小于运算符
5	>	大于运算符

2.2　为单元格或单元格区域命名

在 Excel 2010 中，用户可以为单元格或者单元格区域命名，以方便快速地查找所需的数据。本节将详细介绍为单元格或单元格区域命名的相关知识。

2.2.1　为单元格命名

在 Excel 2010 工作表中，单元格默认情况下都是根据行、列标题进行命名的，如 A1、B3、D5 等，用户也可以自行命名单元格，下面详细介绍为单元格命名的操作方法。

素材文件❀第 2 章\素材文件\考试成绩表.xlsx
效果文件❀第 2 章\效果文件\考试成绩表.xlsx

step 1 ① 打开素材文件，选择准备命名的单元格，如 A1 单元格；②选择【公式】选项卡；③【定义的名称】组中，单击【名称管理器】按钮，如图 2-1 所示。

step 2 弹出【名称管理器】对话框，单击左上角的【新建】按钮，如图 2-2 所示。

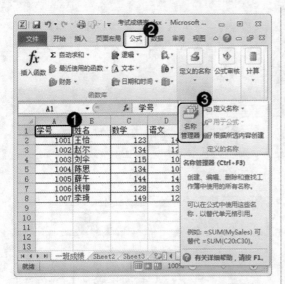

图 2-1

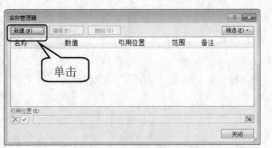

图 2-2

step 4 返回到【名称管理器】对话框界面，单击【关闭】按钮，如图 2-4 所示。

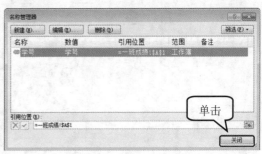

图 2-4

step 3 ① 弹出【新建名称】对话框，在【名称】文本框中输入准备命名的单元格名称；②在【范围】下拉列表中，选择单元格所在的工作表；③ 单击【确定】按钮，如图 2-3 所示。

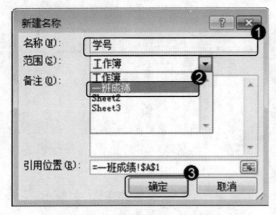

图 2-3

step 5 通过以上方法，即可完成为单元格命名的操作，结果如图 2-5 所示。

图 2-5

2.2.2 为单元格区域命名

在 Excel 2010 工作表中，不仅可以为单元格命名，还可以命名单元格区域。下面详细介绍为单元格区域命名的操作方法。

素材文件※ 第 2 章\素材文件\考试成绩表.xlsx
效果文件※ 第 2 章\效果文件\考试成绩表.xlsx

step 1 ① 打开素材文件中，选择准备命名的单元格区域；② 选择【公式】选项卡；③ 在【定义的名称】组中，单击【名称管理器】按钮，如图 2-6 所示。

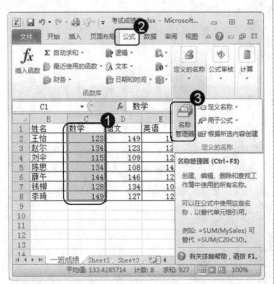

图 2-6

step 3 ① 弹出【新建名称】对话框，在【名称】文本框中输入准备命名的单元格名称；②在【范围】下拉列表框中，选择单元格所在的工作表；③单击【确定】按钮，如图 2-8 所示。

图 2-8

考考您

请您根据上述方法为其他单元和单元格区域命名，测试一下您的学习效果。

step 2 弹出【名称管理器】对话框，单击左上角的【新建】按钮，如图 2-7 所示。

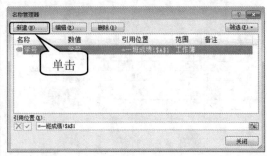

图 2-7

step 4 返回到【名称管理器】对话框界面，单击【关闭】按钮，如图 2-9 所示。

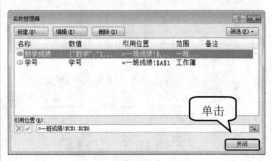

图 2-9

step 5 通过以上方法，即可完成为单元格区域命名的操作，结果如图 2-10 所示。

图 2-10

2.3 使用单元格引用

单元格引用是 Excel 中的术语,指用单元格在表中的坐标位置标识单元格。Excel 单元格的引用包括 A1 引用样式和 R1C1 引用样式、相对引用、绝对引用和混合引用,以及多单元格和单元格区域的引用、引用本工作簿其他工作表的单元格和引用其他工作簿中的单元格,本节将分别予以详细介绍。

2.3.1 A1 引用样式和 R1C1 引用样式

在 Excel 中关于引用有两种表示的方法,即 A1 引用样式与 R1C1 引用样式,下面分别予以详细介绍。

1. A1 引用样式

A1 引用样式是 Excel 的默认引用类型。这种类型引用字母标志列(从 A 到 XFD,共 1.6384 万列)和数字标志行(从 1 到 104.8576 万行)。这些字母和数字被称为列和行标题。如果要引用单元格,请顺序输入列字母和行数字。例如,C25 引用了列 C 和行 25 交叉处的单元格。如果要引用单元格区域,请输入区域左上角单元格的引用、冒号(:)和区域右下角单元格的引用,如 A20:C35。

2. R1C1 引用样式

在 R1C1 引用样式中,Excel 使用"R"加行数字和"C"加列数字来指示单元格的位置。例如,单元格绝对引用 R1C1 与 A1 引用样式中的绝对引用$A$1 等价。如果活动单元格是 A1,则单元格相对引用 R[1]C[1]将引用活动单元格下面一行和右边一列的单元格,即 B2。

例如,R[-2]C 为对与活动单元格在同一列、上面两行的单元格的相对引用;R[2]C[2] 为对在活动单元格下面两行、右面两列的单元格的相对引用;R2C2 为对在工作表的第二行、第二列的单元格的绝对引用;R[-1]为对活动单元格整个上面一行单元格区域的相对引用。

在 R1C1 引用样式下,列标签是数字而不是字母。例如,在工作表列的顶部看到的是 1、2、3 等而不是 A、B、C 等。R1C1 引用样式对于计算位于宏内的行和列很有用。在 R1C1 引用样式中,Excel 指出了行号在 R 后而列号在 C 后的单元格的位置。

2.3.2 相对引用、绝对引用和混合引用

相对引用、绝对引用、混合引用大大方便了用户复制公式的操作,不必逐个单元格输入公式,下面分别予以详细介绍。

1. 相对引用

公式中的相对引用，是基于包含公式和单元格引用的单元格的相对位置。如果公式所在单元格的位置改变，相对引用也随之改变。如果多行或多列地复制公式，相对引用会自动调整。下面详细介绍相对引用的操作方法。

 素材文件❀ 第 2 章\素材文件\考试成绩表.xlsx
效果文件❀ 第 2 章\效果文件\考试成绩表.xlsx

step 1　① 打开素材文件，选择准备进行相对引用的单元格，如选择 F2 单元格；② 在窗口编辑栏文本框中，输入相对引用公式"=C2+D2+E2"；③ 单击【输入】按钮✓，如图 2-11 所示。

step 2　此时在已经选中的单元格中，系统会自动计算出结果。选择【开始】选项卡，单击【剪贴板】组中的【复制】按钮，如图 2-12 所示。

图 2-11

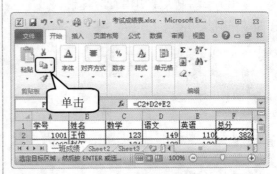

图 2-12

step 3　① 选择准备粘贴相对引用公式的单元格，如选择 F3 单元格；② 在【剪贴板】组中，单击【粘贴】按钮，如图 2-13 所示。

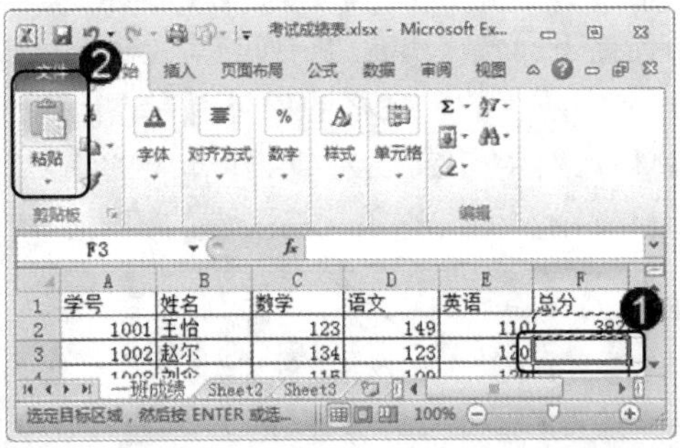

step 4　此时在已经选中的单元格中，系统会自动计算出结果，并且在编栏文本辑框中显示公式，如图 2-14 所示。

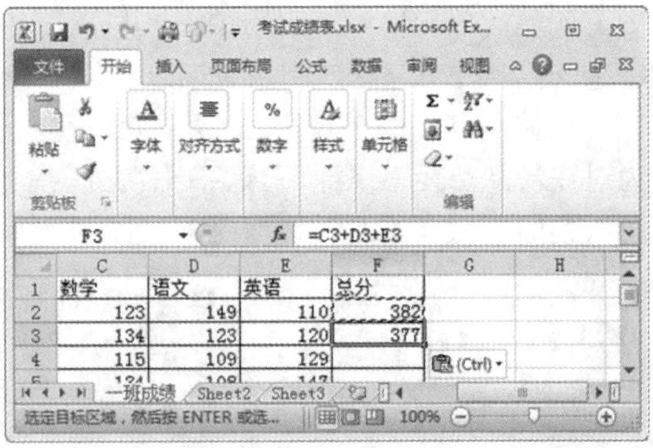

图 2-13

图 2-14

step 5　① 再次选择准备粘贴相对引用公式的单元格，如选择 H2 单元格；② 单击【剪贴板】组中【粘贴】按钮，如图 2-15 所示。

step 6　此时已经选中的单元格发生改变，如图 2-16 所示，这样即可完成相对引用的操作。

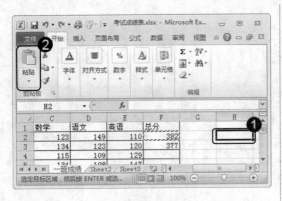

<table>
<tr><td>图 2-15</td><td>图 2-16</td></tr>
</table>

2. 绝对引用

单元格中的绝对引用总是在指定位置引用单元格。如果公式所在单元格的位置改变，绝对引用的单元格始终保持不变。如果多行或多列地复制公式，绝对引用将不作调整。下面详细介绍绝对引用的操作方法。

素材文件 第 2 章\素材文件\考试成绩表.xlsx

效果文件 第 2 章\效果文件\考试成绩表.xlsx

 ① 打开素材文件，选择准备进行绝对引用的单元格，如 H3 单元格；② 在窗口编辑栏文本框中，输入绝对引用公式"=$C$2+$D$2+$E$2"；③ 单击【输入】按钮，如图 2-17 所示。

此时在已经选中的单元格中，系统会自动计算出结果。选择【开始】选项卡，单击【剪贴板】组中的【复制】按钮，如图 2-18 所示。

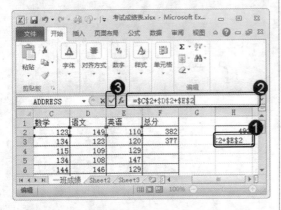

<table>
<tr><td>图 2-17</td><td>图 2-18</td></tr>
</table>

① 选择准备粘贴绝对引用公式的单元格，如 H4 单元格；② 在【剪贴板】组中，单击【粘贴】按钮，如图 2-19所示。

此时在已经选中的单元格中，公式仍旧是"=$C$2+$D$2+$E$2"，如图 2-20 所示，这样即可完成绝对引用的操作。

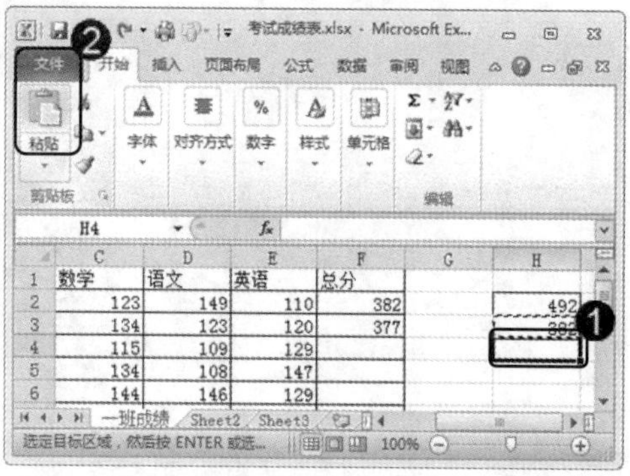

图 2-19

图 2-20

3. 混合引用

混合引用具有绝对列和相对行，或是绝对行和相对列。如果公式所在单元格的位置改变，则相对引用改变，而绝对引用不变。如果多行或多列地复制公式，相对引用自动调整，而绝对引用不作调整。下面详细介绍混合引用的操作方法。

素材文件 第 2 章\素材文件\考试成绩表.xlsx
效果文件 第 2 章\效果文件\考试成绩表.xlsx

 step 1 ① 打开素材文件，选择准备进行混合引用(绝对行和相对列)的单元格，如 H6 单元格；② 在窗口编辑栏文本框中，输入混合引用公式 "=C$6+D$6+E$6"；③ 单击【输入】按钮✓，如图 2-21 所示。

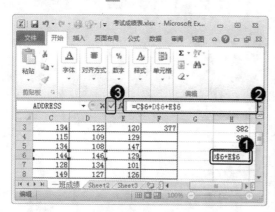

图 2-21

step 3 ① 选择准备粘贴混合引用公式的单元格，如 I5 单元格；② 在【剪贴板】组中，单击【粘贴】按钮，如图 2-23 所示。

step 2 此时在已经选中的单元格中，系统会自动计算出结果。选择【开始】选项卡，单击【剪贴板】组中的【复制】按钮，如图 2-22 所示。

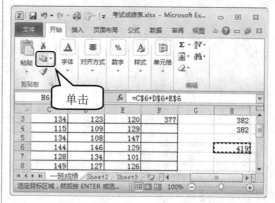

图 2-22

step 4 此时在已经选中的单元格中，公式中的行标题不变，而列标题发生变化，如图 2-24 所示，这样即可完成混合引用的操作。

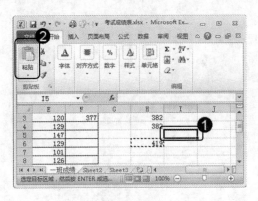

图 2-23

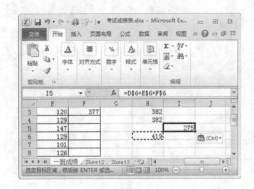

图 2-24

2.3.3 多单元格和单元格区域的引用

不仅可以对单个单元格进行引用，还可以同时对多个单元格以及单元格区域进行引用，下面分别予以详细介绍。

1. 多单元格的引用

多单元格的引用是将单元格内的公式，引用至多个不相邻的单元格中。下面详细介绍多个单元格引用的操作方法。

 素材文件 ❀ 第 2 章\素材文件\考试成绩表.xlsx

效果文件 ❀ 第 2 章\效果文件\考试成绩表.xlsx

step 1 ① 打开素材文件，选择准备进行多单元格引用的单元格，如 F4 单元格；② 在窗口编辑栏文本框中，输入公式"=C4+D4+E4"；③单击【输入】按钮✓，如图 2-25 所示。

step 2 此时在已经选中的单元格中，系统会自动计算出结果。选择【开始】选项卡，单击【剪贴板】组中的【复制】按钮🗐，如图 2-26 所示。

图 2-25

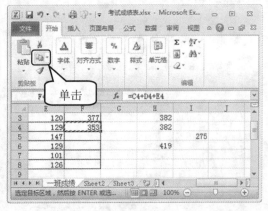

图 2-26

step 3 ① 按住 Ctrl 键，选择准备粘贴引用公式的多个单元格；② 在【剪贴板】组中，单击【粘贴】按钮，如图 2-27 所示。

 step 4 通过以上方法，即可完成多单元格引用的操作，结果如图 2-28 所示。

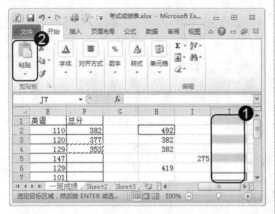

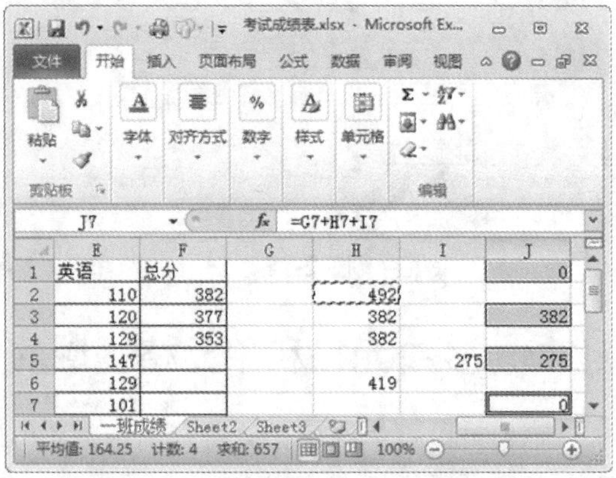

图 2-27

图 2-28

2. 单元格区域的引用

单元格区域的引用是将单元格内的公式，引用至多个相邻的单元格中。下面详细介绍单元格区域引用的操作方法。

素材文件 第 2 章\素材文件\考试成绩表.xlsx
效果文件 第 2 章\效果文件\考试成绩表.xlsx

step 1 ① 打开素材文件，选择准备进行单元格区域引用的单元格，如 F6 单元格；② 在窗口编辑栏文本框中，输入公式"=C6+D6+E6"；③ 单击【输入】按钮，如图 2-29 所示。

step 2 此时在已经选中的单元格中，系统会自动计算出结果。选择【开始】选项卡，单击【剪贴板】组中的【复制】按钮，如图 2-30 所示。

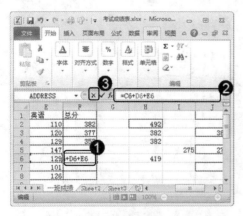

图 2-29

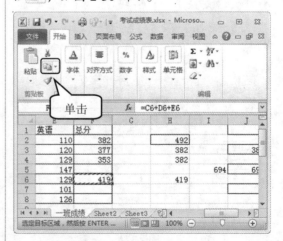

图 2-30

step 3 ① 按住鼠标左键在工作表内拖动出一个单元格区域；② 在【剪贴板】组中，单击【粘贴】按钮，如图 2-31 所示。

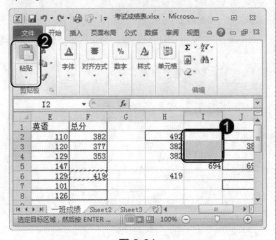

图 2-31

step 4 通过以上方法，即可完成单元格区域引用的操作，结果如图 2-32 所示。

图 2-32

2.3.4 引用本工作簿其他工作表的单元格

在 Excel 2010 工作簿中，不仅能在同一张工作表中引用单元格，还可以引用当前工作簿中的其他工作表中的单元格。下面详细介绍引用本工作簿其他工作表的单元格的操作方法。

素材文件 第 2 章\素材文件\考试成绩表.xlsx
效果文件 第 2 章\效果文件\考试成绩表.xlsx

step 1 ① 打开素材文件，选择 Sheet2 工作表中准备进行引用的单元格，如 B3 单元格；② 在编辑栏文本框中输入"="；③ 单击"一班成绩"工作表标签，如图 2-33 所示。

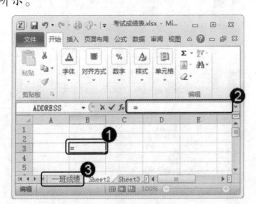

图 2-33

step 2 在"一班成绩"工作表中，选择被引用的单元格，如 F2 单元格，如图 2-34 所示。

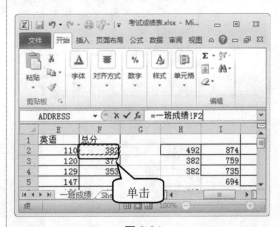

图 2-34

step 3 ① 在"一班成绩"工作表的编辑栏文本框中，输入"+"；② 选择被引用的另一单元格，如 F4 单元格；③ 单击【输入】按钮，如图 2-35 所示。

step 4 系统会自动返回到 Sheet2 工作表，如图 2-36 所示，这样即可完成引用本工作簿其他工作表的单元格。

图 2-35

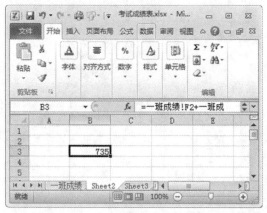

图 2-36

2.3.5 引用其他工作簿中的单元格

在 Excel 2010 工作簿中，用户还可以引用其他工作簿中的单元格。下面详细介绍引用其他工作簿中单元格的操作方法。

素材文件※ 第 2 章\素材文件\考试成绩表.xlsx、演讲比赛成绩.xlsx
效果文件※ 第 2 章\效果文件\考试成绩表.xlsx

step 1 ① 分别打开素材文件"考试成绩表.xlsx"和"演讲比赛成绩.xlsx"，在"考试成绩表"工作簿中，单击准备进行引用的单元格，如 G1 单元格；② 在编辑栏文本框中输入"="，如图 2-37 所示。

step 2 ① 选择"演讲比赛成绩"工作簿，单击被引用的工作表标签，如 Sheet1 工作表标签；②单击被引用的单元格，如 C1 单元格，如图 2-38 所示。

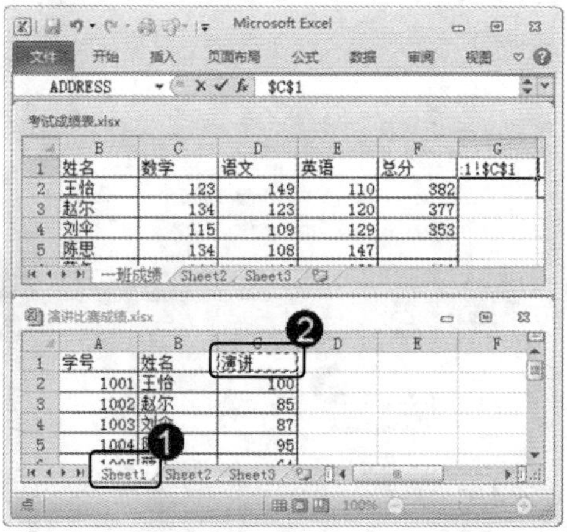

图 2-37

图 2-38

step 3 选择"学生成绩单"工作簿，单击编辑栏中的【输入】按钮☑️，如图 2-39 所示。

step 4 通过以上方法，即可完成引用其他工作簿中的单元格的操作，结果如图 2-40 所示。

图 2-39

图 2-40

2.4 输入与编辑公式

在 Excel 2010 中，使用公式可以提高在工作表中的输入速度、降低工作强度，同时可以最大限度地避免在输入过程中可能出现的错误。本节将详细介绍输入与编辑公式的相关知识。

2.4.1 输入公式

在 Excel 2010 工作表中输入公式的方法有两种，分别是在编辑栏中输入和在单元格总输入，下面分别予以详细介绍。

1. 在编辑栏中输入公式

在 Excel 2010 工作表中，用户可以通过编辑栏输入公式。下面详细介绍在编辑栏中输入公式的操作方法。

  素材文件※第 2 章\素材文件\考试成绩表.xlsx
效果文件※第 2 章\效果文件\考试成绩表.xlsx

step 1 ① 打开素材文件，单击准备输入公式的单元格，如 F5 单元格；② 在窗口编辑栏文本框中，输入公式"=C5+D5+E5"；③ 单击【输入】按钮☑️，如图 2-41 所示。

 step 2 系统会自动在 F5 单元格中计算出结果，如图 2-42 所示，这样即可完成在编辑栏中输入公式的操作。

图 2-41

图 2-42

2. 在单元格中输入公式

在 Excel 2010 工作表中，用户也可以直接在单元格中进行公式的输入。下面详细介绍在单元格中输入公式的操作方法。

 素材文件❀ 第 2 章\素材文件\考试成绩表.xlsx
 效果文件❀ 第 2 章\效果文件\考试成绩表.xlsx

step 1 打开素材文件，双击准备输入公式的单元格，如 F7 单元格，如图 2-43 所示。

step 2 在单元格内输入公式，如 "=C7+D7+E7"，如图 2-44 所示。

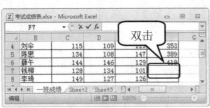
图 2-43

图 2-44

step 3 单击工作表中除 F7 外的任意单元格，如图 2-45 所示。

step 4 系统会自动在 F7 单元格中计算出结果，如图 2-46 所示，这样即可完成在单元格中输入公式的操作。

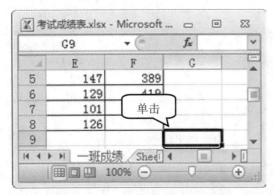
图 2-45

图 2-46

2.4.2 修改公式

在 Excel 2010 工作表中，用户可以将输入错误的公式修改为正确的公式。下面详细介绍修改公式的操作方法。

素材文件※ 第 2 章\素材文件\考试成绩表.xlsx
效果文件※ 第 2 章\效果文件\考试成绩表.xlsx

step 1 ① 打开素材文件，选择准备修改公式的单元格，如 J1 单元格；② 单击窗口编辑栏文本框，使公式中引用的单元格显示为选中状态，如图 2-47 所示。

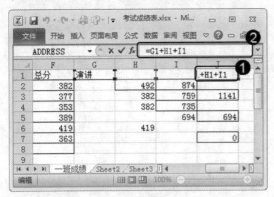

图 2-47

step 2 按键盘上的退格键，删除错误的公式，然后重新输入正确的公式，如图 2-48 所示。

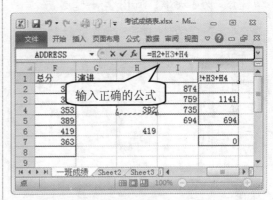

图 2-48

step 3 正确的公式输入完成后，单击窗口编辑栏中的【输入】按钮，如图 2-49 所示。

图 2-49

step 4 可以看到正确公式所表达的数值显示在单元格内，如图 2-50 所示，这样即可完成修改公式的操作。

图 2-50

2.4.3 移动与复制公式

在 Excel 2010 工作表中，可以将指定的单元格及其所有属性移动或者复制到其他目标单元格，下面分别详细介绍移动与复制公式的操作方法。

1. 移动公式

移动公式是把公式从一个单元格移动至另一个单元格，原单元格中包含的公式不被保留。下面详细介绍移动公式的操作方法。

素材文件❀ 第 2 章\素材文件\考试成绩表.xlsx

效果文件❀ 第 2 章\效果文件\考试成绩表.xlsx

step 1 ① 打开素材文件，选择准备移动公式的单元格，如 H6 单元格；② 将鼠标指针移动至单元格的边框上，鼠标指针会变为 ✛ 形状，如图 2-51 所示。

step 2 按住鼠标左键，将单元格公式拖曳至目标单元格，如 I8 单元格，如图 2-52 所示。

图 2-51

图 2-52

step 3 释放鼠标左键，这样即可完成移动公式的操作，结果如图 2-53 所示。

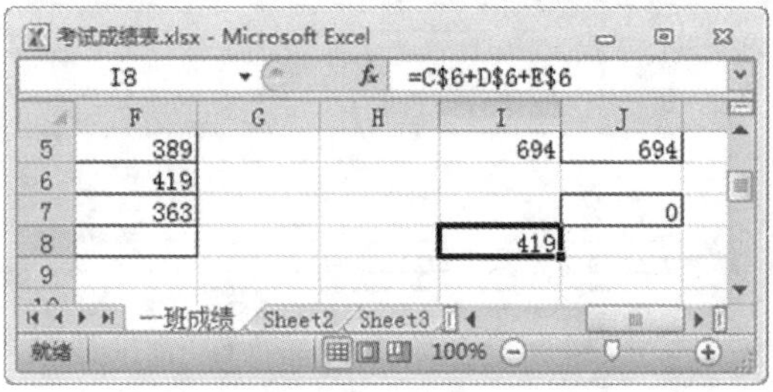

图 2-53

智慧锦囊

在 Excel 2010 工作表中，单击准备移动公式的单元格，按 Ctrl+X 组合键，完成剪切单元格公式的操作，然后单击目标单元格，按 Ctrl+V 组合键，完成粘贴单元格公式的操作。

2. 复制公式

复制公式是把公式从一个单元格复制至另一个单元格，原单元格中包含的公式仍被保留。下面详细介绍复制公式的操作方法。

素材文件❀ 第 2 章\素材文件\考试成绩表.xlsx

效果文件❀ 第 2 章\效果文件\考试成绩表.xlsx

step 1 ① 打开素材文件，选择准备复制公式的单元格，如 I5 单元格；②选择【开始】选项卡，❸ 单击【剪贴板】组中的【复制】按钮，如图 2-54 所示。

step 2 ① 选择准备粘贴公式的目标单元格，如 H7 单元格；② 单击【剪贴板】组中的【粘贴】按钮，如图 2-55 所示。

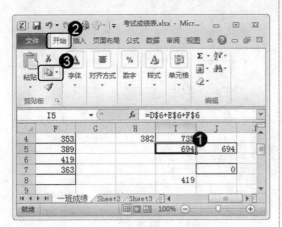

图 2-55

图 2-54

step 3 通过以上方法，即可完成复制公式的操作，结果如图 2-56 所示。

图 2-56

智慧锦囊

在 Excel 2010 工作表中，单击准备复制公式的单元格，按 Ctrl+C 组合键，完成复制单元格公式的操作，然后单击目标单元格，按 Ctrl+V 组合键，完成粘贴单元格公式的操作。

考考您

请您根据上述方法复制一个单元格的公式，测试一下您的学习效果。

2.4.4 显示与隐藏公式

在 Excel 2010 工作表中，用户可以根据工作需要，对工作表中包含的公式进行显示与隐藏，以方便查看、处理数据，下面分别予以详细介绍。

1. 显示公式

在 Excel 2010 工作表中，用户可以将工作表内所有包含公式的单元格中的数据，以公式的形式显示出来。下面详细介绍显示公式的操作方法。

素材文件 第 2 章\素材文件\考试成绩表.xlsx
效果文件 第 2 章\效果文件\考试成绩表.xlsx

第 2 章 Excel 公式基础与操作

step 1　① 打开素材文件，选择【公式】选项卡；② 单击【公式审核】组中的【显示公式】按钮，如图 2-57 所示。

step 2　此时系统会将工作表内所有包含公式的单元格中的数据，以公式的形式显示，如图 2-58 所示，这样即可完成显示公式的操作。

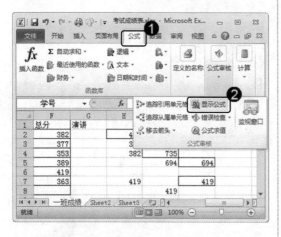

图 2-57

图 2-58

2．隐藏公式

如果用户不再准备查看工作表中的公式，可以选择将公式隐藏起来。下面详细介绍隐藏公式的操作方法。

素材文件　第 2 章\素材文件\考试成绩表.xlsx

效果文件　第 2 章\效果文件\考试成绩表.xlsx

step 1　① 打开素材文件，选择【公式】选项卡；② 单击【公式审核】组中的【显示公式】按钮，如图 2-59 所示。

step 2　此时系统会将工作表内所有包含公式的单元格，以数据的形式显示，如图 2-60 所示，这样即可完成隐藏公式的操作。

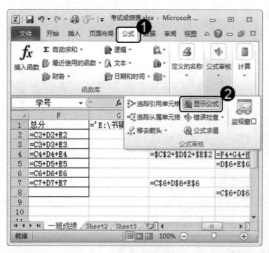

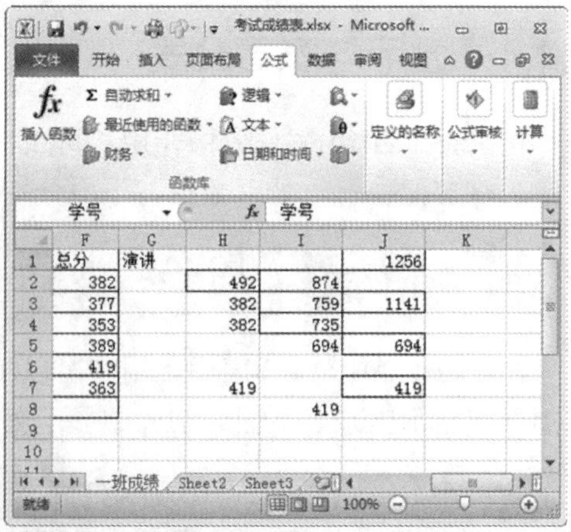

图 2-59

图 2-60

2.4.5　删除公式

如果用户在处理数据的时候，只需保留单元格内的数值，而不需要保留公式格式，可以选择将公式删除。下面详细介绍删除公式的操作方法。

　素材文件 第 2 章\素材文件\考试成绩表.xlsx
效果文件 第 2 章\效果文件\考试成绩表.xlsx

 ① 打开素材文件，选择准备删除公式的单元格，如 J1 单元格；② 单击窗口编辑栏文本框，使公式中引用的单元格显示为选中状态，如图 2-61 所示。

 按 F9 键，可以看到选中的单元格中的公式已经被删除，如图 2-62 所示，这样即可完成删除公式的操作。

图 2-61

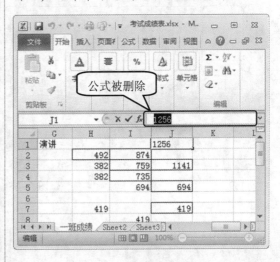

图 2-62

2.5　范例应用与上机操作

通过本章的学习，读者可以掌握 Excel 公式基础与操作方面的知识。下面通过一些操作练习，以达到巩固学习、拓展提高的目的。

2.5.1　计算岗前考核成绩

在岗前考核成绩表中，将每个人的总成绩计算出来，可以方便查看每个人的综合能力。下面详细介绍计算岗前考核成绩的操作方法。

　素材文件 第 2 章\素材文件\岗前考核成绩.xlsx
效果文件 第 2 章\效果文件\岗前考核成绩.xlsx

1 打开素材文件，在"姓名"列中，输入相应的考生的姓名，如图2-63所示。

step 2 在"计算机"、"理论"和"面试"列中，分别输入每个人相应的成绩，如图2-64所示。

图 2-63

图 2-64

step 3 ① 选择 E2 单元格；② 在窗口编辑栏文本框中，输入公式"=B2+C2+D2"；③ 击【输入】按钮，如图2-65所示。

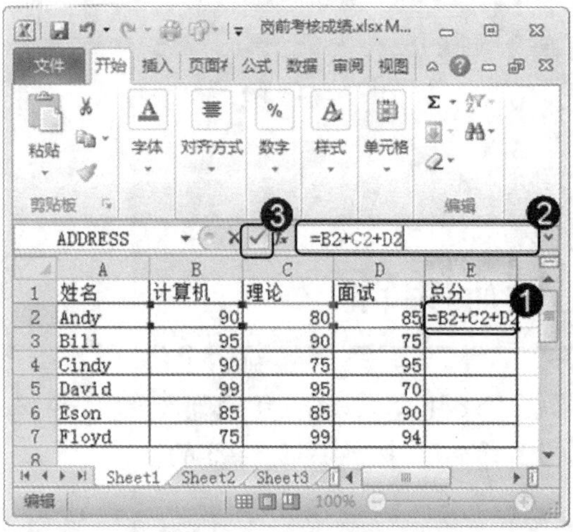

step 4 系统会自动在 E2 单元格中计算出结果，使用鼠标左键向下填充公式计算出其他人的成绩，这样即可完成计算岗前考核成绩的操作，结果如图2-66所示。

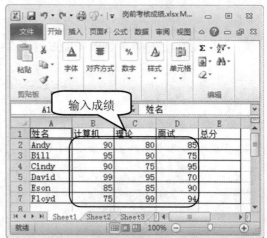

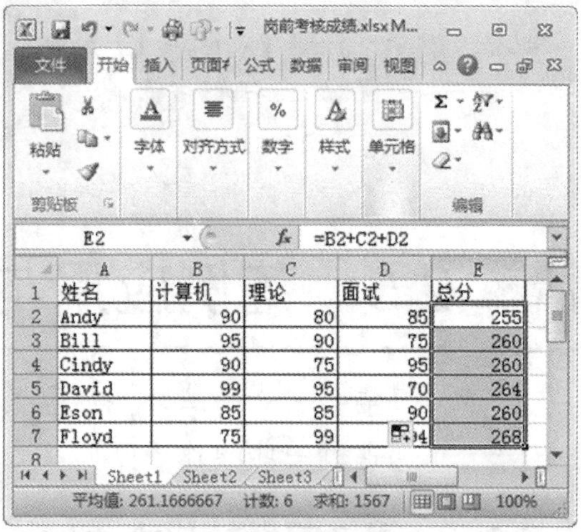

图 2-65

图 2-66

2.5.2 通过单元格引用计算全年总产量

如果在工作中，需要将总产量单独放置在一张工作表中，可以通过引用单元格功能，引用其他工作表中的数据，从而计算出全年的总产量。下面详细介绍通过单元格引用计算全年总产量的操作方法。

素材文件 第 2 章\素材文件\全年产量.xlsx

效果文件 第 2 章\效果文件\全年产量.xlsx

step 1 ① 打开素材文件，选择“全年总产量”工作表中的 C2 单元格；②在窗口编辑栏文本框中输入“=”；③ 击“上半年产量”工作表标签，如图 2-67 所示。

图 2-67

step 2 ① 进入到“上半年产量”工作表，选择 H5 单元格；② 在窗口编辑栏文本框中，输入“+”；③ 击“下半年产量”工作表标签，如图 2-68 所示。

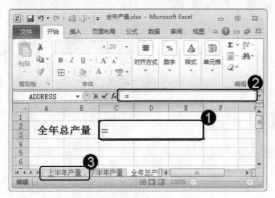

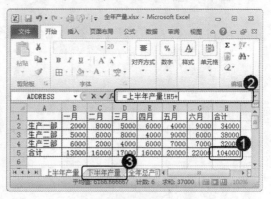

图 2-68

step 3 ① 进入到“下半年产量”工作表，选择 H5 单元格；② 单击【输入】按钮✓，如图 2-69 所示。

图 2-69

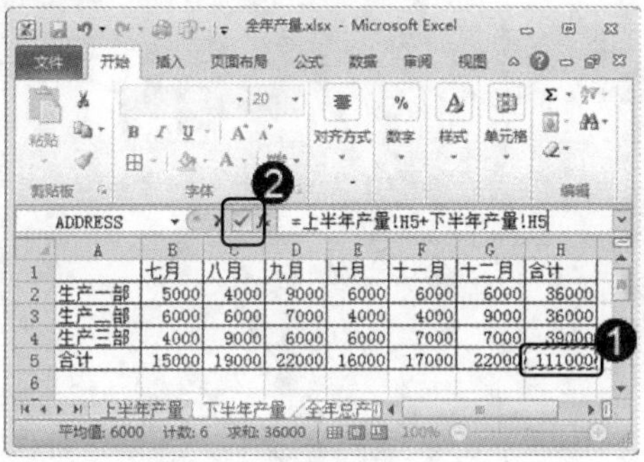

step 4 系统会自动返回到“全年总产量”工作表，并在 C2 单元格中计算出结果，如图 2-70 所示，这样即可完成通过单元格引用计算全年总产量的操作。

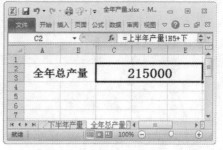

图 2-70

2.6 课后练习

2.6.1 思考与练习

一、填空题

1. ________是 Excel 工作表中进行数值计算的等式。Excel 作为数据处理工具，有着强大的计算功能，利用_____可以完成庞大的计算。

2. _____是指在一个公式中含有多个运算符的情况下 Excel 的运算顺序。

3. 在 Excel 2010 中，用户可以为_____或者_____命名，以方便快速地查找所需的数据。

4. _____是 Excel 中的术语，指用单元格在表中的坐标位置标识单元格。

二、判断题

1. 在 Excel 2010 工作表中，单元格默认情况下都是根据行、列标题进行命名的。（　　）

2. 多单元格的引用是将单元格内的公式，引用至多个相邻的单元格中。　　　　（　　）

三、思考题

1. Excel 2010 中有几种运算符？分别是什么？

2. 什么是 A1 引用样式？什么是 R1C1 引用样式？

2.6.2　上机操作

1. 打开"员工资料.xlsx"文档文件，将 A4~A11 单元格区域命名为"员工姓名"。效果文件可参考"第 2 章\效果文件\员工资料.xlsx"。

2. 打开"个人工资条.xlsx"文档文件，删除 L2 单元格中包含的公式。效果文件可参考"第 2 章\效果文件\个人工资条.xlsx。

范例导航
系列丛书

第 **3** 章

公式审核与错误处理

本章主要介绍公式审核与快速计算方面的知识与技巧，同时还讲解公式中的常见错误值、使用公式的常见问题和处理公式中常见错误的方法，最后介绍公式结果的检验和验证的相关知识。通过本章的学习，读者可以掌握公式审核与错误处理方面的知识，为深入学习

范 例 导 航

1. 公式审核与快速计算
2. 公式中的常见错误值
3. 使用公式的常见问题
4. 处理公式中的常见错误
5. 公式结果的检验和验证

3.1 公式审核与快速计算

在 Excel 2010 工作表中，可以对公式进行审核，从而检查出表格中存在的错误公式，然后通过更正快速地计算结果。本节将详细介绍公式审核与快速计算的相关知识。

3.1.1 使用公式的分步计算

在 Excel 2010 工作表中，分步计算是指按部就班地将所需的数值计算出来，并显示在相应的单元格内。下面以求各区域总销量为例，详细介绍使用公式分步计算的操作方法。

素材文件❀ 第 3 章\素材文件\区域销售统计.xlsx
效果文件❀ 第 3 章\效果文件\区域销售统计.xlsx

step 1 ① 打开素材文件，选择 B9 单元格；② 在窗口编辑栏文本框中输入公式"=B3+B4+B5+B6+B7+B8"；③ 单击编辑栏中的【输入】按钮☑，如图 3-1 所示。

图 3-1

step 2 可以看到，在 B9 单元格内显示的是华东区的销售总值，如图 3-2 所示。

图 3-2

step 3 将鼠标指针停留在 B9 单元格的右下方，鼠标指针变为╋形状，按住鼠标左键不放，将鼠标指针拖动至 E9 单元

step 4 释放鼠标左键，即可得到其他区域的销售总值，如图 3-4 所示，这样即可完成使用公式分步计算的操作。

格，如图 3-3 所示。

图 3-3

图 3-4

3.1.2 使用公式错误检查器

使用公式错误检查器，可以快速地查找出表格中存在的错误公式，以方便修改为正确的公式。下面详细介绍使用公式错误检查器的操作方法。

素材文件※ 第 3 章\素材文件\区域销售统计.xlsx
效果文件※ 第 3 章\效果文件\区域销售统计.xlsx

 ① 打开素材文件，选择【公式】选项卡；② 在【公式审核】组中，单击【错误检查】按钮，如图 3-5 所示。

 弹出【错误检查】对话框，单击【在编辑栏中编辑】按钮，如图 3-6 所示。

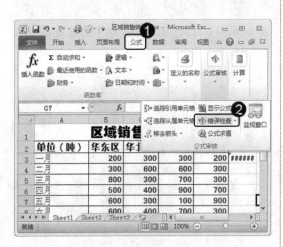

图 3-5

图 3-6

step 3 ① 编辑栏文本框显示为可编辑状态，在其中输入正确的公式；② 单击【错误检查】对话框中的【继续】按钮，如图 3-7 所示。

图 3-7

step 4 弹出 Microsoft Excel 对话框，提示"已完成对整个工作表的错误检查"信息，单击【确定】按钮，如图 3-8 所示，这样即可完成使用公式错误检查器的操作。

图 3-8

智慧锦囊

如果用户不能直观地看出错误的准确位置，可以单击【错误检查】对话框中的【显示计算步骤】按钮，弹出【公式求值】对话框，会提示用户相关错误信息，如图 3-9 所示。

图 3-9

3.1.3 追踪引用单元格

追踪引用单元格是指使用箭头形式，指出影响当前所选单元格值的所有单元格。下面详细介绍使用追踪引用单元格的操作方法。

素材文件 第 3 章\素材文件\区域销售统计.xlsx
效果文件 第 3 章\效果文件\区域销售统计.xlsx

step 1 ① 打开素材文件，选择包含公式的单元格；② 选择【公式】选项卡；③ 在【公式审核】组中，单击【追踪引用单元格】按钮，如图 3-10 所示。

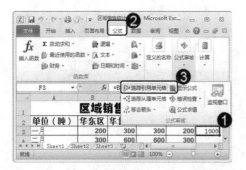

图 3-10

step 2 系统会自动以箭头的形式指出影响当前所选单元格值的所有单元格，如图 3-11 所示，这样即可完成追踪引用单元格的操作。

图 3-11

如果用户不再需要查看引用的单元格，可以选择取消显示箭头。在【公式审核】组中，单击【移去箭头】按钮，即可将工作表内所有追踪引用单元格的指示箭头移除。

3.1.4　显示单元格中的公式

在 Excel 2010 工作表中，包含公式的单元格只显示公式计算结果，如果希望查看公式，可以通过双击鼠标左键将其显示出来。下面详细介绍显示单元格中公式的操作方法。

素材文件❀ 第 3 章\素材文件\区域销售统计.xlsx
效果文件❀ 第 3 章\效果文件\区域销售统计.xlsx

 打开素材文件，双击准备显示公式的单元格，如图 3-12 所示。

 通过以上方法，即可完成显示单元格中公式的操作，结果如图 3-13 所示。

图 3-12

图 3-13

3.1.5　隐藏编辑栏中的公式

在 Excel 2010 工作表中，用户可以选择将工作表中的所有公式隐藏起来，即单击任意包含公式的单元格，在编辑栏中不会显示该单元格的公式。下面详细介绍隐藏编辑栏中公式的操作方法。

素材文件❀ 第 3 章\素材文件\区域销售统计.xlsx
效果文件❀ 第 3 章\效果文件\区域销售统计.xlsx

 ① 打开素材文件，单击工作表中【全选】按钮　　；② 在工作表中任意位置右击；③ 弹出的快捷菜单中，选择【设置单元格格式】菜单项，如图 3-14 所示。

 ① 弹出【设置单元格格式】对话框，选择【保护】选项卡，② 选中【隐藏】复选框；③ 单击【确定】按钮，如图 3-15 所示。

第 3 章　公式审核与错误处理

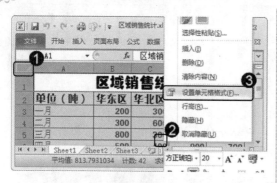

图 3-14

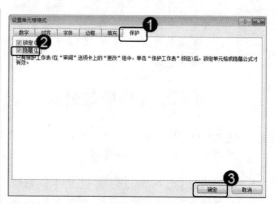

图 3-15

step 3　① 返回到工作表界面，选择【审阅】选项卡；② 在【更改】组中，单击【保护工作表】按钮，如图 3-16 所示。

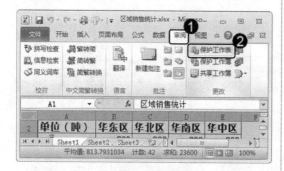

图 3-16

step 5　单击任意包含公式的单元格，在编辑栏中不会显示公式，如图 3-18 所示，即可完成隐藏编辑栏中公式的操作。

step 4　① 弹出【保护工作表】对话框，在【允许此工作表的所有用户进行】列表框中，选中【选定锁定单元格】与【选定未锁定的单元格】复选框；② 单击【确定】按钮，如图 3-17 所示。

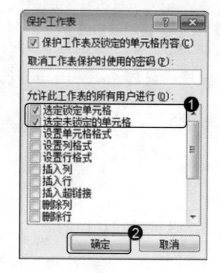

图 3-17

 考考您

　　请您根据上述方法在其他工作表中隐藏编辑栏中的公式，测试一下您的学习效果。

 知识精讲

　　在【更改】组中，单击【保护工作表】按钮后，该按钮会自动转变为【撤销工作表保护】按钮，如果用户需要再次查看工作表中的公式，可以单击【撤销工作表保护】按钮，这样单击任意包含公式的单元格，即可在编辑栏中查看该单元格包含的公式。

3.1.6　自动显示计算结果

在 Excel 2010 工作表中，系统提供了在状态栏中显示选中单元格区域的平均值、计数以及求和的功能下面详细介绍自动显示计算结果的操作方法。

素材文件：第 3 章\素材文件\区域销售统计.xlsx

效果文件：第 3 章\效果文件\区域销售统计.xlsx

step 1　打开素材文件，选中准备显示计算结果的单元格区域，如图 3-19 所示。

step 2　此时，在工作簿下方的状态栏中，系统会自动显示出选中的单元格区域的平均值、计数以及求和，如图 3-20 所示，即可完成自动显示计算结果的操作。

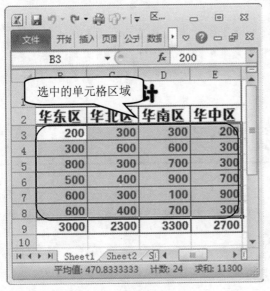

图 3-19

图 3-20

3.1.7　自动求和

在 Excel 2010 工作表中，用户可以将选择的单元格区域进行自动求和，以方便操作。下面详细介绍自动求和的操作方法。

素材文件：第 3 章\素材文件\区域销售统计.xlsx

效果文件：第 3 章\效果文件\区域销售统计.xlsx

step 1　① 打开素材文件，选中准备自动求和的单元格区域,如 B4～E4 单元格；② 选择【公式】选项卡；③ 在【函数库】组中，单击【自动求和】按钮，如图 3-21 所示。

step 2　系统会自动将选择的单元格区域向后扩展一格，用来显示求和结果，如图 3-22 所示，这样即可完成自动求和的操作。

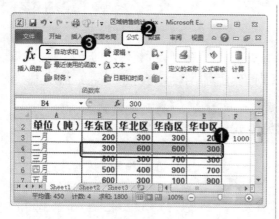

图 3-21

图 3-22

在 Excel 2010 工作表中，选择【公式】选项卡，在【函数库】组中，单击【自动求和】下拉按钮，在弹出的下拉菜单中，用户还可以根据工作需要选择相应的菜单项，如【平均值】、【计数】、【最大值】和【最小值】等。

3.2　公式中的常见错误值

所谓错误值是由于单元格中的数据不符合单元格格式要求，使单元格不能识别该数据，而造成的显示错乱。本节将详细介绍公式中常见的错误值以及解决方法。

3.2.1　"#####"错误及解决方法

如果单元格所含的数字、日期或时间比单元格宽，或者单元格的日期时间公式产生了一个负值，就会产生"#####"错误。

如果单元格所含的数字、日期或时间比单元格宽，可以通过拖动列表之间的宽度来修改列宽。如果使用的是 1900 年的日期系统，那么 Excel 中的日期和时间必须为正值，用较早的日期或者时间值减去较晚的日期或者时间值就会导致"#####"错误。如果公式正确，也可以将单元格的格式改为非日期和时间型来显示该值。

3.2.2　"#DIV/0!"错误及解决方法

当公式被零除时，将会产生错误值"#DIV/0!"。

如果在公式中，除数使用了指向空单元格或包含零值单元格的单元格引用(在 Excel 中如果运算对象是空白单元格，Excel 将此空值当作 0 值)，可以修改单元格引用，或者在用作除数的单元格中输入不为 0 的值。

如果输入的公式中包含明显的除数零，如"=5/0"，可以将 0 改为非 0 值。

3.2.3 "#N/A" 错误及解决方法

当在函数或公式中没有可用数值时，将产生错误值"#N/A"。

如果工作表中某些单元格暂时没有数值，可以在这些单元格中输入"#N/A"，公式在引用这些单元格时，将不进行数值计算，而是返回"#N/A"。

3.2.4 "#NAME?" 错误及解决方法

在公式中使用了 Excel 不能识别的文本时将产生错误值"#NAME?"。

如果删除了公式中使用的名称，或者使用了不存在的名称。首先确认使用的名称确实存在。选择【公式】选项卡，单击【定义的名称】组中【名称管理器】按钮 ，会弹出【名称管理器】对话框，其中会显示出所有的名称。

如果在【名称管理器】对话框中，所需名称没有显示，那么请单击【新建】按钮添加相应的名称。

如果是因为名称的拼写错误。可以修改拼写错误的名称。

如果在公式中输入文本时没有使用双引号，Excel 会将其解释为名称，而不理会用户准备将其用作文本的想法，公式中的文本应括在双引号中。例如，公式 "="总计："&B50" 可将文本"总计："和单元格 B50 中的数值合并在一起。

如果在区域的引用中缺少冒号，可以确认公式中使用的所有区域引用都使用了冒号，如 "SUM(A2:B34)"。

3.2.5 "#NULL!" 错误及解决方法

当试图为两个并不相交的区域指定交叉点时，将产生错误值"#NULL!"。例如，使用了不正确的区域运算符或不正确的单元格引用。

如果要引用两个不相交的区域，应使用联合运算符(,)。例如，公式要对两个区域求和，则在引用这两个区域时要使用逗号，如 "SUM(A1:A13,D12:D23)"。如果没有使用逗号，Excel 将试图对同时属于两个区域的单元格求和，但是由于 A1:A13 和 D12:D23 并不相交，所以它们没有共同的单元格，就会产生"#NVLL!"错误。

3.2.6 "#NUM!" 错误及解决方法

当公式或函数中某个数字有问题时，将产生错误值"#NUM!"。

如果在需要数字参数的函数中使用了不能接受的参数，可以确认函数中使用的参数类型正确无误。

如果使用了迭代计算的工作表函数，如"IRR"或"RATE"，并且函数不能产生有效的结果，可以为工作表函数使用不同的初始值。

如果由公式产生的数字太大或太小，Excel 不能表示，可以修改公式，使其结果在有效数字范围之间。

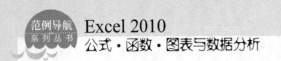
3.2.7 "#REF!" 错误及解决方法

当单元格引用无效时，将产生错误值 "#REF!"。例如，删除了由其他公式引用的单元格，或将移动单元格粘贴到由其他公式引用的单元格中。

可以更改公式或者在删除或粘贴单元格之后，立即单击【撤销】按钮，以恢复工作表中的单元格。

3.2.8 "#VALUE!" 错误及解决方法

当使用错误的参数或运算对象类型时，或者当公式自动更正功能不能更正公式时，将产生错误值 "#VALUE!"。

如果在需要数字或逻辑值时输入了文本，Excel 不能将文本转换为正确的数据类型，此时可以确认公式或函数所需的运算符或参数正确，并且公式引用的单元格中包含有效的数值。

例如，如果单元格 A1 包含一个数字，单元格 A2 包含文本 "学籍"，则公式 "=A1+A2" 将返回错误值 "#VALUE!"。可以用 SUM 工作表函数将这两个值相加(SUM 函数忽略文本)，即 "=SUM(A1:A2)"。

如果将单元格引用、公式或函数作为数组常量输入，可以确认数组常量不是单元格引用、公式或函数。如果赋予需要单一数值的运算符或函数一个数值区域，可以将数值区域改为单一数值。修改数值区域，使其包含公式所在的数据行或者列。

3.3 使用公式的常见问题

在 Excel 2010 工作表中，使用公式处理、分析数据时，经常会遇到一些问题，本节将详细介绍如何处理一些使用公式的常见问题。

3.3.1 检查公式中的错误

当公式的结果值是错误的时候，应该及时地查找公式中的错误，以便修改为正确的公式。下面详细介绍检查公式中错误的操作方法。

素材文件❀ 第 3 章\素材文件\区域销售统计.xlsx
效果文件❀ 第 3 章\效果文件\区域销售统计.xlsx

 ① 打开素材文件，选择【文件】选项卡；② 选择【选项】选项，如图 3-23 所示。

 ① 弹出【Excel 选项】对话框，选择【公式】选项卡；② 在【错误检查规则】选项组中，选中对应的检查复选框；③ 单击【确定】按钮，如图 3-24 所示。

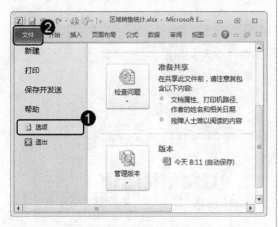

图 3-23

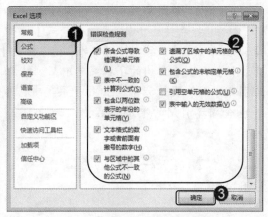

图 3-24

step 3　① 返回到工作表界面，单击 Sheet2 工作表标签；② 选择 D3～D8 单元格区域，系统会自动弹出【错误指示器】下拉按钮 ；③ 单击【错误指示器】下拉按钮 ，如图 3-25 所示。

step 4　在弹出的下拉菜单中，提示该区域中的数字以文本形式存储，选择【转换为数字】菜单项，并重新计算结果，即可完成检查公式中错误的操作，如图 3-26 所示。

图 3-25

图 3-26

3.3.2 处理意外循环引用

当公式计算的返回结果，需要依赖公式自身所在单元格中的数值时，无论是直接还是间接，都称为循环引用。

默认情况下 Excel 中禁止循环引用，因为公式引用自身的数值计算结果，将永无止境地计算下去，得不到结果。因此，如果表格中出现意外的循环引用应该立即处理。下面详细介绍处理意外循环引用的方法。

素材文件 第 3 章\素材文件\区域销售统计.xlsx
效果文件 第 3 章\效果文件\区域销售统计.xlsx

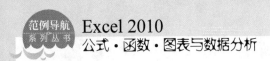
step 1 ① 打开素材文件，单击 Sheet2 工作表标签；② 选择【公式】选项卡；③ 单击【公式审核】组中的【错误检查】下拉按钮；④ 在弹出的下拉菜单中，选择【循环引用】菜单项；⑤ 在弹出的子菜单中，选择包含循环引用的单元格名称，如图 3-27 所示。

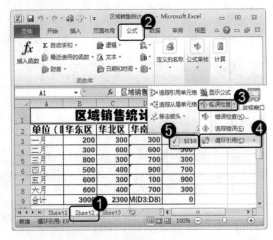

图 3-27

step 2 系统会自动选中包含循环引用的单元格，将单元格中的公式修改为正确的公式，如图 3-28 所示，这样即可完成处理意外循环引用的操作。

图 3-28

3.3.3 有目的地启用循环引用

在一些情况下，循环引用并不是一个错误，合理地使用循环引用可以实现迭代计算。下面详细介绍有目的地启用循环引用的操作方法。

素材文件 第 3 章\素材文件\利润计算.xlsx
效果文件 第 3 章\效果文件\利润计算.xlsx

step 1 ① 打开素材文件，选择【文件】选项卡；② 选择【选项】选项，如图 3-29 所示。

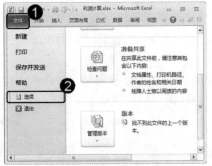

图 3-29

step 2 ① 弹出【Excel 选项】对话框，选择【公式】选项卡；② 在【计算选项】选项组中，选中【启用迭代计算】复选框；③ 将【最多迭代次数】设置为 1000；④ 单击【确定】按钮，如图 3-30 所示。

图 3-30

step 3 ① 返回到工作表界面，选择 B4 单元格；② 在窗口编辑栏文本框中，输入公式"=B5*B3"，如图 3-31 所示。

step 4 ① 选择 B5 单元格；② 在窗口编辑栏文本框中，输入公式"=B2-B4"，并按 Enter 键，即可完成有目的地启用循环引用的操作，计算结果如图 3-32 所示。

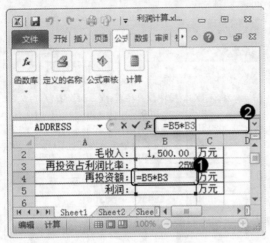

图 3-31

图 3-32

3.3.4 显示公式本身

如果在使用 Excel 表格处理数据的时候，出现了单元格中只显示公式而不计算数值的问题，则有可能是由于该单元格被设置成"文本"格式。将此单元格设置为"常规"格式，并重新计算结果即可解决此问题。下面详细介绍解决此问题的操作方法。

素材文件 第 3 章\素材文件\区域销售统计.xlsx
效果文件 第 3 章\效果文件\区域销售统计.xlsx

 step 1 ① 打开素材文件，单击 Sheet2 工作表标签；② 右击显示公式的单元格；③ 在弹出的快捷菜单中，选择【设置单元格格式】菜单项，如图 3-33 所示。

step 2 ① 弹出【设置单元格格式】对话框，选择【数字】选项卡；② 在【分类】列表框中，选择【常规】选项；③ 单击【确定】按钮，如图 3-34 所示。

图 3-33

图 3-34

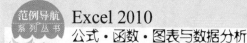

step 3 ① 返回到工作表界面，使用同样的方法，将所有公式中包含的单元格设置为"常规"格式；② 并重新计算结果，如图 3-35 所示。

step 4 可以看到，系统自动将结果计算出来，如图 3-36 所示，这样即可解决在单元格只显示公式，不计算数值的问题。

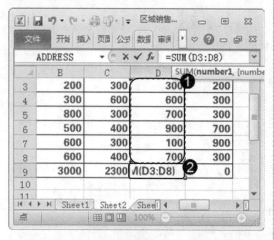

图 3-35

图 3-36

3.3.5 自动重算和手动重算

在第一次打开工作簿或者编辑工作簿的时候，系统会默认重新计算工作簿中的公式，通过设置公式计算方式，可以避免不必要的计算，减少对系统资源的占用。

打开准备设置公式计算方式的工作簿，选择【文件】选项卡，选择【选项】选项，弹出【Excel 选项】对话框，①选择【公式】选项卡；②在【计算选项】选项组中，选中【手动重算】单选按钮；③选中【保存工作簿前重新计算】复选框；④单击【确定】按钮，如图 3-37 所示，这样即可完成设置公式计算方式的操作。

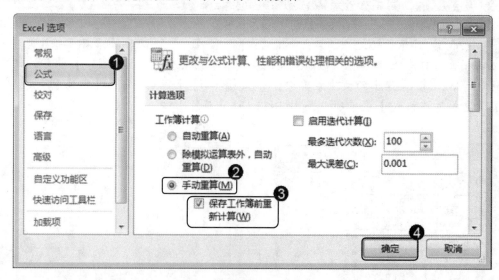

图 3-37

3.4 处理公式中的常见错误

在 Excel 2010 工作表中，使用公式处理数据，经常会遇到一些错误，本节将详细介绍这些常见的错误以及处理方法。

3.4.1 括号不匹配

括号不匹配是在运用公式处理数据时比较常见的问题，通常在输入公式并按Enter键后，会收到错误的信息，同时公式将不被允许输入到单元格中。该错误是由于用户输入了公式或者函数的右括号，而没有输入左括号，将左括号补齐即可解决此问题。如果只输入左括号，在公式输入完成并按 Enter 键后，系统会自动补齐右括号，并在单元格中显示计算结果。

造成括号不匹配的原因还有，在编辑栏中输入公式或者函数，其中的括号要在英文状态下输入，汉字符号中的括号将不被系统识别。解决此问题的方法为，将公式中汉字符号的括号修改为英文符号的括号。

3.4.2 空白但非空的单元格

有些单元格看似空白，但实际上并不是没有内容，可以通过一定的公式运算使其返回一定的值。下面详细介绍如何测试空白但非空的单元格。

素材文件❀ 无
效果文件❀ 第 3 章\效果文件\测试非空单元格.xlsx

 ① 启动 Excel 2010 程序，选择 B2 单元格；② 在窗口编辑栏文本框中，输入公式 "=IF(A2<>"","有内容","")"，并按 Enter 键，如图 3-38 所示。

可以看到，B2 单元格中包含公式，但并没有显示数据，如图 3-39 所示。

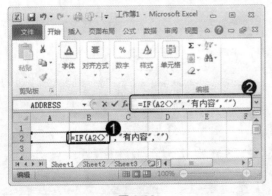

图 3-38

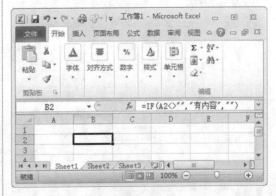

图 3-39

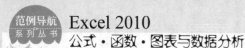

step 3 ① 选择 C2 单元格；② 在窗口编辑栏文本框中，输入公式"=A2+B2"，并按 Enter 键，如图 3-40 所示。

step 4 此时可以看到，在 C2 单元格中返回"#VALUE!"值，说明 B2 单元格非空，如图 3-41 所示。

图 3-40

图 3-41

3.4.3 显示值与实际值

在 Excel 2010 工作表中，如果处理小数数值，经常遇到显示值与实际值不相符的情况。下面详细介绍什么是显示值与实际值。

素材文件 ※ 第 3 章\素材文件\显示值与实际值.xlsx
效果文件 ※ 第 3 章\效果文件\显示值与实际值.xlsx

step 1 ① 打开素材文件，使用鼠标右击 C7 单元格；② 在弹出的快捷菜单中，选择【设置单元格格式】菜单项，如图 3-42 所示。

step 2 ① 弹出【设置单元格式】对话框，选择【数字】选项卡；② 在【分类】列表框中，选择【数值】选项；③ 在【小数位数】微调框中输入数值"0"；④ 击【确定】按钮，如图 3-43 所示。

图 3-42

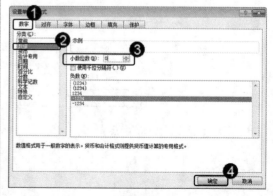

图 3-43

step 3　① 选择 C7 单元格；② 在窗口编辑栏文本框中，输入公式"=SUM(A1:B4)"，并按 Enter 键，如图 3-44 所示。

step 4　实际值为"4.8"的值，系统则显示为"5"，如图 3-45 所示。如果希望准确显示实际值，将单元格设置为 1 位小数位数格式即可。

图 3-44

图 3-45

3.5　公式结果的检验和验证

在公式输入完成后，有时候计算结果会出现错误的值，或者对得出的结果不满意，为了保证公式的正确性，本节将详细介绍公式结果的检验和验证的相关知识。

3.5.1　使用按键查看运算结果

在公式编辑状态下，使用 F9 键可以单独计算或者查看某一部分的公式计算结果，下面详细介绍使用按键查看运算结果的操作方法。

素材文件❀第 3 章\素材文件\区域销售统计.xlsx
效果文件❀第 3 章\效果文件\区域销售统计.xlsx

step 1　① 打开素材文件，单击 Sheet2 工作表标签；② 选择准备查看运算结果的单元格，如 D9 单元格；③ 单击窗口编辑栏文本框，使该单元格中包含的公式为可编辑状态，选中公式中准备查看运算结果的部分，按 F9 键，如图 3-46 所示。

step 2　系统会自动显示出该部分所有元素，如图 3-47 所示，这样即可完成使用按键查看运算结果的操作。

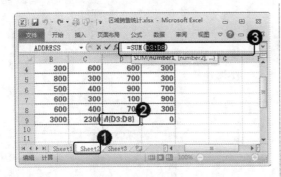

| 图 3-46 | 图 3-47 |

3.5.2 使用公式求值查看分步计算结果

使用公式求值可以分步查看公式的计算过程，从而方便查找公式中出错的部分。下面详细介绍使用公式求值查看分步计算结果的操作方法。

素材文件 ※ 第 3 章\素材文件\区域销售统计.xlsx
效果文件 ※ 第 3 章\效果文件\区域销售统计.xlsx

step 1 ① 打开素材文件，单击 Sheet2 工作表标签；② 选择准备查看公式分步计算结果的单元格，如 C9 单元格；③ 选择【公式】选项卡；④ 在【公式审核】组中，单击【公式求值】按钮，如图 3-48 所示。

step 2 弹出【公式求值】对话框，单击【求值】按钮，即可按照公式的运算顺序依次显示运算结果，如图 3-49 所示。

图 3-48

图 3-49

在【公式求值】对话框中，单击【步入】按钮(在可用状态下)可进入当前公式所计算的部分，如嵌套、名称、单元格引用等，并在【公式求值】对话框的【求值】区域显示该分支部分的运算结果，单击【步出】按钮可退出分支计算模式。

如果在公式中使用了易失性函数(不含 SUMIF 和 INDEX 特殊情况下的易失性)，【求值公式】对话框下方将提示"此公式中的某函数使用结果在每次电子表格计算时都会发生更改。最终的求值步骤将会与单元格中的结果相符，但在中间步骤中可能会有所不同。"的信息。

3.6 范例应用与上机操作

通过本章的学习，读者可以掌握公式审核与错误处理方面的知识。下面通过一些练习，以达到巩固学习、拓展提高的目的。

3.6.1 在多个单元格中输入同一个公式

在多个单元格中输入同一个公式，可以快速地将这多个单元格的结果计算出来，以节省依次输入公式的时间。下面详细介绍在多个单元格中输入同一个公式的操作方法。

 素材文件✿ 第 3 章\素材文件\学期总成绩.xlsx

效果文件✿ 第 3 章\效果文件\学期总成绩.xlsx

step 1 ① 打开素材文件，选中 D2～D5 单元格区域；② 在窗口编辑栏文本框中输入公式"=B2+C2"，按 Ctrl+Enter 组合键，如图 3-50 所示。

step 2 系统会自动在所有选中的单元格中计算出结果，如图 3-51 所示，这样即可完成在多个单元格中输入同一个公式的操作。

图 3-50

图 3-51

3.6.2 复制公式但不使用相对引用

通常复制公式时，系统默认使用相对引用，通过简单的操作可以完成复制公式的操作但不使用相对引用，下面详细介绍操作方法。

 素材文件✿ 第 3 章\素材文件\店面收益总计.xlsx

 效果文件✿ 第 3 章\效果文件\店面收益总计.xlsx

step 1 ① 打开素材文件，选择准备复制公式的单元格，如 D2 单元格；② 在窗口编辑栏文本框中选中公式，并按键 Ctrl+C 组合复制公式，如图 3-52 所示。

 step 2 按 Esc 键退出当前编辑，选择准备复制公式的目标单元格，如 B8 单元格按 Ctrl+V 组合键，这样即可完成复制公式但不使用相对引用的操作，效果如图 3-53 所示。

图 3-52　　　　　　　　　　　　图 3-53

3.7　课后练习

3.7.1　思考与练习

一、填空题

1. 在 Excel 2010 工作表中，可以对_____进行审核，从而检查出表格中存在的_____公式。

2. 当公式计算的返回结果，需要依赖公式自身所在单元格中的数值时，无论是直接还是间接，都称为_____。

二、判断题

1. 循环引用并不是一个错误，合理地使用循环引用可以实现迭代计算。　　（　　）

2. 在 Excel 2010 工作表中，空白的单元格即是空的单元格。　　（　　）

三、思考题

1. 什么是错误值？常见的错误值有哪些？

2. 公式中括号不匹配的情况有哪些？

3.7.2　上机操作

1. 打开"蛋糕销量.xlsx"文档文件，统计蛋糕的销量。效果文件可参考"第 3 章\效果文件\蛋糕销量.xlsx"。

2. 打开"全年统计.xlsx"文档文件，追踪"总计"的引用单元格。效果文件可参考"第 3 章\效果文件\全年统计.xlsx"。

第**4**章

Excel 函数基础与操作

本章主要介绍函数的相关知识，讲解如何输入函数和编辑函数，在本章的最后还讲解定义名称和函数与公式的限制方面的知识与技巧。通过本章的学习，读者可以掌握 Excel 函数基础与操作方面的知识，为深入学习 Excel 2010 公式、函数、图表与数据分析知识奠定

范例导航

1. 函数简介
2. 输入函数
3. 编辑函数
4. 定义名称
5. 函数与公式的限制

4.1 函数简介

在 Excel 2010 工作表中，用户可以使用工作表内置的函数对工作表中的数据进行处理和分析，省去公式输入的烦琐。本节将详细介绍函数的相关知识。

4.1.1 认识函数

Excel 中所提的函数其实是一些预定义的公式，它们使用一些称为参数的特定数值按特定的顺序或结构进行计算。用户可以直接用函数对某个区域内的数值进行一系列运算，如分析和处理日期值和时间值、确定贷款的支付额、确定单元格中的数据类型、计算平均值、排序和运算文本数据等。例如，SUM 函数用于对单元格或单元格区域进行加法运算。

4.1.2 函数的语法结构

函数由函数名和参数两个部分组成，如下所示：

函数名(参数 1，参数 2，参数 3，……)

函数名为需要执行运算的函数的名称。参数为函数使用的单元格或数值，可以是数字、文本、数组或单元格区域的引用等。参数必须符合相应的函数要求才能产生有效的值。给定的参数必须能够返回数据的值，否则会返回如#N/A 等的错误值。

函数的语法结构如图 4-1 所示。

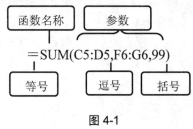

图 4-1

4.1.3 函数的分类

Excel 函数一共有 11 类，分别是数据库函数、日期与时间函数、工程函数、财务函数、信息函数、逻辑函数、查询和引用函数、数学和三角函数、统计函数、文本函数，以及用户自定义函数，下面分别予以详细介绍。

1. 数据库函数

当需要分析数据清单中的数值是否符合特定条件时，可以使用数据库函数。例如，在一个包含销售信息的数据清单中，利用数据库函数可以计算出所有销售数值大于 1000 且小于 2500 的行或记录的总数。

Microsoft Excel 共有 12 个数据库函数用于对存储在数据清单或数据库中的数据进行分析，这些函数的统一名称为 Dfunctions，也称为"D 函数"。每个函数均有三个相同的参数：database、field 和 criteria。这些参数指向数据库函数所使用的工作表区域。其中，参数 database 为工作表上包含数据清单的区域，参数 field 为需要汇总的列的标识，参数 criteria 为工作表上包含指定条件的区域。

2. 日期与时间函数

日期与时间函数，顾名思义，可用于在公式中分析和处理日期的值和时间的值。

3. 工程函数

工程表函数用于工程分析。这类函数中的大多数可分为三种类型：对复数进行处理的函数、在不同的数字系统(如十进制系统、十六进制系统、八进制系统和二进制系统)间进行数值转换的函数、在不同的度量系统中进行数值转换的函数。

4. 财务函数

财务函数可以进行一般的财务计算，如确定贷款的支付额、投资的未来值或净现值，以及债券或息票的价值。财务函数中常见的参数如表 4-1 所示。

表 4-1

财务函数常见参数	含　义
未来值(fv)	在所有付款发生后的投资或贷款的价值
期间数(nper)	投资的总支付期间数
付款(pmt)	对于一项投资或贷款的定期支付数额
现值(pv)	在投资期初的投资或贷款的价值
利率(rate)	投资或贷款的利率或贴现率
类型(type)	付款期间内进行支付的间隔，如在月初或月末

5. 信息函数

信息函数包含一组称为 IS 的工作表函数，在单元格满足条件时返回 TRUE。例如，如果单元格包含一个偶数值，ISEVEN 函数返回 TRUE。

如果需要确定某个单元格区域中是否存在空白单元格，可以使用 COUNTBLANK 函数对单元格区域中的空白单元格进行计数，或者使用 ISBLANK 函数确定区域中的某个单元格是否为空。

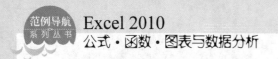

6. 逻辑函数

使用逻辑函数可以进行真假值判断，或者进行复合检验。例如，可以使用 IF 函数确定条件为真还是假，并由此返回不同的数值。

7. 查询和引用函数

当需要在数据清单或表格中查找特定数值，或者需要查找某一单元格的引用时，可以使用查询和引用函数。例如，如果需要在表格中查找与第一列中的值相匹配的数值，可以使用 VLOOKUP 函数。

8. 数学和三角函数

通过数学和三角函数，可以处理简单的计算。例如，对数字取整、计算单元格区域中的数值总和或复杂计算。

9. 统计函数

统计函数用于对数据区域进行统计分析。例如，统计函数可以提供由一组给定值绘制出的直线的相关信息，如直线的斜率和 y 轴截距，或构成直线的实际点数值。

10. 文本函数

通过文本函数，可以在公式中处理文字串。例如，可以改变大小写或确定文字串的长度，还可以将日期插入文字串或连接在文字串上。如果以一个公式为例，借以说明如何使用 TODAY 函数和 TEXT 函数来创建一条信息，该信息包含着当前日期并将日期以"dd-mm-yy"的格式表示。

11. 用户自定义函数

如果要在公式或计算中使用特别复杂的计算，而工作表函数又无法满足需要，则需要创建用户自定义函数。用户自定义函数可以通过使用 Visual Basic for Applications 来创建。

4.1.4 函数参数类型

在 Excel 2010 工作表中，函数参数的类型多种多样，可以满足不同的工作需要。函数参数的类型如下。

- 无参数函数，如 RAND()。
- 使用名称作为参数，如 SUM(SALES)。
- 使用单元格区域作为参数，如 SUM(E2: M9)。

- 使用值作为参数，如 EFT(A1,1)。
- 使用表达式作为参数，如 SQRT(B1+E3)。
- 使用函数作为参数，如 SIN(RADIANS(E3))。
- 使用数组作为参数，如 OR(D2={3,4,5})。

4.2 输入函数

在 Excel 2010 中，函数常见的输入方法包括使用【函数库】组中的功能按钮插入函数、使用插入函数向导输入函数以及手动输入函数。本节将详细介绍输入函数的相关知识。

4.2.1 使用"函数库"组中的功能按钮插入函数

在 Excel 2010【公式】选项卡下的【函数库】组中，函数被分成了几个大的类别，单击任意类别的下拉按钮，即可在下拉列表中选择准备使用的函数。下面详细介绍使用【函数库】组中的功能按钮插入函数的操作方法。

素材文件❀第4章\素材文件\上半年产量报表.xlsx
效果文件❀第4章\效果文件\上半年产量报表.xlsx

 step 1 ① 打开素材文件，选中准备输入函数的单元格；② 选择【公式】选项卡；③ 单击【函数库】组中的【数字和三角函数】下拉按钮；④ 在弹出的下拉列表中，选择准备应用的函数，如图4-2所示。

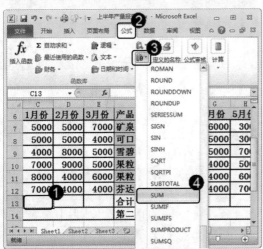

图 4-2

step 2 弹出【函数参数】对话框，在 SUM 选项组中，单击 Number1 文本框右侧的【压缩】按钮，如图4-3所示。

图 4-3

step 3 ① 返回到工作表界面，选中准备求和的单元格区域；② 单击【函数参数】对话框中的【展开】按钮，如图 4-4 所示。

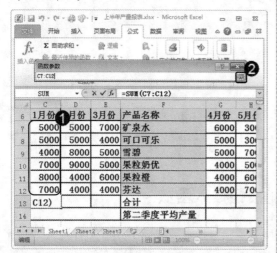

图 4-4

考考您

请您根据上述方法尝试插入其他函数，测试一下您的学习效果。

step 4 返回到【函数参数】对话框，单击【确定】按钮，如图 4-5 所示。

图 4-5

step 5 通过以上方法，即可完成使用【函数库】组中的功能按钮插入函数的操作，结果如图 4-6 所示。

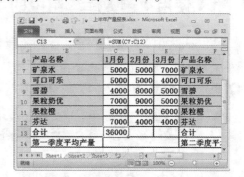

图 4-6

知识精讲

在 Excel 2010 的【函数库】组中，每个函数类别功能按钮，下拉列表中的函数都是按其英文名称从 A～Z 的顺序排列的，用户可以根据准备使用函数的开头字母进行查找，从而节省时间。

4.2.2 使用插入函数向导输入函数

在 Excel 2010 中，也可以通过【插入函数】按钮，开启函数向导，在工作表中插入函数。下面详细介绍使用插入函数向导输入函数的操作方法。

素材文件❀ 第 4 章\素材文件\上半年产量报表.xlsx
效果文件❀ 第 4 章\效果文件\上半年产量报表.xlsx

step 1 ① 打开素材文件，选中准备输入函数的单元格；② 选择【公式】选项卡；③ 单击【函数库】组中的【插入函数】按钮，如图 4-7 所示。

step 2 ① 弹出【插入函数】对话框，在【选择函数】列表框中选择准备应用的函数，如 SUM；② 单击【确定】按钮，如图 4-8 所示。

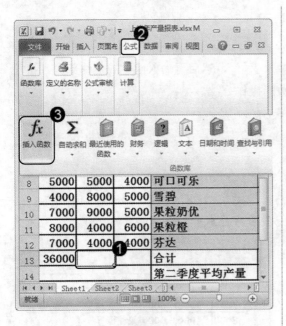

图 4-7

step 3 弹出【函数参数】对话框，在 SUM 选项组中，单击 Number1 文本框右侧的【压缩】按钮，如图 4-9 所示。

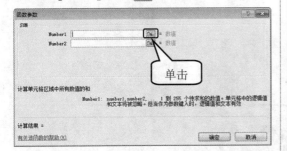

图 4-9

step 5 返回到【函数参数】对话框，单击【确定】按钮，如图 4-11 所示。

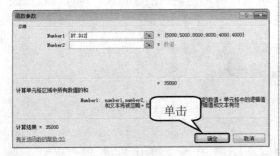

图 4-11

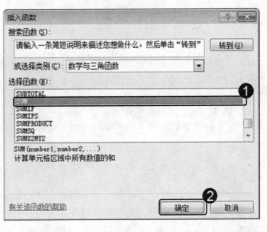

图 4-8

step 4 ① 返回到工作表界面，选中准备求和的单元格区域；② 单击【函数参数】对话框中的【展开】按钮，如图 4-10 所示。

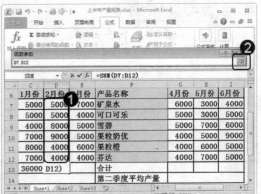

图 4-10

step 6 通过以上方法，即可完成使用插入函数向导输入函数的操作，结果如图 4-12 所示。

图 4-12

4.2.3　手动输入函数

手动输入函数同输入公式一样，首先要输入"="，然后再输入函数的主体部分，接着输入函数的参数。下面详细介绍手动输入函数的操作方法。

素材文件※ 第 4 章\素材文件\上半年产量报表.xlsx

效果文件※ 第 4 章\效果文件\上半年产量报表.xlsx

 ① 打开素材文件，选中准备输入函数的单元格；② 在窗口编辑栏文本框中，输入公式"=SUM(E7:E12)"；③单击【输入】按钮✔，如图 4-13 所示。

图 4-13

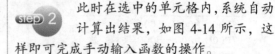 此时在选中的单元格内，系统自动计算出结果，如图 4-14 所示，这样即可完成手动输入函数的操作。

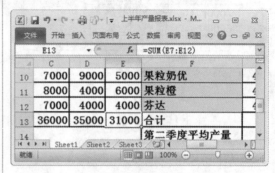

图 4-14

4.3　编辑函数

在 Excel 2010 工作表中，如果需要对函数进行修改，可以重新编辑函数，以满足工作的需要。本节将详细介绍编辑函数的相关知识。

4.3.1　修改函数

在日常工作中，如果输入了错误的函数，或者准备增加新的函数参数，可以通过修改函数来完成。下面详细介绍修改函数的操作方法。

素材文件※ 第 4 章\素材文件\上半年产量报表.xlsx

效果文件※ 第 4 章\效果文件\上半年产量报表.xlsx

 ① 打开素材文件，选中准备修改函数的单元格，如 G13 单元格；② 单击窗口编辑栏文本框，使其变为可编辑状态，如图 4-15 所示。

 按退格键，删除错误的函数，然后重新输入正确的函数，如"=SUM(G7:G12)"，如图 4-16 所示。

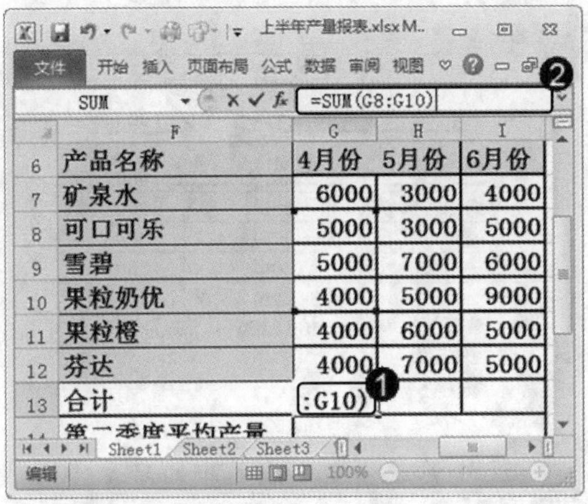

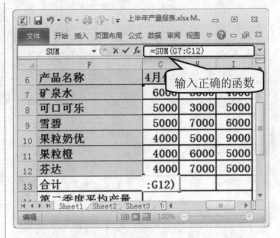

图 4-15

图 4-16

输入正确的函数

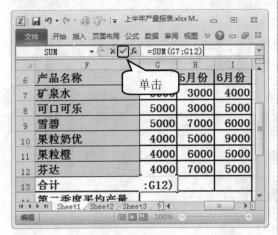

图 4-17

图 4-18

单击

 step 3 正确的函数输入完成后，单击窗口编辑栏中的【输入】按钮 ✓，如图 4-17 所示。

step 4 可以看到正确函数所表达的数值显示在单元格内，如图 4-18 所示，这样即可完成修改函数的操作。

4.3.2 嵌套函数

所谓嵌套函数是指在一个函数中，引用了另一个或者多个公式，或者将函数作为参数。下面详细介绍嵌套函数的操作方法。

素材文件❀ 第 4 章\素材文件\上半年产量报表.xlsx

效果文件❀ 第 4 章\效果文件\上半年产量报表.xlsx

 step 1 ① 打开素材文件，选中准备输入嵌套函数的单元格，如 C14 单元格；② 在窗口编辑栏文本框中输入公式"=AVERAGE()"，如图 4-19 所示。

step 2 在括号中输入准备引用的函数，如"SUM(),SUM(),SUM()"，如图 4-20 所示。

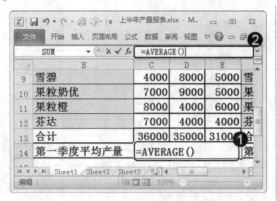

图 4-19

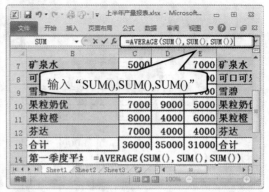

图 4-20

 step 3 ① 分别在 SUM()函数的括号中输入参数，如"C13"、"D13"和"E13"；② 单击【输入】按钮✔，如图 9-21 所示。

step 4 系统会自动在选中的单元格内计算出结果，如图 4-22 所示，这样即可完成嵌套函数的操作。

图 4-21

图 4-22

4.4 定义名称

在 Excel 2010 中，使用定义名称可以方便地统计数据和有效地管理工作簿，本节将详细介绍定义名称的相关知识。

4.4.1 在 Excel 中定义名称的作用

在 Excel 中命名单元格或者单元格区域，可以方便在公式中使用该名称引用单元格或者单元格区域，同时定义名称可以使用户快速地找到需要的数据以及数据所在的单元格区域。

如果在一个文档中要输入很多相同的文本，可以使用定义名称。例如，定义 MW7 = "Microsoft Windows 7"，用户可以在任何单元格中输入"=MW7"，在该单元格内都会显示"Microsoft Windows 7"。

4.4.2　名称的命名规则

使用 Excel 中的定义名称功能，可以方便、快速地帮助用户进行数据分析和处理。在使用定义名称功能的时候，需要注意以下几点。

- 名称可以是任意字符与数字组合在一起，但不能以数字开头，不能以纯数字作为名称。名称不能与单元格地址相同。如果要以数字开头，可在前面加上下划线，如_1ME。
- 名称中不能包含空格，可以用下划线或点号代替。
- 名称中不能使用除下划线、点号和反斜线"/"以外的其他符号，允许用问号"?"，但不能作为名称的开头，如"name?"可以，但"?name"则不可以。
- 名称不能超过 255 个字符。一般情况下，名称应该秉承的原则是便于记忆且尽量简短，否则就违背了定义名称的初衷。
- 名称中的字母不区分大小写。

4.4.3　将公式定义为名称

使用 Excel 中的定义名称功能，可以将公式定义为名称，减少工作表中的录入操作。下面详细介绍将公式定义为名称的操作方法。

素材文件❀第 4 章\素材文件\上半年产量报表.xlsx
效果文件❀第 4 章\效果文件\上半年产量报表.xlsx

 ① 打开素材文件，选中准备定义公式名称的单元格；② 复制窗口编辑栏中的公式，按 Esc 键退出编辑，如图 4-23 所示。

① 选择【公式】选项卡；② 单击【定义的名称】组中的【定义名称】按钮，如图 4-24 所示。

图 4-23

Step 3　① 弹出【新建名称】对话框，在【名称】文本框中，输入准备使用的公式名称；② 在【引用位置】文本框中，粘贴刚刚复制的公式；③ 单击【确定】按钮，如图 4-25 所示。

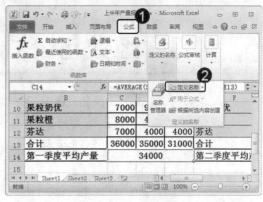

图 4-24

Step 4　① 返回到工作表界面，选择准备使用公式的单元格；② 在【定义的名称】组中，单击【用于公式】下拉按钮；③ 在弹出的下拉菜单中，选择新建的公式名称"平均产量"，如图 4-26 所示。

第 4 章　Excel 函数基础与操作

87

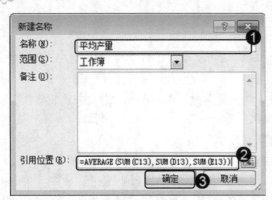

图 4-25

图 4-26

 在选中的单元格内，会显示新建的公式名称，如图 4-27 所示。

 单击任意其他单元格，系统会自动计算出结果，如图 4-28 所示，即可完成将公式定义为名称的操作。

图 4-27

图 4-28

4.5 函数与公式的限制

在使用 Excel 2010 工作表处理数据的时候，经常会用到函数与公式，这时就必须要了解使用函数与公式时的一些限制，以免出现不必要的错误。本节将详细介绍函数与公式的限制的相关知识。

4.5.1 计算精度限制

在 Excel 2010 工作表中，单元格中允许输入的最大值为 9.9999999999999E+307，但其计算精度却为 15 位数字(含小数，即从左侧第一个不为 0 的数字开始)。

例如，在单元格中输入数字 987654321012345678 和 0.00987654321012345678，超过 15 位的数值部分，系统将自动转换为 0，即变为 987654321012345000 和 0.00987654321012345。

在输入超过 15 位数字的时候(最为常见的是输入 18 位身份证号码),需要事先将准备输入数字的单元格设置为"文本"格式,或者在输入数字之前,在单元格内输入半角状态下的单引号"'",强制以文本形式存储数字,否则,在超过 15 位数字的部分被自动转换为"0"之后,将无法恢复正确数值。

4.5.2 公式字符限制

在 Excel 2010 中,公式内容的最大长度为 8192 个字符,内部公式的最大长度为 16.384 字节;而在 Excel 97~2003 中,公式内容的最大长度为 1024 个字符,内部公式的最大长度为 1.800 字节。

4.5.3 函数参数的限制

在 Excel 2010 工作表中,函数中最多可以包含 255 个参数,使用 VBA 创建的自定义函数最多可以包含 60 个参数;而在 Excel 97~2003 中,内置函数和自定义函数的最大参数数目仅限制为 30 和 29 个。

当使用单元格引用作为函数参数且超过数量限制时,可以使用逗号将多个引用区域间隔开,然后使用一对括号包含,并形成合并区域,整体作为一个参数使用,从而解决参数数量限制的问题。

例如,将公式"=SUM(B1:B9,C2:D6,YY4)"转换为公式"=SUM((B1:B9,C2:D6,YY4))",其中,将前一个公式中的参数利用"合并区域"引用,在后一个公式中作为一个参数使用。

4.5.4 函数嵌套层数的限制

当使用函数作为另一个函数的参数时,称为函数嵌套。在 Excel 2010 中,一个公式中最多可包含 64 层嵌套;而在 Excel 97~2003 中,最大仅允许嵌套 7 层。

例如,使用公式:"=SUBSTITUTE(SUBSTITUTE(SUBSTITUTE(SUBSTITUTE(SUBSTITUTE(SUBSTITUTE(SUBSTITUTE(SUBSTITUTE(SUBSTITUTE(A1,0,),1,),2,),3,),4,),5,),6,),7,),8,),9,)",可以将 A1 单元格中的所有数字删除。此公式一共使用了 9 层嵌套,但在 Excel 97~2003 中则必须分成两步计算,或者使用定义名称的方法实现。

4.6 范例应用与上机操作

通过本章的学习,读者基本可以掌握 Excel 函数基础与操作的基础知识以及一些常见的操作方法。下面通过操作练习,以达到巩固学习、拓展提高的目的。

4.6.1　通过函数计算应缴物业费

在已知房屋平方数和物业管理费的情况下，通过函数能够快速地将应缴物业费计算出来，以方便统计和查看。下面详细介绍通过函数计算应缴物业费的操作方法。

 第 4 章\素材文件\物业费.xlsx

 第 4 章\效果文件\物业费.xlsx

step 1 打开素材文件，选择准备计算物业费的单元格，如 F2 单元格，如图 4-29 所示。

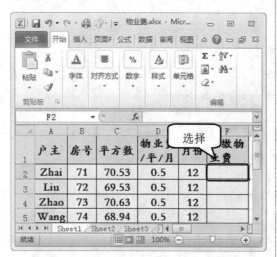

图 4-29

step 3 系统会在 F2 单元格中自动计算出结果，如图 4-31 所示。

图 4-31

step 2 在窗口编辑栏文本框中，输入公式"=PRODUCT(C2,D2,E2)"，并按 Enter 键，如图 4-30 所示。

图 4-30

step 4 使用鼠标左键向下填充其他单元格，如图 4-32 所示，这样即可完成通过函数计算应缴物业费的操作。

图 4-32

4.6.2　通过函数对学生成绩进行排名

在统计完学生总分后，手动排名是非常麻烦的，用户可以通过函数快速地对学生总成绩进行排名。下面详细介绍通过函数对学生成绩进行排名的操作方法。

素材文件 第4章\素材文件\学生成绩排名.xlsx
效果文件 第4章\效果文件\学生成绩排名.xlsx

step 1 打开素材文件，选择准备计算成绩排名的单元格，如F2单元格，如图4-33所示。

图 4-33

step 2 在窗口编辑栏文本框中，输入公式“=RANK.AVG(E2,$E$2:$E$8,0)”，按Enter键，如图4-34所示。

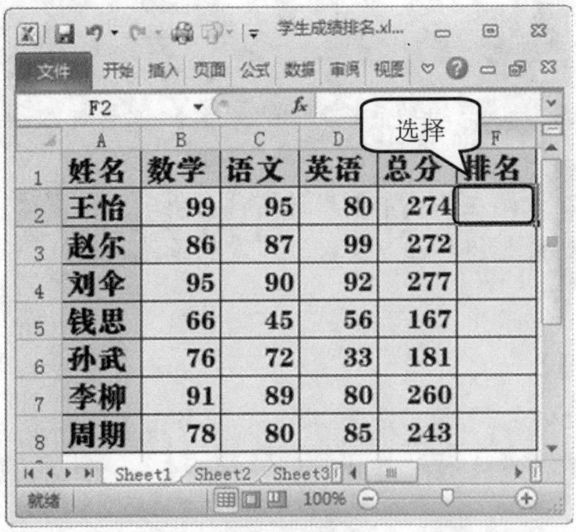

图 4-34

step 3 系统会在F2单元格中自动计算出当前成绩的排名，如图4-35所示。

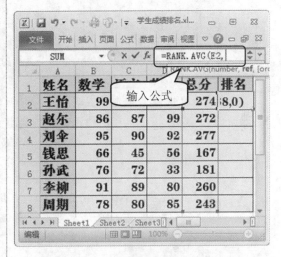

图 4-35

step 4 使用鼠标左键向下填充其他单元格，如图4-36所示，这样即可完成通过函数对学生成绩进行排名的操作。

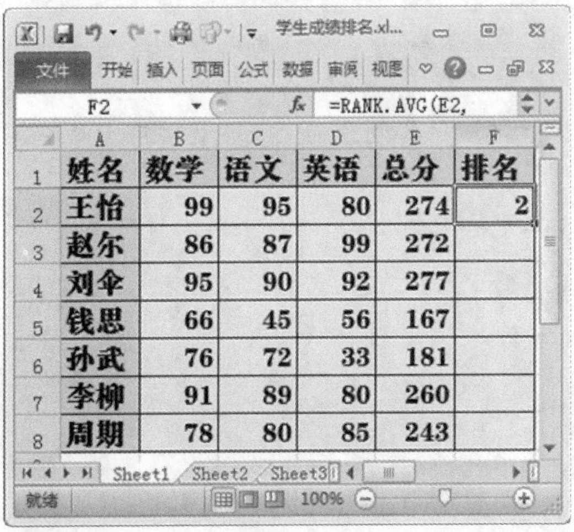

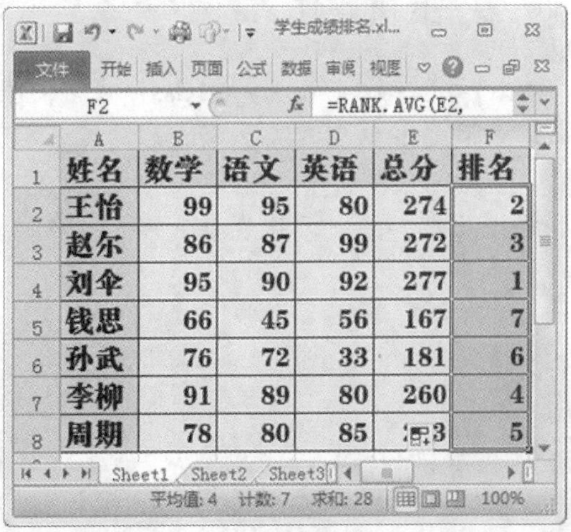

图 4-36

4.7 课后练习

4.7.1 思考与练习

一、填空题

1. Excel 中所提的_____其实是一些预定义的公式，它们使用一些称为_____的特定数值按特定的顺序或结构进行计算。

2. _____常见的输入方法包括使用"函数库"组中的功能按钮插入函数、使用插入函数向导输入函数以及_____。

3. 在 Excel 中命名单元格或者_____，可以方便在公式中使用该名称引用单元格或者单元格区域，同时_____可以使用户快速地找到需要的数据以及数据所在的单元格区域。

二、判断题

1. 函数由函数名、参数和数值三个部分组成。　　　　　　　　　（　　）
2. 如果需要对函数进行修改，可以重新编辑函数，以满足工作的需要。（　　）

三、思考题

1. 函数共分几类？分别是什么？
2. 公式与函数常见的限制有哪些？

4.7.2 上机操作

1. 打开"初期装修费用.xlsx"文档文件，通过函数计算初装费。效果文件可参考"第4章\效果文件\初期装修费用.xlsx"。

2. 打开"培训费用.xlsx"文档文件，定义 E8 单元格中的公式名称。效果文件可参考"第4章\效果文件\培训费用.xlsx"。

第 5 章

文本与逻辑函数

本章主要介绍文本与逻辑函数方面的知识，同时还给出文本函数和逻辑函数的应用举例。通过本章的学习，读者可以掌握文本与逻辑函数方面的知识，为深入学习 Excel 2010 公式、函数、图表与数据分析知识奠定基础。

范例导航

1. 文本函数
2. 文本函数应用举例
3. 逻辑函数
4. 逻辑函数应用举例

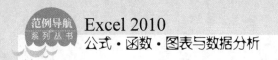

 5.1 文本函数

在 Excel 2010 工作表中，通过文本函数可以在公式中处理文字串。例如，可以改变大小写或确定文字串的长度，还可以将日期插入文字串或连接在文字串上。本节将详细介绍文本函数的相关知识。

5.1.1 什么是文本函数

文本函数可以分为两类，即文本转换函数和文本处理函数。使用文本转换函数可以对字母的大小写、数字的类型和全角/半角等进行转换，而文本处理函数则用于提取文本中的字符、删除文本中的空格、合并文本和重复输入文本等。

5.1.2 认识文本数据

在 Excel 2010 中，数据主要分为文本、数值、逻辑值和错误值等几种类型，其中文本数据主要是指常规的字符串，如姓名、名称、英文单词等。在单元格中，输入姓名等常规的字符串时，即可被系统识别为文本。在公式中，文本数据需要被一对半角的双引号包含，才可使用。

除了输入的文本，使用 Excel 中的文本函数、文本合并运算符计算得到的结果也是文本类型。另外，文本中具有一个特殊的值，即空文本，使用一对半角双引号表示，是一个字符长度为 0 的文本数据，常用来将公式结果显示为"空"。使用 Space 键得到的值是有长度的值，虽然看不到，实际上是具有长度的。

5.1.3 区分文本与数值

默认情况下，在单元格中输入数值和日期时，自动使用右对齐方式；而错误值和逻辑值自动以居中方式显示，文本则自动以左对齐方式显示。如图 5-1 所示，B3 单元格中的数据为文本，D3 单元格中的数据为数值。

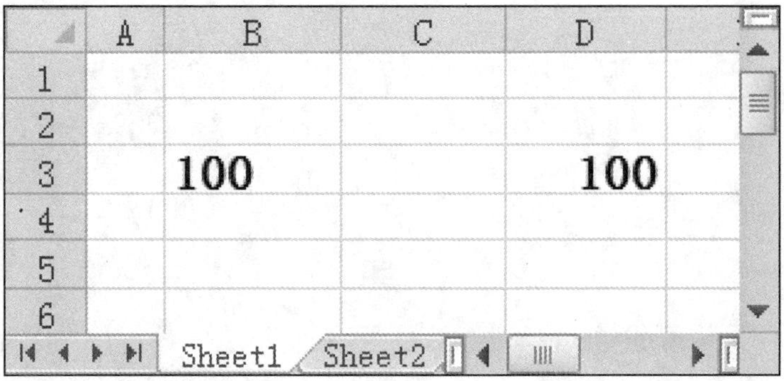

图 5-1

5.1.4 文本函数介绍

Excel 2010 中一共提供了 27 种文本函数供用户使用，如表 5-1 所示。

表 5-1

函　　数	说　　明
ASC	将字符串中的全角(双字节)字符转换为半角(单字节)字符
BAHTTEXT	使用 β(泰铢)货币格式将数字转换为文本
CHAR	返回由代码数字指定的字符
CLEAN	删除文本中的所有非打印字符
CODE	返回文本字符串中第一个字符的数字代码
CONCATENATE	将几个文本项合并为一个文本项
DOLLAR	使用$(美元)货币格式将数字转换为文本
EXACT	检查两个文本值是否相同
FIND、FINDB	在区分大小写的状态下，在一个文本值中查找另一个文本值
FIXED	将数字格式设置为带有固定小数位数的文本
JIS	将字符串中的半角(单字节)字符转换为全角(双字节)字符
LEFT、LEFTB	返回文本值中最左边的字符
LEN、LENB	返回文本字符串中的字符个数
LOWER	将文本转换为小写
MID、MIDB	从文本字符串中的指定位置起返回特定个数的字符
PHONETIC	提取文本字符串中的拼音(汉字注音)字符
PROPER	将文本值的每个字的首字母大写
REPLACE，REPLACEB	替换文本中的字符
REPT	按给定次数重复文本
RIGHT、REPLACEB	返回文本值中最右边的字符
SEARCH、SEARCHB	在一个文本值中查找另一个文本值(不区分大小写)
SUBSTITUTE	在文本字符串中用新文本替换旧文本
T	将参数转换为文本
TEXT	设置数字格式并将其转换为文本
TRIM	删除文本中的空格
UPPER	将文本转换为大写形式
VALUE	将文本参数转换为数字

下面以 CONCATENATE 函数为例，详细介绍文本函数的语法结构。CONCATENATE 函数可将最多 255 个文本字符串合并为一个文本字符串。连接项可以是文本、数字、单元格引用或这些项的组合，其语法结构为：CONCATENATE(text1, [text2], ...)。

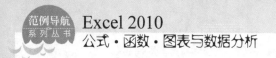
CONCATENATE 函数语法具有下列参数：操作、事件、方法、属性、函数或过程提供信息的值。

text1 为必选项，表示要连接的第一个文本项。

text2,…为可选项，表示其他文本项，最多为 255 项。项与项之间必须用逗号隔开。

用户同样可以使用连接运算符"&"代替 CONCATENATE 函数来连接文本项。例如，"=A1 & B1"返回的值为"=CONCATENATE(A1, B1)"相同。

5.2 文本函数应用举例

在 Excel 2010 工作表中处理文本数据的时候，经常会应用到文本函数，本节将介绍一些文本函数的使用方法。

5.2.1 转换货币格式

在 Excel 2010 中，可以使用文本函数将数值转换为货币格式。下面以 DOLLAR 函数为例，详细讲解将数字转换为货币格式的操作方法。

素材文件❀第 5 章\素材文件\出口货币转换.xlsx
效果文件❀第 5 章\效果文件\出口货币转换.xlsx

 ① 打开素材文件，选择 C2 单元格；② 在窗口编辑栏文本框中，输入公式"=DOLLAR(B2/6.05,2)"，并按 Enter 键，如图 5-2 所示。

 系统会自动在 C2 单元格内计算出结果，使用鼠标左键向下填充公式至其他单元格，这样即可完成转换货币格式的操作，结果如图 5-3 所示。

图 5-2   图 5-3

5.2.2 将数值转换为大写汉字

在 Excel 2010 中，利用 NUMBERSTRING 函数可以将数值转换为大写汉字形式。下面详细介绍将数值转换为大写汉字的操作方法。

素材文件❀ 第 5 章\素材文件\工艺品销售.xlsx

效果文件❀ 第 5 章\效果文件\工艺品销售.xlsx

step 1 ① 打开素材文件，选择 D2 单元格；② 在窗口编辑栏文本框中，输入公式 "=NUMBERSTRING(C2,1)" 并按 Enter 键，如图 5-4 所示。

step 2 系统会自动在 D2 单元格内以汉字的形式显示 C2 单元格中的数值，使用鼠标左键向下填充公式至其他单元格，这样即可完成将数值转换为大写汉字的操作，结果如图 5-5 所示。

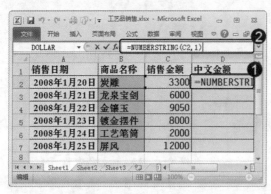

图 5-4

图 5-5

知识精讲　　NUMBERSTRING(value,type)函数中的参数 value 表示要转换为大写汉字的数值；参数 type 表示准备转换的类型，取值范围为 1~3。假设转换前数值为 123，type 取值为 1 时，结果为 "一百二十三"；取值为 2 时，结果为 "壹佰贰拾叁"；取值为 3 时，结果为 "一二三"。同时需要注意的是，这两个参数均为必选参数，缺一不可。

5.2.3 生成 26 个字母序列

每个字符在电脑中都有对应的数值编码，利用 CHAR 函数可以在工作表中生成字母序列。下面详细介绍生成 26 个字母序列的操作方法。

素材文件❀ 无

效果文件❀ 第 5 章\效果文件\字母序列.xlsx

step 1 ① 启动 Excel 2010 程序，选择 A1 单元格；② 在窗口编辑栏文本框中，输入公式 "=CHAR(IF(ROW()+64<91, ROW()+64,32))"，并按 Enter 键，如图 5-6 所示。

step 2 系统会在 A1 单元格中显示字母 "A"，使用鼠标左键向下填充公式一直到字母 "Z"，这样即可完成生成 26 个字母序列的操作，结果如图 5-7 所示。

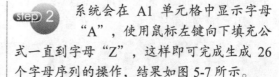

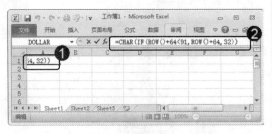

图 5-6 图 5-7

知识精讲

　　　在生成字母序列的时候，也可以使用公式"=CHAR(ROW()+64)"，但当超过字母 Z 以后，会在下一行显示其他字符。为了只显示到字母 Z，可使用示例中的公式，判断如果超出字母 Z 则不显示字符。

5.2.4　将全角字符转换为半角字符

　　在 Excel 2010 工作表中，利用 ASC 函数可以将工作表内的全角字符转换为半角字符，下面详细介绍具体操作方法。

素材文件※ 第 5 章\素材文件\全角转半角书名.xlsx

效果文件※ 第 5 章\效果文件\全角转半角书名.xlsx

step 1　　① 打开素材文件，选择 B2 单元格；② 在窗口编辑栏文本框中，输入公式"=ASC(A2)"，并按 Enter 键，如图 5-8 所示。

step 2　　系统会在 B2 单元格中显示转换为半角字符的书名，使用鼠标左键向下填充公式，这样即可完成将全角字符转换为半角字符的操作，结果如图 5-9 所示。

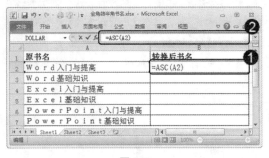

图 5-8 图 5-9

5.2.5　利用身份证号码判断性别

　　现在身份证号码是由 15 位或者 18 位数字组成的，15 位身份证号码可以从最后一位数字判断性别，而 18 位身份证号码则以第 17 位数字判断性别。下面详细介绍利用 LEN 函数和 MID 函数判断身份证号码所有者性别的操作方法。

素材文件※ 第 5 章\素材文件\身份证号码判断性别.xlsx

效果文件※ 第 5 章\效果文件\身份证号码判断性别.xlsx

step 1 ① 打开素材文件，选择 C2 单元格；② 在窗口编辑栏文本框中，输入公式 "=IF(MOD(IF(LEN(B2)=15, RIGHT(B2,1),MID(B2,17,1)),2)=0,"女"，"男")"并按 Enter 键，如图 5-10 所示。

step 2 系统会在 C2 单元格中判断出 B2 单元格中的身份证号码所有者的性别，使用鼠标左键向下填充公式，这样即可完成利用身份证号码判断性别的操作，结果如图 5-11 所示。

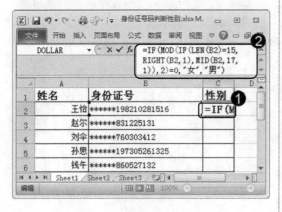

图 5-10

图 5-11

5.2.6 分离姓名与电话号码

分离姓名与电话号码可以使用 FIND 函数，先定位需要分离的位置，然后配合使用其他函数获取相应的数据。下面详细介绍分离姓名与电话号码的操作方法。

素材文件❀ 第 5 章\素材文件\电话来访纪录.xlsx

效果文件❀ 第 5 章\效果文件\电话来访纪录.xlsx

 step 1 ① 打开素材文件，选择 B3 单元格；② 在窗口编辑栏文本框中，输入公式 "=LEFT(A3,FIND("-",A3)-1)"，并按 Enter 键，如图 5-12 所示。

step 2 ① 选择 C3 单元格；② 在窗口编辑栏文本框中，输入公式 "=MID(A3,FIND("-",A3)+1, FIND("-",A3,FIND("-", A3)+1)-FIND("-",A3)-1)"，并按 Enter 键，如图 5-13 所示。

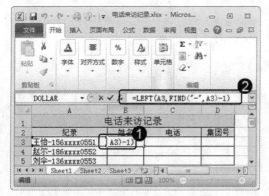

图 5-12

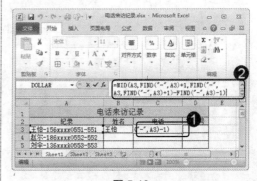

图 5-13

step 3　① 选择 D3 单元格；② 在窗口编辑栏文本框中，输入公式 "=RIGHT (A3,LEN(A3)−FIND("−",A3,FIND("−",A3)+1))"，并按 Enter 键，如图 5-14 所示。

step 4　当第一个记录的信息分离出来以后，使用鼠标左键，依次在"姓名"列、"电话"列和"集团号"列中向下填充公式，这样即可完成分离姓名与电话号码的操作，结果如图 5-15 所示。

图 5-14

图 5-15

5.2.7　将文本中每个单词的首字母转换为大写

在 Excel 2010 中，利用 PROPER 函数可以方便地将单元格中的单词首字母转换为大写状态，下面详细介绍具体操作方法。

素材文件　第 5 章\素材文件\大写转换.xlsx
效果文件　第 5 章\效果文件\大写转换.xlsx

step 1　① 打开素材文件，选择 B2 单元格；② 在窗口编辑栏文本框中，输入公式 "=PROPER(A2)"，并按 Enter 键，如图 5-16 所示。

step 2　系统会将 A2 单元格中所有单词的首字母以大写的形式显示在 B2 单元格中，使用鼠标左键向下填充公式，这样即可完成将文本中每个单词的首字母转换为大写的操作，结果如图 5-17 所示。

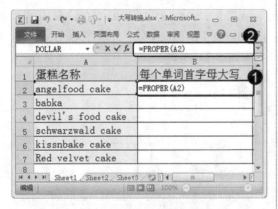

图 5-16

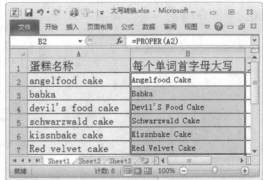

图 5-17

5.2.8 英文句首字母大写

如果只准备将文本中第一个字母转换为大写,可以利用 UPPER 函数。下面详细介绍转换英文句首字母大写的操作方法。

 素材文件❀ 第 5 章\素材文件\大写转换.xlsx
效果文件❀ 第 5 章\效果文件\大写转换.xlsx

step 1 ① 打开素材文件,选择 C2 单元格;② 在窗口编辑栏文本框中,输入公式 "=UPPER(LEFT(B2,1))&LOWER(RIGHT(B2,LEN(B2)-1))",并按 Enter 键,如图 5-18 所示。

step 2 系统会将 B2 单元格中的文本首字母以大写的形式显示在 C2 单元格中,使用鼠标左键向下填充公式,这样即可完成英文句首字母大写的操作,结果如图 5-19 所示。

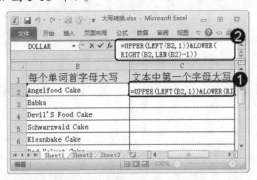

图 5-18

图 5-19

 使用 UPPER 函数转换文本首字母为大写的时候,需要配合 LOWER 函数。首先使用 UPPER 函数将文本中第一个字母转换为大写形式,然后使用 LOWER 函数将余下的字母转换为小写形式。如果不使用文本运算符 "&" 连接后面的 LOWER 函数,UPPER 函数将只转换首字母为大写,余下的文本将不会被使用。

5.2.9 将文本格式的数字转换为普通数字

如果在工作表中输入了文本格式的数字,在计算的时候将无法将结果统计出来,需要将其转换为普通数字。下面详细介绍将文本格式的数字转换为普通数字的操作方法。

 素材文件❀ 第 5 章\素材文件\二月销售统计.xlsx
效果文件❀ 第 5 章\效果文件\二月销售统计.xlsx

step 1 ① 打开素材文件,选择 B9 单元格;② 在窗口编辑栏文本框中,输入公式 "=SUM(VALUE(B2:B8))",并按 Ctrl+Shift+Enter 组合键,如图 5-20 所示。

step 2 系统会自动在 B9 单元格中计算出结果,并以普通数字的样式显示,如图 5-21 所示,这样即可完成将文本格式的数字转换为普通数字的操作。

第 5 章 文本与逻辑函数

101

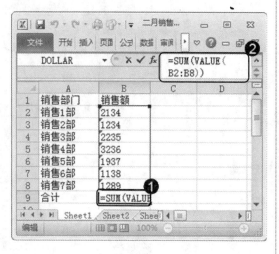

图 5-20

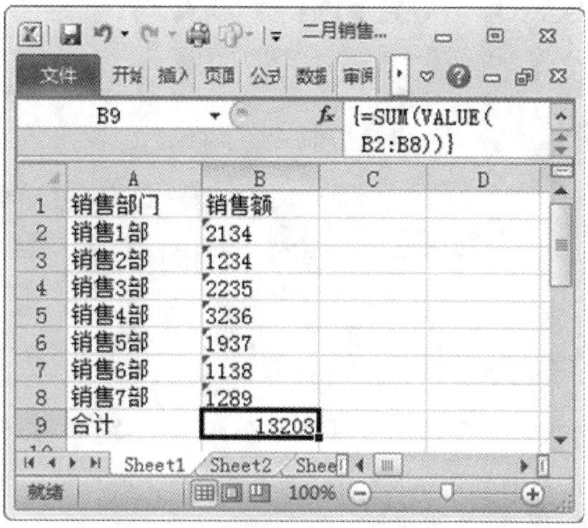

图 5-21

5.2.10 比对文本

在 Excel 2010 工作表中，可以通过 EXACT 函数对录入的数据进行比对。下面详细介绍比对文本的操作方法。

素材文件 第 5 章\素材文件\邀请码比对.xlsx
效果文件 第 5 章\效果文件\邀请码比对.xlsx

 ① 打开素材文件，选择 C2 单元格；② 在窗口编辑栏文本框中，输入公式 "=IF(EXACT(A2,B2),"可用","不可用")"，并按 Enter 键，如图 5-22 所示。

step 2 如果两组邀请码相同，则在 C2 单元格内显示"可用"信息，反之则显示"不可用"信息，使用鼠标左键向下填充公式，这样即可完成比对文本的操作，结果如图 5-23 所示。

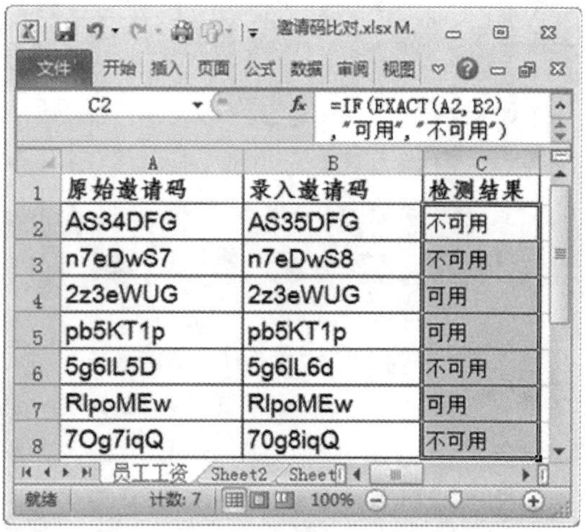

图 5-22

图 5-23

EXACT 函数在对比的时候十分严格，要求两组数据完全相同，包括字母大小写的比较。在比对的过程中，使用了 IF 函数在对比之后返回"可用"和"不可用"的值。如果不使用 IF 函数，则会直接返回"TRUE"或者"FALSE"。

5.2.11　清理非打印字符

在 Excel 中，有一些字符无法打印，这些字符主要位于 7 位 ASCII 码的 0～31 位，利用 CLEAN 函数可以将其删除，下面详细介绍清理非打印字符的操作方法。

 素材文件　第 5 章\素材文件\联系人.xlsx
效果文件　第 5 章\效果文件\联系人.xlsx

step 1 ① 打开素材文件，选择 B2 单元格；② 在窗口编辑栏文本框中，输入公式"=CLEAN(A2)"，并按 Enter 键，如图 5-24 所示。

step 2 系统会在 B2 单元格内，将 A2 单元格中的数据排列成一行，使用鼠标左键向下填充公式，这样即可完成清理非打印字符的操作，结果如图 5-25 所示。

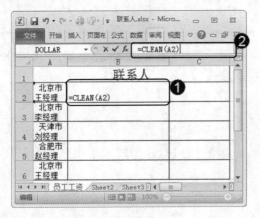

图 5-24

图 5-25

5.2.12　删除多余空格

利用 TRIM 函数可以将单元格中多余的空格删除，只留下单词间的一个空格。下面详细介绍删除多余空格的操作方法。

素材文件　第 5 章\素材文件\联系人.xlsx
效果文件　第 5 章\效果文件\联系人.xlsx

step 1 ① 打开素材文件，选择 C2 单元格；② 在窗口编辑栏文本框中，输入公式"=TRIM(CLEAN(B2))"，并按 Enter 键，如图 5-26 所示。

step 2 系统会在 C2 单元格内，显示 B2 单元格中删除多余空格后的数据效果，使用鼠标左键向下填充公式，这样即可完成删除多余空格的操作，结果如图 5-27 所示。

第 5 章　文本与逻辑函数

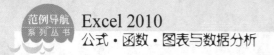
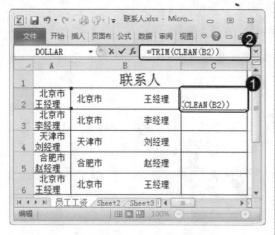

图 5-26

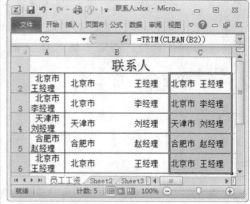

图 5-27

5.3 逻辑函数

Excel 2010 中提供了 7 种逻辑函数，主要用于在公式中进行条件的测试与判断。本节将详细介绍逻辑函数的相关知识。

5.3.1 什么是逻辑函数

逻辑函数主要是用来判断真假值，或者进行复合检验的 Excel 函数，使用逻辑函数可以使公式变得更加智能。

5.3.2 逻辑函数介绍

Excel 2010 中提供了 7 种逻辑函数，如表 5-2 所示。

表 5-2

函　　数	说　　明
AND	如果该函数的所有参数均为 TRUE，则返回逻辑值 TRUE
FALSE	返回逻辑值 FALSE
IF	用于指定需要执行的逻辑检测
IFERROR	如果公式计算出错误值，则返回指定的值；否则返回公式的计算结果
NOT	对其参数的逻辑值求反
OR	如果该函数的任一参数为 TRUE，则返回逻辑值 TRUE
TRUE	返回逻辑值 TRUE

下面以 AND 函数为例，详细介绍逻辑函数的语法结构。AND 函数在所有参数的逻辑值为真时返回 TRUE，只要一个参数的逻辑值为假即返回 FALSE。换言之，当 AND 的参数全部满足某一条件时，返回结果为 TRUE，否则为 FALSE。AND 函数的语法结构为：AND(logical1,logical2, …)。

参数 Logical1, logical2, …表示待检测的 1～30 个条件值，各条件值可能为 TRUE，可能为 FALSE。参数必须是逻辑值，或者包含逻辑值的数组或引用。

5.4 逻辑函数应用举例

在 Excel 2010 工作表中需要检测或者判断数据的时候，经常会应用到逻辑函数。本节将介绍一些逻辑函数的使用方法。

5.4.1 对销售员评级

IF 函数在公式中主要用于设置判断条件，然后根据结果返回相应的值。下面详细介绍使用 IF 函数对销售员评级的操作方法。

素材文件❀ 第 5 章\素材文件\销售评级.xlsx
效果文件❀ 第 5 章\效果文件\销售评级.xlsx

step 1　① 打开素材文件，选择 D2 单元格；② 在窗口编辑栏文本框中，输入公式"=IF(C2>25000,"优","良")"，并按 Enter 键，如图 5-28 所示。

step 2　在 D2 单元格内系统会自动判断出该销售员的业绩评级，使用鼠标左键向下填充公式，这样即可完成对销售员评级的操作，结果如图 5-29 所示。

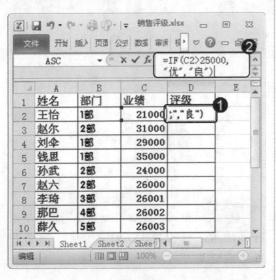

图 5-28　　　　　　　　　　图 5-29

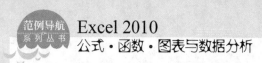
5.4.2 标注不及格考生

通过 IF 函数还可以将指定条件的数据筛选出来，下面以标注不及格考生为例，详细介绍具体操作方法。

素材文件❀ 第 5 章\素材文件\考生成绩.xlsx

效果文件❀ 第 5 章\效果文件\考生成绩.xlsx

 ① 打开素材文件，选择 C2 单元格；② 在窗口编辑栏文本框中，输入公式"=IF(B2<60,"不及格","")"，并按 Enter 键，如图 5-30 所示。

 系统会在 C2 单元格内判断该考生是否及格，使用鼠标左键向下填充公式，这样即可完成标注不及格考生的操作，结果如图 5-31 所示。

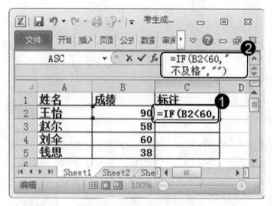

图 5-30

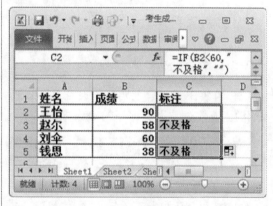

图 5-31

使用 IF 函数最多可以嵌套 64 层，所以使用 IF 函数可以创建判断条件复制的公式。但在测试多个条件时，通常使用 CHOOSE 或者 LOOKUP 函数来代替 IF 函数，从而达到简化公式的目的。

5.4.3 检测产品是否合格

在 Excel 2010 中，利用 AND 函数可以快速地检测产品是否合格，下面详细介绍具体操作方法。

素材文件❀ 第 5 章\素材文件\产品检验.xlsx

效果文件❀ 第 5 章\效果文件\产品检验.xlsx

 ① 打开素材文件，选择 E2 单元格；② 在窗口编辑栏文本框中，输入公式"=AND(B2:D2="合格")"，并按 Ctrl+Shift+Enter 快捷键，如图 5-32 所示。

在 E2 单元格内，显示"TRUE"表示合格，显示"FALSE"表示不合格，使用鼠标左键向下填充公式，这样即可完成检测产品是否合格的操作，结果如图 5-33 所示。

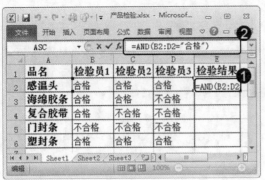

图 5-32

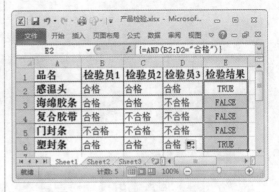

图 5-33

5.4.4 判断员工是否有资格竞选组长

以工龄大于 2 年并且无不良记录为条件，利用 AND 函数可以判断出，该员工是否具有竞选组长的资格，下面详细介绍具体操作方法。

素材文件 ✿ 第 5 章\素材文件\组长候选人.xlsx
效果文件 ✿ 第 5 章\效果文件\组长候选人.xlsx

step 1 ① 打开素材文件，选择 D2 单元格；② 在窗口编辑栏文本框中，输入公式 "=AND(B2="无",C2>1)"，并按 Enter 键，如图 5-34 所示。

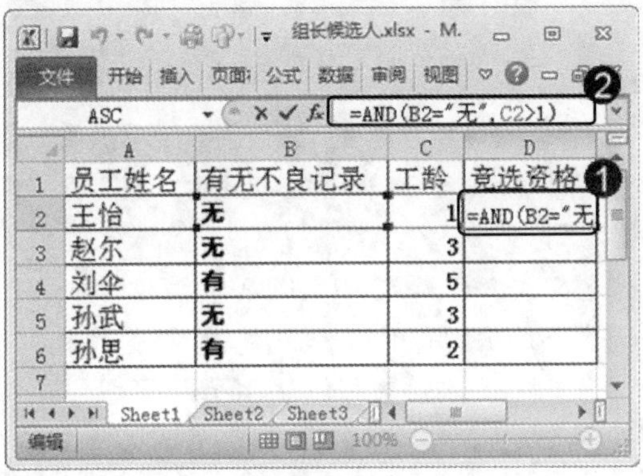

step 2 在 D2 单元格内，显示 "TRUE" 表示具有资格竞选，显示 "FALSE" 表示不具有资格竞选，使用鼠标左键向下填充公式，这样即可完成判断员工是否有资格竞选组长的操作，结果如图 5-35 所示。

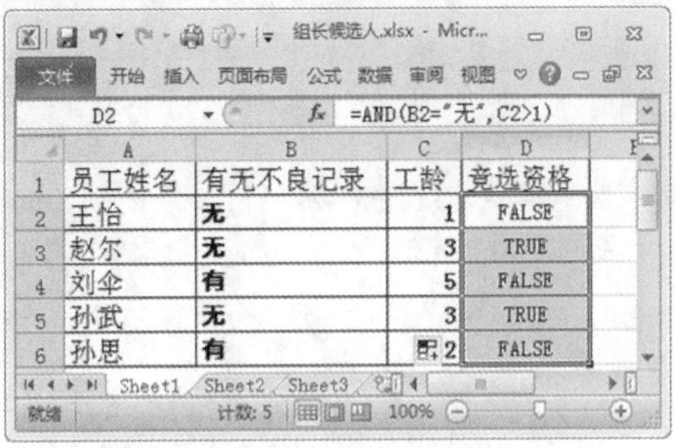

图 5-34

图 5-35

5.4.5 判断考生是否需要补考

以条件为三科成绩中一科低于 60 分则需要补考为例，利用 OR 函数配合 IF 函数判断考生是否需要补考，下面详细介绍具体操作方法。

素材文件 ✿ 第 5 章\素材文件\考生补考统计.xlsx
效果文件 ✿ 第 5 章\效果文件\考生补考统计.xlsx

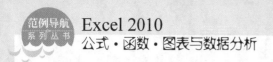
① 打开素材文件，选择 E2 单元格；② 在窗口编辑栏文本框中，输入公式 "=IF(OR(B2<60,C2<60,D2<60)),"是","不")"，并按 Enter 键，如图 5-36 所示。

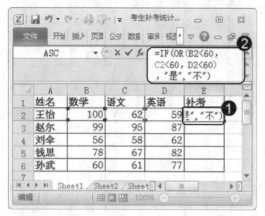

图 5-36

如果该考生需要补考，则会在 E2 单元格内显示"是"，如果不需要补考则显示"不"，使用鼠标左键向下填充公式，这样即可完成判断考生是否需要补考的操作，结果如图 5-37 所示。

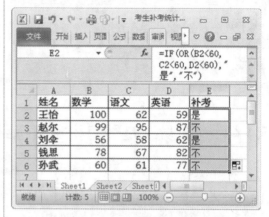

图 5-37

5.4.6 判断录入的手机号码是否正确

手机号码的默认长度为 11 个数字，利用 OR 函数配合 LEN 函数，可以快速地判断录入的手机号码是否正确，下面详细介绍具体操作方法。

素材文件 第 5 章\素材文件\电话簿.xlsx
效果文件 第 5 章\效果文件\电话簿.xlsx

① 打开素材文件，选择 C2 单元格；② 在窗口编辑栏文本框中，输入公式 "=OR(LEN(B2)=11)"，并按 Enter 键，如图 5-38 所示。

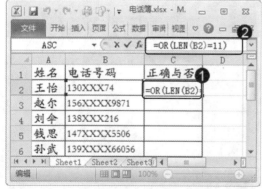

图 5-38

如果录入的电话号码是正确的，会在 C2 单元格内显示"TRUE"，反之则显示"FALSE"，使用鼠标左键向下填充公式，这样即可完成判断录入的手机号码是否正确的操作，结果如图 5-39 所示。

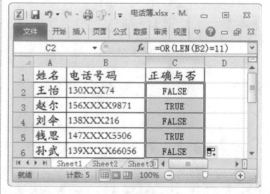

图 5-39

5.4.7 对比数据是否相同

TRUE函数主要用于返回逻辑值TRUE，利用TRUE函数可以判断两列的数据是否相同。TRUE函数不需要参数，所以在单元格中只输入公式即可，下面详细介绍具体操作方法。

素材文件 ❀ 第 5 章\素材文件\密码录入对比.xlsx
效果文件 ❀ 第 5 章\效果文件\密码录入对比.xlsx

 ① 打开素材文件，选择 C2 单元格；② 在窗口编辑栏文本框中，输入公式"=A2=B2"，并按 Enter 键，如图 5-40 所示。

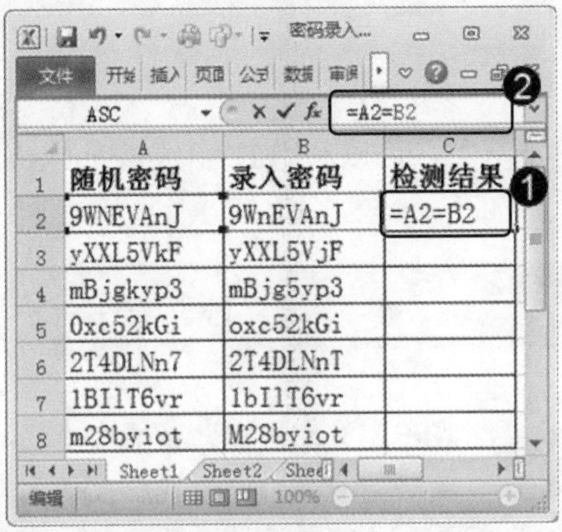

step 2 使用鼠标左键向下填充公式即可判断两组数据是否相同，数据相同返回"TRUE"，反之则返回"FALSE"，这样即可完成对比数据的操作，结果如图 5-41 所示。

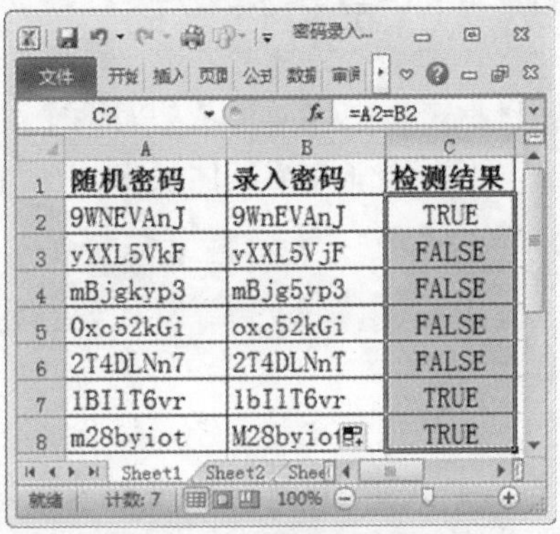

图 5-40

图 5-41

 通过观察可以看出，数据的对比是比较数字和字母是否相同，并不区分字母的大写与小写。用户如果需要完全相同的比较，可以参考使用 EXACT 函数。

5.4.8 对销售情况进行比较

如果希望比较两个销售部门的销售额，可以通过 IF 函数搭配 ABS 函数进行比较，下面详细介绍具体操作方法。

 素材文件 ❀ 第 5 章\素材文件\销售额对比.xlsx
 效果文件 ❀ 第 5 章\效果文件\销售额对比.xlsx

step 1 ① 打开素材文件，选择 D2 单元格；② 在窗口编辑栏文本框中，输入公式"=IF(C2>B2,"多于","少于")&ABS(C2-B2)"，并按 Enter 键，如图 5-42 所示。

step 2 在 D2 单元格中显示的数据是以"销售二部"为基础比较的，如对于"沐浴露"，销售二部少于销售一部。使用鼠标左键向下填充公式，这样即可完成对销售情况进行比较的操作，结果如图 5-43 所示。

第 5 章　文本与逻辑函数

109

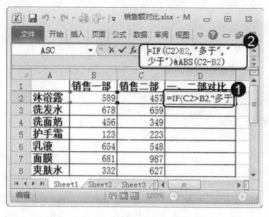

图 5-42

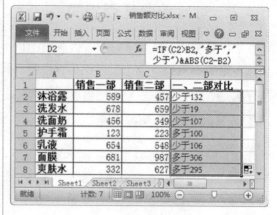

图 5-43

5.4.9 对产品进行分类

在日常工作中，如果希望对两个种类的商品进行分类，可以利用 IF 函数搭配 OR 函数来完成，下面详细介绍具体操作方法。

素材文件 ❀ 第 5 章\素材文件\划分商品类别.xlsx

效果文件 ❀ 第 5 章\效果文件\划分商品类别.xlsx

step 1 ① 打开素材文件，选择 B2 单元格；② 在窗口编辑栏文本框中，输入公式 "=IF(OR(A2="洗衣机",A2="电视",A2="空调"),"家电类","数码类")"，并按 Enter 键，如图 5-44 所示。

step 2 在 B2 单元格中，系统会自动对商品进行分类，使用鼠标左键向下填充公式，这样即可完成对产品进行分类的操作，结果如图 5-45 所示。

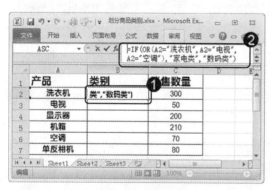

图 5-44

图 5-45

5.4.10 选择面试人员

在对应聘人员进行考核之后，可使用 IF 函数配合 NOT 函数对应聘人员进行筛选，使分数达标者具有面试资格，下面详细介绍具体操作方法。

① 打开素材文件，选择 E2 单元格；② 在窗口编辑栏文本框中，输入公式 "=IF(NOT(D2<=120),"面试","")"，并按 Enter 键，如图 5-46 所示。

step 2 在 E2 单元格中，系统会自动对具有面试资格的应聘人员标注"面试"信息，使用鼠标左键向下填充公式，这样即可完成选择面试人员的操作，结果如图 5-47 所示。

图 5-46

图 5-47

5.5　范例应用与上机操作

通过本章的学习，读者基本可以掌握文本与逻辑函数的基本知识以及一些常见的操作方法。下面通过操作练习，以达到巩固学习、拓展提高的目的。

5.5.1　检查网店商品是否发货

在日常工作中，如在管理网店的发货时，通过一个简单的公式轻松地标注出该商品是否已经发货，可以方便地管理商品，下面详细介绍具体操作方法。

 ① 打开素材文件，选择 C3 单元格；② 在窗口编辑栏文本框中，输入公式 "=IF(ISERROR(FIND("上",B3)),"未发货","已发货")"，并按 Enter 键，如图 5-48 所示。

step 2 在 C3 单元格中，系统会自动将已发货商品标注为"已发货"，反之则标注为"未发货"，使用鼠标左键向下填充公式，这样即可完成检查网店商品是否发货的操作，结果如图 5-49 所示。

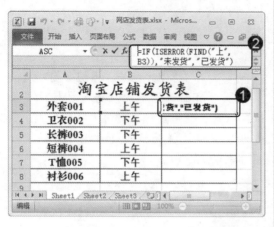

图 5-48

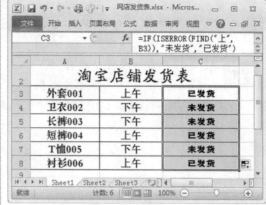

图 5-49

5.5.2　升级电话号码位数

很多地区的电话号码由原来的 7 位升级为 8 位，为了方便工作，需要将所有电话号码升级，下面就详细介绍升级电话号码位数的操作方法。

素材文件❄ 第 5 章\素材文件\电话号码升级.xlsx
效果文件❄ 第 5 章\效果文件\电话号码升级.xlsx

step 1 ① 打开素材文件，选择 C2 单元格；② 在窗口编辑栏文本框中，输入公式"=REPLACE(B2,6,0,8)"，并按 Enter 键，如图 5-50 所示。

step 2 在 C2 单元格中，系统会自动对老电话号码进行位数升级，使用鼠标左键向下填充公式，这样即可完成升级电话号码位数的操作，结果如图 5-51 所示。

图 5-50

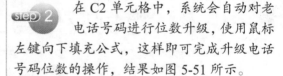

图 5-51

5.5.3 检查身份证号码长度是否正确

身份证号码长度是 15 位或者 18 位,通过 OR 函数可以检查出输入的身份证号码长度是否正确,下面详细介绍具体操作方法。

素材文件 ❀ 第 5 章\素材文件\身份证号码长度检查.xlsx
效果文件 ❀ 第 5 章\效果文件\身份证号码长度检查.xlsx

 ① 打开素材文件,选择 C2 单元格;② 在窗口编辑栏文本框中,输入公式"=OR(LEN(B2)={15,18})",并按 Enter 键,如图 5-52 所示。

step 2 在 C2 单元格中,长度正确的身份证号码会显示"TRUE",反之则显示"FALSE",使用鼠标左键向下填充公式,这样即可完成检查身份证号码长度是否正确的操作,结果如图 5-53 所示。

图 5-52

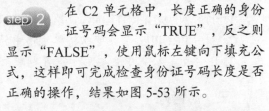

图 5-53

第 5 章 文本与逻辑函数

 ## 5.6 课后练习

5.6.1 思考与练习

一、填空题

1. 通过_____可以在公式中处理文字串。例如,可以改变大小写或确定文字串的长度，还可以将日期插入_____或连接在文字串上。

2. 默认情况下，在单元格中输入数值和日期时，自动使用_____方式；而错误值和逻辑值自动以_____方式显示，文本数据则自动以左对齐方式显示。

3. _____主要是用来判断真假值，或者进行复合检验的 Excel_____，使用逻辑函数可以使公式变得更加智能。

二、判断题

1. 利用 NUMBERSTRING 函数可以将数值转换为货币格式。 （ ）
2. 利用 PROPER 函数可以将单元格中的单词首字母转换为大写状态。 （ ）
3. IF 函数在公式中主要用于设置判断条件，然后根据结果返回相应的值。 （ ）

三、思考题

1. 写出 CONCATENATE 函数的语法结构。
2. 写出 AND 函数的语法结构。

5.6.2 上机操作

1. 打开"进口商品.xlsx"文档文件，计算人民币单价。效果文件可参考"第5章\效果文件\进口商品.xlsx"。

2. 打开"奖金发放.xlsx"文档文件，判断业绩发放奖金。效果文件可参考"第5章\效果文件\奖金发放.xlsx"。

第**6**章

日期与时间函数

本章主要介绍日期与时间函数方面的知识，同时还给出日期与时间函数的应用举例。通过本章的学习，读者可以掌握日期与时间函数方面的知识，为深入学习 Excel 2010 公式、函数、图表与数据分析知识奠定基础。

范 例 导 航

1. 认识日期与时间函数
2. 日期函数应用举例
3. 时间函数
4. 时间函数应用举例

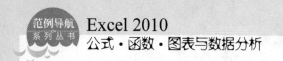
 # 6.1 认识日期与时间函数

在 Excel 2010 中，日期和时间数据是非常重要的数据类型之一，除了文本和数值数据以外，日期和时间数据也是用户在日常工作中经常接触的数据类型，本节将详细介绍日期数据与日期函数的相关知识。

6.1.1 了解日期数据

在 Excel 2010 应用中，系统把日期数据视为一种数值的特殊表现形式，准确地说，日期被视为一组"序列数"，即为数值。

在 Excel 2010 中，允许用户输入的日期区间为"1900-1-1"至"9999-12-31"。数值"1"代表"1900-1-1"，同理，数值"41640"对应的时间为"2014-1-1"。

6.1.2 了解时间数据

日期在 Excel 中是一个正整数，如果将数值"1"看作日期一天，那么时间则是它的小数部分，即 1 天被分为 24 小时、1440 分钟或者 86400 秒。

例如，数值"0.5"对应的时间序数为 12:00:00；同理，每天早上 6 点钟起床的时间则对应了数值"0.25"。

与日常的 24 小时时间制相同，Excel 在通常情况下处理的时间区间为 00:00:00～23:59:59。而对于 Excel 来说，目前可以处理精确到毫秒的数据，所以 Excel 中时间数据的范围可以是 00:00:00.000～23:59:59.999。

6.1.3 常用的日期函数

顾名思义，通过日期函数可以在公式中分析和处理日期的值。常见的日期函数如表 6-1 所示。

表 6-1

函　数	功　能
DATE	返回特定日期的序列号
DATEVALUE	将文本格式的日期转换为序列号
DAY	将序列号转换为月份日期
DAYS360	以一年 360 天为基准计算两个日期的天数
EDATE	返回用于表示开始日期之前或之后月数的日期的序列号

函　数	功　能
EOMONTH	返回指定月数之前或之后的月份的最后一天的序列号
MONTH	将序列号转换为月
NETWORKDAYS	返回两个日期间的全部工作日数
NOW	返回当前的日期和时间的序列号
TODAY	返回今天日期的序列号
WEEKDAY	将序列号转换为星期日期
WEEKNUM	将系列号转换为代表该星期为一年中第几周的数字
WORKDAY	返回指定的若干个工作日之前或之后的日期的序列号
YEAR	将序列号转换为年

下面以 WEEKDAY 函数为例，详细介绍日期函数的语法结构。WEEKDAY 函数主要的作用是返回某个日期是星期几，其语法结构为：

WEEKDAY (serial_number,[return_type])

参数 serial_number 为必选项，表示判断星期几的日期，可以是输入的表示日期的序列号、日期或者单元格引用。

参数 return_type 为可选项，表示一个指定 WEEKDAY 函数返回的数字与星期几的对应关系的数字，如果省略该参数，则表示星期日为每周第一天。

在 return_type 参数取不同的值的时候，WEEKDAY 函数的返回值也是不同的，如表 6-2 所示。

表 6-2

return_type 参数取值	WEEKDAY 函数返回值
取值 1 或者默认	返回数字 1 为星期日～数字 7 为星期六
取值 2	返回数字 1 为星期一～数字 7 为星期日
取值 3	返回数字 0 为星期一～数字 6 为星期日

 # 6.2　日期函数应用举例

Excel 2010 中的数据包括三类，分别是数值、文本和公式，日期是数值的一种，因此可以对日期进行处理。本节将介绍一些日期函数的使用方法。

6.2.1 推算春节倒计时

已知 2014 年春节为 1 月 31 日，用户可以利用 TODAY 函数对春节倒计时进行推算，下面详细介绍具体操作方法。

素材文件❀ 第 6 章\素材文件\春节倒计时.xlsx
效果文件❀ 第 6 章\效果文件\春节倒计时.xlsx

step 1　① 打开素材文件，选择 F8 单元格；② 在窗口编辑栏文本框中，输入公式"="2014-01-31"-TODAY()"，并按 Enter 键，如图 6-1 所示。

step 2　系统会自动在 F8 单元格内计算出距离春节到来的天数，通过以上方法，即可完成推算春节倒计时的操作，如图 6-2 所示。

图 6-1

图 6-2

在计算倒计时的时候，系统有时候会将计算结果以日期的形式显示，这是因为系统在计算的时候，将单元格格式设置成了"日期"格式，通过将该单元格设置为"常规"格式即可解决该问题。

6.2.2 判断一个日期所在的季度

一年之内有四个季度，第一季度为 1～3 月，第二季度为 4～6 月，第三季度为 7～9 月，第四季度为 10～12 月，判断日期所在的季度可以通过日期函数搭配数学函数完成，下面详细介绍具体操作方法。

素材文件❀ 第 6 章\素材文件\判断日期所在季度.xlsx
效果文件❀ 第 6 章\效果文件\判断日期所在季度.xlsx

step 1　① 打开素材文件，选择 B2 单元格；② 在窗口编辑栏文本框中，输入公式"=INT((MONTH(A2)+2)/3)"，并按 Enter 键，如图 6-3 所示。

step 2　系统会自动在 B2 单元格内计算出 A2 单元格中日期的所在季度，向下填充公式至其他单元格，即可完成判断日期所在季度的操作，结果如图 6-4 所示。

图 6-3

图 6-4

6.2.3 计算员工退休日期

如果以男性 60 岁退休，女性 55 岁退休为基础，可以利用 EDATA 函数计算员工的退休日期，下面详细介绍具体操作方法。

素材文件❀ 第 6 章\素材文件\计算员工退休日期.xlsx

效果文件❀ 第 6 章\效果文件\计算员工退休日期.xlsx

 ① 打开素材文件，选择 D2 单元格；② 在窗口编辑栏文本框中，输入公式 "=EDATE(TEXT(D2,"0-00-00"),(55+(C2="男")*5)*12)+1"，并按 Enter 键，如图 6-5 所示。

step 2 系统会自动在 D2 单元格内计算出该员工的退休日期，向下填充公式至其他单元格，即可完成计算员工退休日期的操作，结果如图 6-6 所示。

图 6-5

图 6-6

6.2.4　指定日期的上一月份天数

因为每个月的月末日期数即为当月的天数，所以可以通过该原理来计算指定日期上一个月的天数，下面详细介绍具体操作方法。

素材文件❀ 第6章\素材文件\计算上个月天数.xlsx
效果文件❀ 第6章\效果文件\计算上个月天数.xlsx

 step 1　① 打开素材文件，选择 B3 单元格；② 在窗口编辑栏文本框中，输入公式"=DAY(EOMONTH(A3,-1))"，并按 Enter 键，如图 6-7 所示。

step 2　系统会在 B3 单元格内计算出 A3 单元格中日期的上个月天数，向下填充公式至其他单元格，即可完成计算指定日期的上一月份天数的操作，结果如图 6-8 所示。

图 6-7

图 6-8

 使用 DAY 函数同样可以得到指定日期上个月的天数，其公式为"=DAY(DATE(YEAR(A3),MONTH(A3),0))"；如果需要求得指定日期下个月的天数，使用的公式大致相同，如"=DAY(EOMONTH(A3,1))"。

6.2.5　计算员工工龄

DATAIF 函数是 Excel 中隐藏的功能非常强大的日期函数，主要用于计算两个日期之间的天数、月数以及年数。下面详细介绍通过 DATAIF 函数计算员工工龄的操作方法。

素材文件❀ 第6章\素材文件\计算员工工龄.xlsx
效果文件❀ 第6章\效果文件\计算员工工龄.xlsx

 step 1　① 打开素材文件，选择 C3 单元格；② 在窗口编辑栏文本框中，输入公式"=ROUND(DATEDIF($B3-DAY($B3)+1,$C$1-DAY($C$1)+1,"m")/12,)"，并按 Enter 键，如图 6-9 所示。

step 2　系统会在 C3 单元格内计算出该员工的工龄，向下填充公式至其他单元格，即可完成计算员工工龄的操作，结果如图 6-10 所示。

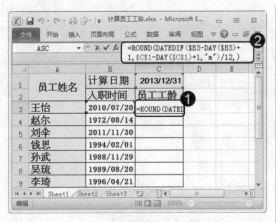

图 6-9

图 6-10

6.2.6 返回指定日期的星期值

如果在工作中需要计算值日表中的星期值，可以通过 WEEKDAY 函数来完成。下面详细介绍返回指定日期的星期值的操作方法。

素材文件❀ 第 6 章\素材文件\值日表.xlsx

效果文件❀ 第 6 章\效果文件\值日表.xlsx

step 1 ① 打开素材文件，选择 C2 单元格；② 在窗口编辑栏文本框中，输入公式"=WEEKDAY($B2,2)"，并按 Enter 键，如图 6-11 所示。

step 2 系统会在 C2 单元格内计算出该员工的工龄，向下填充公式至其他单元格，即可完成返回指定日期的星期值的操作，结果如图 6-12 所示。

图 6-11

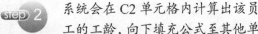

图 6-12

6.2.7 返回上一星期日的日期数

使用 TODAY 函数可以以当天为准向前推算上一个星期日的日期数，下面详细介绍具体操作方法。

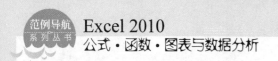

素材文件 第 6 章\素材文件\上一星期日的日期数.xlsx
效果文件 第 6 章\效果文件\上一星期日的日期数.xlsx

Step 1　① 打开素材文件,选择 D5 单元格;　② 在窗口编辑栏文本框中,输入公式 "=TODAY()-WEEKDAY(TODAY(),2)",并按 Enter 键,如图 6-13 所示。

Step 2　系统会在 D5 单元格内计算出上一星期日的日期数,如图 6-14 所示这样即可完成返回上一星期日的日期数的操作。

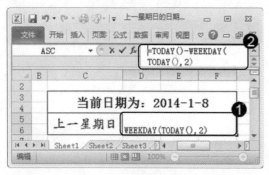

图 6-13

图 6-14

6.2.8　返回日期在"安全生产"中的周数

在日常工作中,通常以一项计划实施的第一天为起始周,利用 WEEKNUM 函数可以方便地统计在计划中各个记事的所在周数,下面详细介绍具体操作方法。

素材文件 第 6 章\素材文件\安全生产大事记.xlsx
效果文件 第 6 章\效果文件\安全生产大事记.xlsx

Step 1　① 打开素材文件,选择 C3 单元格;　② 在窗口编辑栏文本框中,输入公式 "=MOD(WEEKNUM($A3,2)-WEEKNUM($A$3-WEEKDAY($A$3,2),2),52)",并按 Enter 键,如图 6-15 所示。

Step 2　系统会在 C3 单元格内计算结果并设定为第一周,向下填充公式至其他单元格,即可完成返回日期在"安全生产"中的周数的操作,结果如图 6-16 所示。

图 6-15

图 6-16

6.2.9 统计员工出勤情况

以每星期出勤 5 天为例，统计员工一个月的出勤情况，可以利用 NETWORKDAYS 函数实现，下面详细介绍具体操作方法。

素材文件 第 6 章\素材文件\XX 公司员工考勤表.xlsx

效果文件 第 6 章\效果文件\XX 公司员工考勤表.xlsx

 step 1

① 打开素材文件，选择D4单元格；
② 在窗口编辑栏文本框中，输入公式"=NETWORKDAYS(DATE($B$2,$D$2-1, 30),DATE($B$2,$D$2,29))"，并按 Enter 键，如图 6-17 所示。

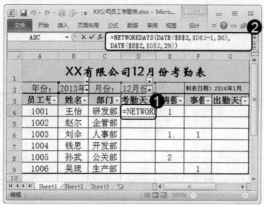

图 6-17

step 3

① 打开素材文件，选择G4单元格；
② 在窗口编辑栏文本框中，输入公式"=D4-E4-F4"，并按 Enter 键，如图 6-19 所示。

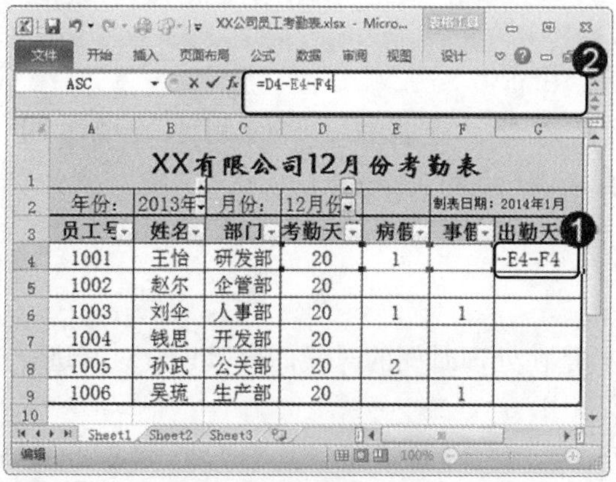

图 6-19

step 2

系统会在"考勤天数"列中，将余下的员工的考勤天数一并计算出来，如图 6-18 所示。

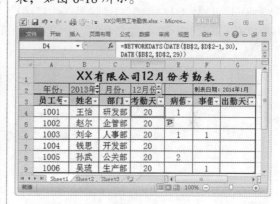

图 6-18

step 4

系统会在"出勤天数"列中，将余下的员工的考勤天数一并计算出来，如图 6-20 所示，这样即可完成统计员工出勤情况的操作。

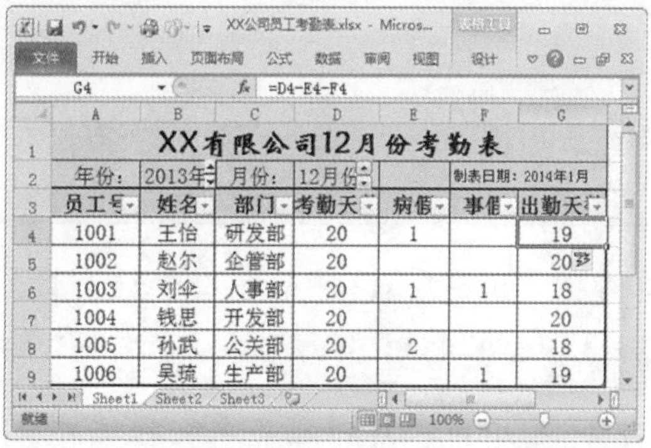

图 6-20

考考您

请您根据上述方法统计其他工作表中员工的出勤情况，测试一下您的学习效果。

6.2.10 统计员工在职时间

通过 NOW 函数配合其他函数，可以统计出员工的在职时间，无论是现已离职或仍旧在职员工。下面详细介绍统计员工在职时间的操作方法。

素材文件 第 6 章\素材文件\统计员工在职时间.xlsx

效果文件 第 6 章\效果文件\统计员工在职时间.xlsx

 step 1　① 打开素材文件，选择 D2 单元格；② 在窗口编辑栏文本框中，输入公式"=ROUND(IF(C2<>"",C2-B2,NOW()-B2),0)"，并按 Enter 键，如图 6-21 所示。

 step 2　系统会在 D2 单元格内计算该员工的在职天数，向下填充公式至其他单元格，即可完成统计员工在职时间的操作，结果如图 6-22 所示。

图 6-21

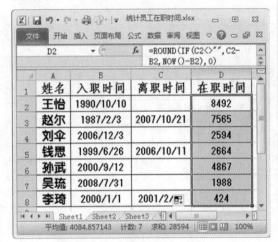

图 6-22

6.3　时间函数

Excel 中除了提供许多日期函数以外，还提供了部分用于处理时间的函数，本节将详细介绍有关时间函数的相关知识。

6.3.1　时间的加减运算

时间与日期一样，也可以进行数学运算，只是在处理时间的时候，一般只会对其进行加法和减法的运算。

如员工的工作时间为 2000-4-3 08:00，计算工作 8 小时后的时间公式为"="2000-4-3 08:00"+TIME(8,0,0)"，其结果为 2000-4-3 16:00。

6.3.2　时间的舍入运算

在日常工作中，如果人事部门需要对员工的加班时间进行统计和计算，例如要求加班时间不超过半个小时按半个小时计算，若不足 1 小时则按 1 小时计算，这时会涉及时间的舍入计算。

时间的舍入计算与常规数值的计算原理相同，都可以使用 ROUND 函数、ROUNDUP 函数或者 TRUNC 函数来进行相应的处理。

6.3.3　常用的时间函数

时间函数可以针对月数、天数、小时、分钟以及秒进行计算，常用的时间函数如表 6-3 所示。

表 6-3

函　数	功　能
TIME	用于按指定数字生成具体时间
HOUR	用于提取时间系列值中的小时数
MINUTE	用于提取时间系列值中的分钟数
SECOND	用于提取时间系列值中的秒数

下面以 TIME 函数为例，详细介绍时间函数的语法结构。TIME 函数主要用于返回指定时间的序列号，TIME 函数的返回值为一个小数，值在 0～0.99999999 之间，表示时间在 0:00:00～23:59:59 之间，其语法结构为：

TIME(hour,minute,second)

参数 hour 为必选项，表示小时，取值范围在 0～32767 之间。

参数 minute 为必选项，表示分钟，取值范围在 0～32767 之间。

参数 second 为必选项，表示秒，取值范围在 0～32767 之间。

知识精讲

对于 hour 参数来说，任何大于 23 的数值都将除以 24，将余数作为小时；对于 minute 参数来说，任何大于 59 的数值都将被转换为小时和分钟；对于 second 参数来说，任何大于 59 的数值都将转换为小时、分和秒。

6.4　时间函数应用举例

时间函数与日期函数一样，可以像常规数值那样去计算。本节将介绍一些时间函数的使用方法。

6.4.1　计算精确的比赛时间

在一些比赛项目中，比赛完成的时间也是重要的考量标准之一。下面详细介绍通过

第 6 章　日期与时间函数

125

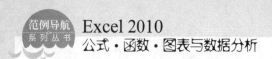
MINUTE 函数配合 HOUR 函数精确计算比赛时间的操作方法。

素材文件❀ 第 6 章\素材文件\比赛精确计时.xlsx

效果文件❀ 第 6 章\效果文件\比赛精确计时.xlsx

 ① 打开素材文件,选择D3 单元格;
② 在窗口编辑栏文本框中,输入公式"=(HOUR(C3)*60+MINUTE(C3))-(HOUR(B3)*60+MINUTE(B3))",并按 Enter 键,如图 6-23 所示。

 系统会在 D3 单元格内计算出比赛所用的精确分钟数,向下填充公式至其他单元格,即可完成计算精确的比赛时间的操作,结果如图 6-24 所示。

图 6-23

图 6-24

 在计算结果的时候,有时候系统会默认将单元格设置为"时间"格式,这时单元格中显示的数据为"0:00:00",用户只需将单元格格式重新设置为"常规"格式即可解决此问题。

6.4.2 返回选手之间相差的秒数

在赛跑比赛中,通常几秒钟即可影响一名选手的排名,用户可以通过 SECOND 函数来精确地计算出两个选手之间相差的秒数。下面详细介绍使用 SECOND 函数返回比赛秒数的操作方法。

素材文件❀ 第 6 章\素材文件\千米达标统计.xlsx

效果文件❀ 第 6 章\效果文件\千米达标统计.xlsx

 ① 打开素材文件,选择C3 单元格;
② 在窗口编辑栏文本框中,输入公式"=SECOND(B3-B2)",并按 Enter 键,如图 6-25 所示。

 系统会在 C3 单元格内计算出两名选手之间相差的秒数,向下填充公式至其他单元格,即可完成返回选手之间相差的秒数的操作,结果如图 6-26 所示。

图 6-25

图 6-26

6.4.3 安排用餐时间

以两个半小时以后用餐为例，使用 TIME 函数配合其他函数，可从当前时间开始安排用餐时间，下面详细介绍具体操作方法。

素材文件❀ 第 6 章\素材文件\安排用餐时间.xlsx

效果文件❀ 第 6 章\效果文件\安排用餐时间.xlsx

step 1 ① 打开素材文件，选择 B3 单元格；② 在窗口编辑栏文本框中，输入公式"=TEXT(NOW(),"hh:mm")+TIME(2,30,0)"，并按 Enter 键，如图 6-27 所示。

step 2 系统会在 B3 单元格内显示用餐的时间，如图 6-28 所示，这样即可完成安排用餐时间的操作。

图 6-27

图 6-28

6.4.4 计算电影播放时长

假如电影院中有 4 个放映厅，每个放映厅播放电影的时间不同，播放的影片也不同，可以利用 HOUR 函数对每部电影的播放时长进行计算，下面详细介绍具体操作方法。

 素材文件❀第 6 章\素材文件\统计电影播放时长.xlsx
 效果文件❀第 6 章\效果文件\统计电影播放时长.xlsx

step 1 ① 打开素材文件，选择 E2 单元格；② 在窗口编辑栏文本框中，输入公式"=HOUR(D2-C2)"，并按 Enter 键，如图 6-29 所示。

step 2 系统会在 E2 单元格内计算出该影片的播放时长，向下填充公式至其他单元格，即可完成计算电影播放时长的操作，结果如图 6-30 所示。

图 6-29

图 6-30

知识精讲

HOUR 函数在返回小时数值的时候，提取的是实际小时数与 24 的差值。例如，提取小时数为 28，那么 HOUR 函数将返回数值 4。在 HOUR 函数中的参数必须为数值类型数据，例如数字、文本格式的数字或者表达式。如果是文本，则返回错误值#VALUE!。

6.5 范例应用与上机操作

通过本章的学习，读者基本可以掌握日期与时间函数的基本知识以及一些常见的操作方法。下面通过操作练习，以达到巩固学习、拓展提高的目的。

6.5.1 统计试用期到期人数

以试用期两个月为前提，利用 TODAY 函数配合 COUNTIF 函数，可以将试用期到期的人员数量统计出来，下面详细介绍具体操作方法。

素材文件 第 6 章\素材文件\试用期到期统计.xlsx
效果文件 第 6 章\效果文件\试用期到期统计.xlsx

step 1 　① 打开素材文件，选择 D4 单元格；② 在窗口编辑栏文本框中，输入公式"=COUNTIF(B2:B7,"<"&TODAY()-60)"，并按 Enter 键，如图 6-31 所示。

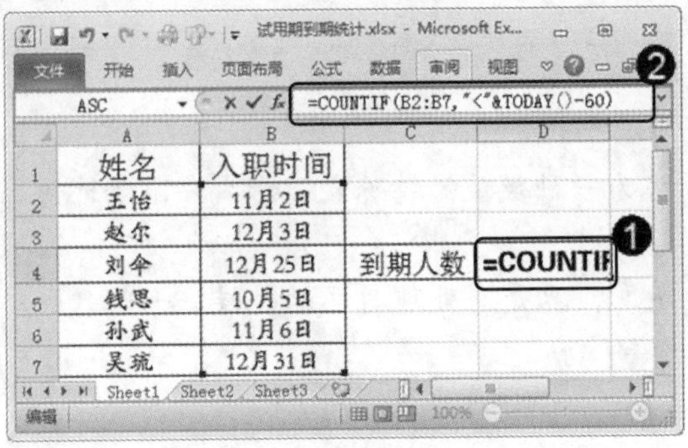

step 2 　系统会在 D4 单元格内统计出共有几名员工试用期到期，如图 6-32 所示，即可完成统计试用期到期人数的操作。

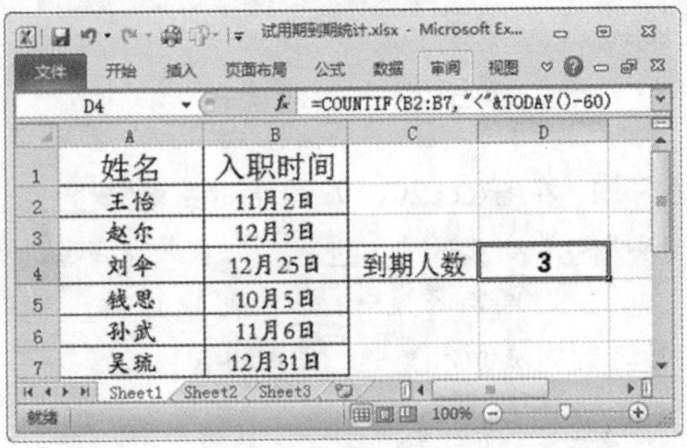

图 6-31

图 6-32

6.5.2　计算员工加班时长

因为 Excel 中的时间数值是可以通过加减运算计算的，所以可以通过函数将时间叠加起来，下面详细介绍计算员工加班时长的操作方法。

素材文件 第 6 章\素材文件\统计加班时长.xlsx
效果文件 第 6 章\效果文件\统计加班时长.xlsx

step 1 　① 打开素材文件，选择 G2 单元格；② 在窗口编辑栏文本框中，输入公式"=TEXT(SUM(B2:F2),"[hh]:mm")"，并按 Enter 键，如图 6-33 所示。

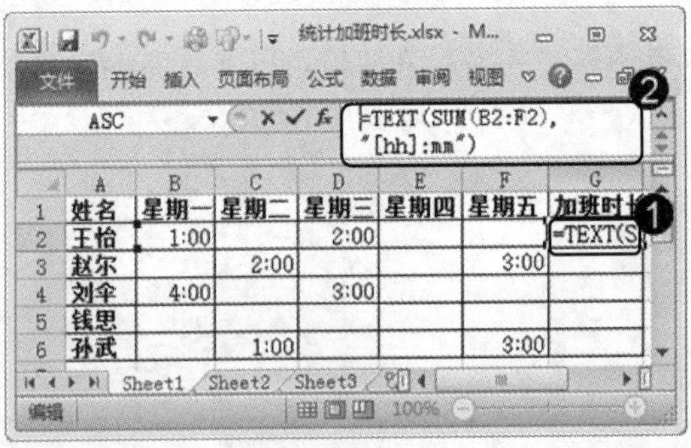

step 2 　系统会在 G2 单元格内计算出该员工的加班时长，向下填充公式至其他单元格，即可完成计算员工加班时长的操作，结果如图 6-34 所示。

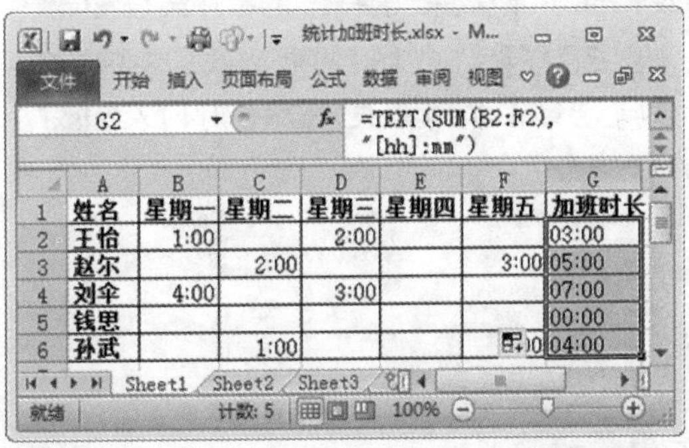

图 6-33

图 6-34

6.6　课后练习

6.6.1　思考与练习

一、填空题

1. 在 Excel 2010 应用中，系统把_____视为一种数值的特殊表现形式，准确地说，日期被视为一组"_____"，即为数值。

2. 时间与日期一样，也可以进行_____运算，只是在处理时间的时候，一般只会对其进行加法和_____的运算。

二、判断题

1. 日期在 Excel 中是一个正整数。　　　　　　　　　　　　　　　　（　　）

2. 时间的舍入计算与常规数值的计算原理相同，但不可以使用 ROUND 函数、ROUNDUP 函数或者 TRUNC 函数来进行相应的处理。　　　　　　　　（　　）

三、思考题

1. 写出 WEEKDAY 函数的语法结构。
2. 写出 TIME 函数的语法结构。

6.6.2　上机操作

1. 打开"计算本月天数.xlsx"文档文件，使用函数计算出本月的天数。效果文件可参考"第 6 章\效果文件\计算本月天数.xlsx"。

2. 打开"广告时间表.xlsx"文档文件，使用函数计算出广告的播出时长。效果文件可参考"第 6 章\效果文件\广告时间表.xlsx"。

第**7**章

数学与三角函数

本章主要介绍数学与三角函数方面的知识，同时还给出数学与三角函数的应用举例。通过本章的学习，读者可以掌握数学与三角函数方面的知识，为深入学习 Excel 2010 公式、函数、图表与数据分析知识奠定基础。

范 例 导 航

1. 常用数学函数
2. 数学函数应用举例
3. 基本三角函数
4. 三角函数应用举例

7.1 常用数学函数

数学函数主要是用于数值的计算、舍入以及统计等，本节将详细介绍常用数学函数的相关知识。

7.1.1 了解取余函数

在数学概念中，被除数与除数进行整除运算后的剩余值被称为余数，其特征是，如果取绝对值进行比较，余数一定小于除数。例如，10 除以 3，余数为 1。Excel 的取余函数 MOD 函数用来返回两数相除后的余数结果，其结果的正负号与除数相同。

利用余数必定小于除数的原理，当用一个数值对 2 进行取余操作时，结果只能得到 1 或者 0。在实际工作中，可以利用此原理来判断数值的奇偶性。

7.1.2 了解舍入函数

在对数值的处理中，用户经常会遇到将数值进位或者舍去的情况，例如，将某个数值去掉小数部分，或者将某数值按四舍五入保留两位小数等。为了便于处理此类问题，Excel 2010 为用户提供了一些常用的舍入函数，以方便使用，如表 7-1 所示。

表 7-1

函 数	功 能
INT	将数字向下舍入到最接近的整数
ROUND	将数字按指定位数舍入
TRUNC	将数字截尾取整
MROUND	返回一个舍入到所需倍数的数字
ROUNDUP	将数值朝远离零的方向舍入，即向上舍入
ROUNDDOWN	将数值朝零的方向舍入，即向下舍入
CEILNG 或 CEILNG.PRECISE	将数字向上舍入为最接近的整数，或者接近的指定基数的整数倍数。CEILNG.PRECISE 为 Excel 2010 新增函数，忽略第二参数的符号
FLOOR 或 FLOOR.PRECISE	将数字向下舍入为最接近的整数，或者接近的指定基数的整数倍数。FLOOR.PRECISE 为 Excel 2010 新增函数，忽略第二参数的符号
EVEN	将数字向上舍入到最接近的偶数
ODD	将数字向上舍入到最接近的奇数

7.1.3　了解随机函数

在很多应用中，用户需要得到一个事先不确定的数，例如，学校教师希望在题库中随机抽取考题、随机安排考生座位等，都会使用随机数进行处理。另外，有目的地产生随机数也常用于生成模拟测试数据。为了避免过多的人为输入，使用 Excel 提供的随机函数可使工作变得简单快捷。

Excel 2010 提供了两个用于产生随机数的函数，如表 7-2 所示。

表 7-2

函　　数	功　　能
RAND	返回 0 和 1 之间的一个随机数
RANDBETWEEN	返回位于两个指定数之间的一个随机数

7.1.4　了解求和函数

所谓求和函数，是指返回某一单元格区域中数字、逻辑值及数字的文本表达式之和，即求出每个参数之和。求和函数 SUM 函数的语法结构为：

SUM(number1,number2, …)或者 SUM(某列)

参数 number1，number2，…为 1～30 个需要求和的参数。

直接输入到参数表中的数字、逻辑值及数字的文本表达式将被计算。

如果参数为数组或引用，只有其中的数字将被计算，数组或引用中的空白单元格、逻辑值、文本将被忽略。

如果参数为错误值或为不能转换成数字的文本，将会导致错误。

7.2　数学函数应用举例

利用 Excel 提供的数学函数，用户可以在工作表中完成求和、取余和随机等应用。在掌握了数据函数的应用技巧以后，对其他相关函数的应用也可以起到非常重要的作用。本节将详细介绍一些数学函数的使用方法。

7.2.1　计算库存结余

在已知商品数量，且需要平均分配给提货商家的前提下，使用 MOD 函数可以快速地进行库存结余计算，下面详细介绍具体操作方法。

素材文件　第 7 章\素材文件\库存结余.xlsx

效果文件　第 7 章\效果文件\库存结余.xlsx

第 7 章　数学与三角函数

133

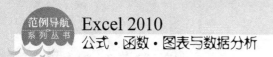

范例导航
系列丛书

step 1 ① 打开素材文件，选择 D2 单元格；② 在窗口编辑栏文本框中，输入公式"=MOD(B2,C2)"，并按 Enter 键，如图 7-1 所示。

step 2 系统会自动在 D2 单元格内计算出该商品的库存结余，向下填充公式至其他单元格，即可完成计算库存结余的操作，结果如图 7-2 所示。

图 7-1

图 7-2

7.2.2 利用员工编号标示员工所在部门

在一些企业中，不同的部门采用的员工标号的制式也不同，通过 MOD 函数可以快速地将员工所在部门标示出来，下面详细介绍具体操作方法。

素材文件 第 7 章\素材文件\员工所在部门.xlsx

效果文件 第 7 章\效果文件\员工所在部门.xlsx

step 1 ① 打开素材文件，选择 C2 单元格；② 在窗口编辑栏文本框中，输入公式"=IF(MOD(LEFT(LEFT(A2,1)),2),"生产一部","生产二部")"，并按 Enter 键，如图 7-3 所示。

step 2 系统会自动在 C2 单元格内标示出该员工所在的部门，向下填充公式至其他单元格，即可完成利用员工编号标示员工所在部门的操作，结果如图 7-4 所示。

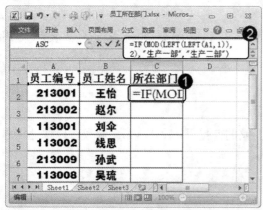

图 7-3

图 7-4

7.2.3 计算人均销售额

在日常工作中，经常会遇到两数相除，在小数点之后有很长一段数字，计算起来十分不方便的问题，使用 ROUNDUP 函数，可以对数值进行向下四舍五入，下面详细介绍具体操作方法。

 素材文件◆ 第 7 章\素材文件\计算人均销售额.xlsx
效果文件◆ 第 7 章\效果文件\计算人均销售额.xlsx

step 1 ① 打开素材文件，选择 D2 单元格；② 在窗口编辑栏文本框中，输入公式 "=ROUNDUP((B2/C2),2)"，并按 Enter 键，如图 7-5 所示。

step 2 系统会自动在 D2 单元格内计算出人均销售额，并取小数点后两位进行舍入，向下填充公式至其他单元格，即可完成计算人均销售额的操作，结果如图 7-6 所示。

图 7-5　　　　　　　　　　　　　图 7-6

 从函数的名称上看，ROUNDUP 函数与 ROUNDDOWN 函数对数值的舍入方向相反，ROUNDUP 函数是无条件向上舍入；ROUNDDOWN 函数则是无条件向下舍入。

7.2.4 计算每天销售数量

同 ROUNDUP 函数一样，CEILING 函数同样可对小数进行舍入，不同的是 CEILING 函数可以指定基数。下面详细介绍使用 CEILING 函数保留指定小数位数的操作方法。

 素材文件◆ 第 7 章\素材文件\平均每天销售数量.xlsx
效果文件◆ 第 7 章\效果文件\平均每天销售数量.xlsx

step 1 ① 打开素材文件，选择 D2 单元格；② 在窗口编辑栏文本框中，输入公式 "=CEILING(B2/C2,0.0002)"，并按 Enter 键，如图 7-7 所示。

step 2 系统会自动在 D2 单元格内计算出每天销售的数量，向下填充公式至其他单元格，即可完成计算每天销售数量的操作，结果如图 7-8 所示。

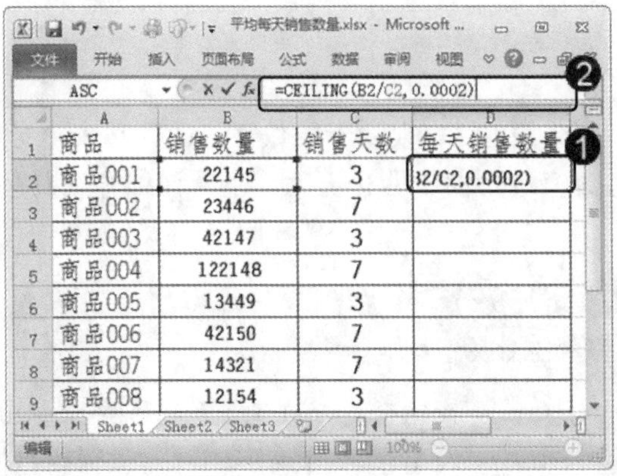

图 7-7

图 7-8

在 Excel 2010 中，CEILING 函数与 FLOOR 函数也都是舍入函数，但是 CEILING 函数与 FLOOR 函数是按照指定基数的整数倍进行舍入，这一点是和 ROUNDUP 函数与 ROUNDDOWN 函数不同的地方。

7.2.5 计算营业额

INT 函数用于计算向下舍入到最接近的整数，下面以计算营业额为例，详细介绍 INT 函数的使用方法。

素材文件❀ 第 7 章\素材文件\第一季度营业额.xlsx
效果文件❀ 第 7 章\效果文件\第一季度营业额.xlsx

step 1 ① 打开素材文件，选择 D2 单元格；② 在窗口编辑栏文本框中，输入公式"=SUM(INT(A2:C2))"，并按 Ctrl+Shift+Enter 组合键，如图 7-9 所示。

step 2 系统会自动在 D2 单元格内计算出第一季度的营业额，并以向下舍入到最接近的整数数值显示，如图 7-10 所示，这样即可完成使用 INT 函数计算营业额的操作。

图 7-9

图 7-10

7.2.6 计算车次

以每辆大客车额定载 32 人为前提，如果最后剩余人数少于 16 人将使用小型客车并不计车次。下面详细介绍使用 MROUND 函数计算车次的操作方法。

素材文件 第 7 章\素材文件\统计车次.xlsx
效果文件 第 7 章\效果文件\统计车次.xlsx

step 1　① 打开素材文件，选择 D4 单元　step 2　系统会自动在 D4 单元格内计算出
格；② 在窗口编辑栏文本框中，所需的车次，如图 7-12 所示这样
输入公式"=MROUND(D2,D3)/D3"，并按　即可完成计算车次的操作。
Enter 键，如图 7-11 所示。

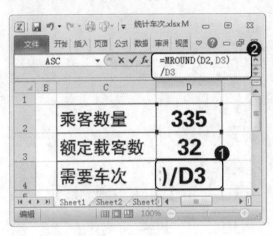

图 7-11

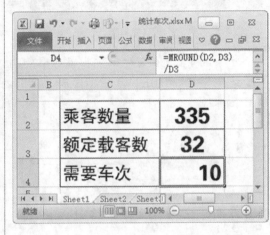

图 7-12

7.2.7　随机显示数字

　　RAND 函数无须参数，但是具有易失性，每次在编辑栏中使公式进入编辑状态，在不改变公式的状态下，仍旧会对数字进行随机处理，下面详细介绍具体操作方法。

 素材文件 无
效果文件 第 7 章\效果文件\随机显示数字.xlsx

step 1　① 启动 Excel 2010 程序，选择 A1　step 2　对任意其他单元格填充公式，即可
单元格；② 在窗口编辑栏文本框　得到 1～10 的随机数字，如图 7-14
中，输入公式"=INT(RAND()*10+1)"，并　所示，即可完成随机显示数字的操作。
按 Enter 键，如图 7-13 所示。

图 7-13

图 7-14

7.2.8　随机抽取中奖号码

　　RANDBETWEEN 函数与 RAND 函数同样是随机函数，但 RANDBETWEEN 函数可以指定某个范围，并在范围内随机返回数据。下面详细介绍随机抽取中奖号码的操作方法。

素材文件 第 7 章\素材文件\随机抽奖.xlsx
效果文件 第 7 章\效果文件\随机抽奖.xlsx

step 1　① 打开素材文件，选择 C2 单元格；② 在窗口编辑栏文本框中，输入公式"=RANDBETWEEN(B2,B6)"，并按 Enter 键，如图 7-15 所示。

step 2　在 C2 单元格中，系统会随机返回一个在 B2～B6 之间的数值，如图 7-16 所示，这样即可完成随机抽取中奖号码的操作。

图 7-15

图 7-16

　　RAND 函数主要用于产生 0～1 之间的随机数，其值范围是大于等于 0，而小于 1，且产生的随机小数几乎不会重复；RANDBETWEEN 函数具有上限和下限参数，用于确定产生随机数的范围，其结果主要用于产生随机整数。

7.2.9　计算学生总分成绩

　　为了方便统计学生的成绩，可以使用求和函数 SUM 函数，下面详细介绍具体操作方法。

素材文件 第 7 章\素材文件\学生成绩.xlsx
效果文件 第 7 章\效果文件\学生成绩.xlsx

step 1　① 打开素材文件，选择 E2 单元格；② 在窗口编辑栏文本框中，输入公式"=SUM(B2:D2)"，并按 Enter 键，如图 7-17 所示。

step 2　在 E2 单元格中，系统会自动计算出该学生的总成绩，向下填充公式至其他单元格，即可完成计算学生总分成绩的操作，结果如图 7-18 所示。

图 7-17

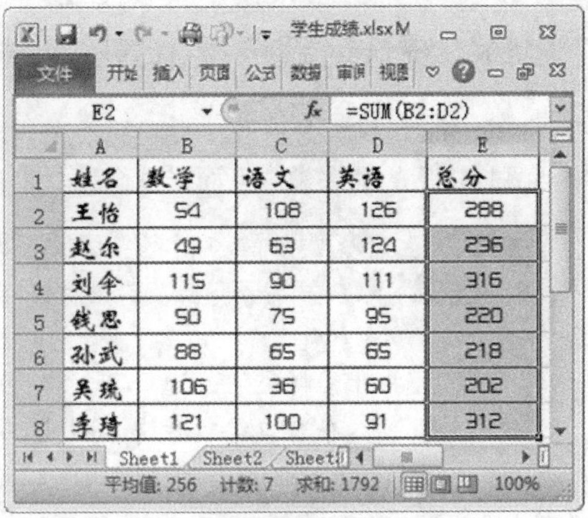

图 7-18

7.2.10 统计女性教授人数

使用 SUM 函数不仅可以计算数值的和，还可以对数据进行统计。下面详细介绍统计女性教授人数的操作方法。

素材文件 第 7 章\素材文件\职称统计.xlsx
效果文件 第 7 章\效果文件\职称统计.xlsx

 ① 打开素材文件，选择 D8 单元格；② 在窗口编辑栏文本框中，输入公式 "=SUM((B2:B8="女")*(C2:C8="教授"))"，并按 Ctrl+Shift+Enter 组合键，如图 7-19 所示。

step 2 在 D8 单元格中，系统会自动统计出女性教授人数，如图 7-20 所示，这样即可完成统计女性教授人数的操作。

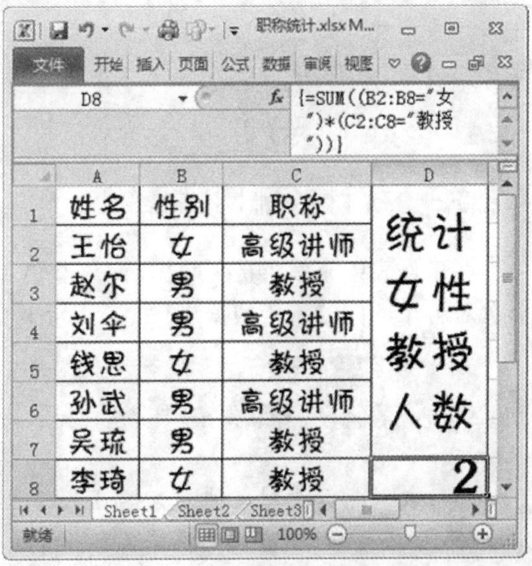

图 7-19

图 7-20

第 7 章 数学与三角函数

139

7.2.11 统计商品打折销售额

PRODUCT 函数是返回参数间的乘积值，利用 PRODUCT 函数可以方便、快速地统计出商品打折后的销售额，下面详细介绍具体操作方法。

素材文件※ 第 7 章\素材文件\商品打折销售统计表.xlsx

效果文件※ 第 7 章\效果文件\商品打折销售统计表.xlsx

step 1　① 打开素材文件，选择 E2 单元格；② 在窗口编辑栏文本框中，输入公式"=PRODUCT(B2,C2,(D2)*0.1)"，并按 Enter 键，如图 7-21 所示。

step 2　在 E2 单元格中，系统会自动计算出该商品打折后的销售额，向下填充公式至其他单元格，即可完成统计商品打折销售额的操作，结果如图 7-22 所示。

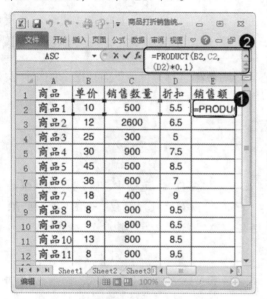

图 7-21

图 7-22

7.2.12 统计各部门销售额

在工作表中有多位员工数据，而这些员工隶属于不同的销售部门，那么可以利用 SUMIF 函数对各个部门的销售数据进行整合，下面详细介绍具体操作方法。

素材文件※ 第 7 章\素材文件\各部门销售统计.xlsx

效果文件※ 第 7 章\效果文件\各部门销售统计.xlsx

step 1　① 打开素材文件，选择 E4 单元格；② 在窗口编辑栏文本框中，输入公式"=SUMIF(B2:B9,D4,C2:C9)"，并按 Enter 键，如图 7-23 所示。

step 2　在 E4 单元格中，系统会自动计算出销售一部的销售额总和，向下填充公式至其他单元格，即可完成统计各部门销售额的操作，结果如图 7-24 所示。

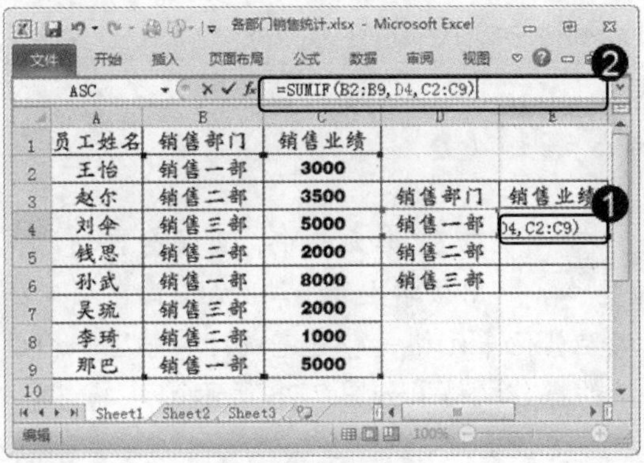

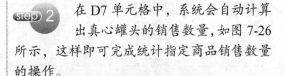

图 7-23

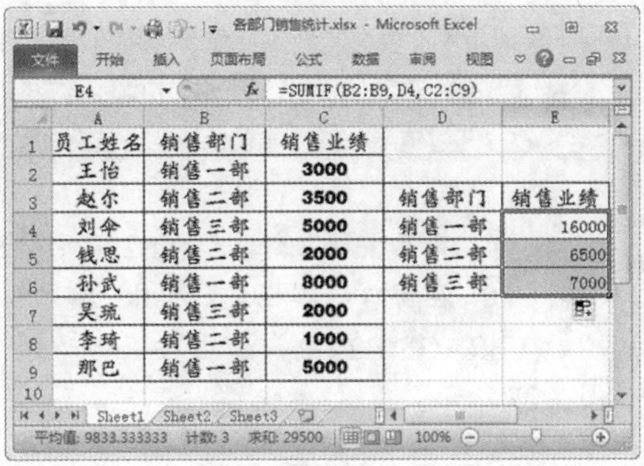

图 7-24

7.2.13　统计指定商品的销售数量

使用通配符配合 SUMIF 函数，可以方便用户统计指定商品的销售数量，下面详细介绍具体操作方法。

素材文件 第 7 章\素材文件\统计指定商品销售数量.xlsx
效果文件 第 7 章\效果文件\统计指定商品销售数量.xlsx

 ① 打开素材文件，选择 D7 单元格；
② 在窗口编辑栏文本框中，输入公式"=SUMIF(B2:B10,"真心*",C2:C10)"，并按 Enter 键，如图 7-25 所示。

 在 D7 单元格中，系统会自动计算出真心罐头的销售数量，如图 7-26 所示，这样即可完成统计指定商品销售数量的操作。

图 7-25

图 7-26

7.2.14　计算学生平均成绩

AVERAGE 函数用于返回参数间的平均值，通过 AVERAGE 函数可以计算学生成绩的

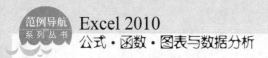
平均值。下面详细介绍计算学生平均成绩的操作万法。

 ① 打开素材文件,选择 E2 单元格;
② 在窗口编辑栏文本框中,输入公式 "=AVERAGE(B2:D2)",并按 Enter 键,如图 7-27 所示。

 在 E2 单元格中,系统会自动计算出该学生的平均分数,向下填充公式至其他单元格,即可完成计算学生平均成绩的操作,结果如图 7-28 所示。

图 7-27

图 7-28

7.3　基本三角函数

所谓三角函数,顾名思义,是用来返回弧度、角度、正弦以及余弦等值的函数,本节将详细介绍三角函数的相关知识。

Excel 2010 提供了许多常见的三角函数供用户使用,如表 7-3 所示。

表 7-3

函　数	功　能
DEGREES	将弧度转换为角度
RADIANS	将角度转换为弧度
SIN	计算给定角度的正弦值
ASIN	计算数字的反正弦值
SINH	计算数字的双曲正弦值

函　数	功　能
ASINH	计算数字的反双曲正弦值
COS	计算数字的余弦值
ACOS	计算数字的反余弦值
COSH	计算数字的双曲余弦值
ACOSH	计算数字的反双曲余弦值
TAN	计算数字的正切值
ATAN	计算数字的反正切值
TANH	计算数字的双曲正切值
ATANH	计算数字的反双曲正切值
ATAN2	计算给定坐标的反正切值

下面以 DEGREES 函数为例，详细介绍三角函数的语法结构。DEGREES 函数主要用于将弧度转换为角度，其语法结构为：

DEGREES(angle)

参数 angle 为必选项，表示要转换为角度的弧度值，可以直接输入数字或单元格引用。

7.4　三角函数应用举例

使用三角函数可以对数值进行正切、反切、正弦以及余弦等计算，本节将介绍一些三角函数的使用方法。

7.4.1　根据已知弧度计算五角星内角和

五角星的 5 个内角的角度是一样的，在已知弧度的情况下，利用 DEGREES 函数可以快速地计算出五角星的内角和，下面详细介绍具体操作方法。

 素材文件❀ 第 7 章\素材文件\五角星内角和.xlsx

 效果文件❀ 第 7 章\效果文件\五角星内角和.xlsx

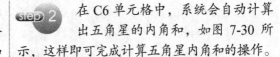

① 打开素材文件，选择 C6 单元格；
② 在窗口编辑栏文本框中，输入公式"=DEGREES(B6)*5"，并按 Enter 键，如图 7-29 所示。

在 C6 单元格中，系统会自动计算出五角星的内角和，如图 7-30 所示，这样即可完成计算五角星内角和的操作。

第 7 章　数学与三角函数

图 7-29

图 7-30

7.4.2 根据角度和半径计算弧长

在已知角度值和半径值的前提下，使用 RADIANS 函数可以快速、方便地计算出弧长，下面详细介绍具体操作方法。

💿 素材文件 🌼 第 7 章\素材文件\计算弧长.xlsx

📀 效果文件 🌼 第 7 章\效果文件\计算弧长.xlsx

 ① 打开素材文件，选择 C2 单元格；② 在窗口编辑栏文本框中，输入公式 "=ROUND(RADIANS(A2)*B2,2)"，并按 Enter 键，如图 7-31 所示。

step 2 在 C2 单元格中，系统会自动计算出弧长，向下填充公式至其他单元格，即可完成根据角度和半径计算弧长的操作，结果如图 7-32 所示。

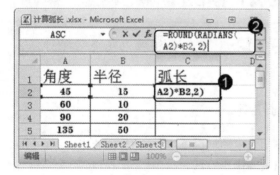

图 7-31

图 7-32

7.4.3 计算指定角度的正弦值

在已知角度的情况下，利用 SIN 函数可以方便、快速地计算出其正弦值，下面详细介绍具体操作方法。

💿 素材文件 🌼 第 7 章\素材文件\已知角度计算正弦.xlsx

📀 效果文件 🌼 第 7 章\效果文件\已知角度计算正弦.xlsx

step 1　① 打开素材文件,选择 B2 单元格;
② 在窗口编辑栏文本框中,输入公式 "=ROUND(SIN(A2),2)", 并按 Enter 键,如图 7-33 所示。

step 2　在 B2 单元格中, 系统会自动计算出正弦值,向下填充公式至其他单元格, 即可完成计算指定角度的正弦值的操作,如果如图 7-34 所示。

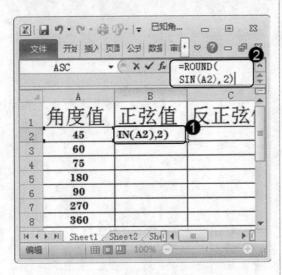

图 7-33

图 7-34

7.4.4　计算数字的反正弦值

在计算了正弦值之后,利用 ASIN 函数可以计算出其反正弦值,下面详细介绍具体操作方法。

素材文件❄第 7 章\素材文件\已知角度计算正弦.xlsx
效果文件❄第 7 章\效果文件\已知角度计算正弦.xlsx

step 1　① 打开素材文件,选择 C2 单元格;
② 在窗口编辑栏文本框中,输入公式 "=ROUND(ASIN(B2),2)", 并按 Enter 键,如图 7-35 所示。

step 2　在 C2 单元格中, 系统会自动计算出反正弦值,向下填充公式至其他单元格, 即可完成计算数字的反正弦值的操作,结果如图 7-36 所示。

图 7-35

图 7-36

7.4.5 计算双曲正弦值

在已知弧度的情况下，利用 SINH 函数，可以方便地计算双曲正弦值，下面详细介绍具体操作方法。

素材文件❄第 7 章\素材文件\双曲正弦.xlsx
效果文件❄第 7 章\效果文件\双曲正弦.xlsx

step 1　① 打开素材文件，选择 B2 单元格；
② 在窗口编辑栏文本框中，输入公式"=ROUND(SINH(A2),2)"，并按 Enter 键，如图 7-37 所示。

step 2　在 B2 单元格中，系统会自动计算出双曲正弦值，向下填充公式至其他单元格，即可完成计算双曲正弦值的操作，结果如图 7-38 所示。

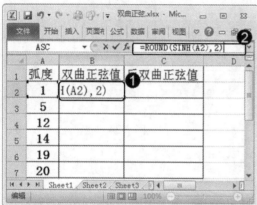

图 7-37

图 7-38

 SINH 函数的参数必须为数值型数据，即数字、文本格式的数字或者其他逻辑值，如果是文本，则返回错误值#VALUE！。如果参数的单位是"度"，则需要将计算结果使用 RADIANS 函数进行转换，或者将计算结果乘以"PI()/180"即可。

7.4.6 计算反双曲正弦值

利用 ASINH 函数，可以快速地计算出反双曲正弦值，下面详细介绍具体操作方法。

素材文件❄第 7 章\素材文件\双曲正弦.xlsx
效果文件❄第 7 章\效果文件\双曲正弦.xlsx

step 1　① 打开素材文件，选择 C2 单元格；
② 在窗口编辑栏文本框中，输入公式"=ROUND(ASINH(A2),2)"，并按 Enter 键，如图 7-39 所示。

step 2　在 C2 单元格中，系统会自动计算出反双曲正弦值，向下填充公式至其他单元格，即可完成计算反双曲正弦值的操作，结果如图 7-40 所示。

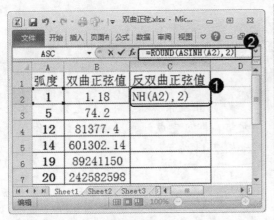

| 图 7-39 | 图 7-40 |

7.4.7　计算给定角度的余弦值

在 Excel 2010 中，COS 函数主要用于计算角度的余弦值。下面详细介绍计算给定角度余弦值的操作方法。

①　打开素材文件，选择 B2 单元格；
②　在窗口编辑栏文本框中，输入公式 "=ROUND(COS(A2),2)"，并按 Enter 键，如图 7-41 所示。

step 2　在 B2 单元格中，系统会自动计算出余弦值，向下填充公式至其他单元格，即可完成计算给定角度的余弦值的操作，结果如图 7-42 所示。

| 图 7-41 | 图 7-42 |

7.4.8　计算反余弦值

在 Excel 2010 中，可以利用 ACOS 函数进行反余弦值的计算。下面详细介绍计算反余弦值的操作方法。

第 7 章　数学与三角函数

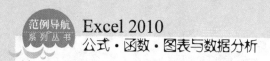
素材文件 第7章\素材文件\计算余弦值.xlsx

效果文件 第7章\效果文件\计算余弦值.xlsx

step 1　① 打开素材文件，选择 C2 单元格；
② 在窗口编辑栏文本框中，输入公式"=ROUND(ACOS(B2),2)"，并按 Enter 键，如图 7-43 所示。

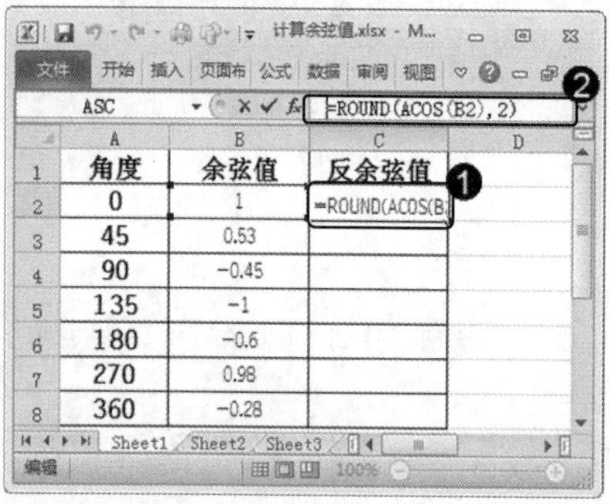

step 2　在 C2 单元格中，系统会自动计算出反余弦值，向下填充公式至其他单元格，即可完成计算反余弦值的操作，结果如图 7-44 所示。

图 7-43

图 7-44

7.4.9　计算双曲余弦值

在已知角度的前提下，使用 COSH 函数可以计算出双曲余弦值，下面详细介绍具体操作方法。

素材文件 第7章\素材文件\双曲余弦值.xlsx

效果文件 第7章\效果文件\双曲余弦值.xlsx

step 1　① 打开素材文件，选择 B2 单元格；
② 在窗口编辑栏文本框中，输入公式"=ROUND(COSH(A2),0)"，并按 Enter 键，如图 7-45 所示。

step 2　在 B2 单元格中，系统会自动计算出双曲余弦值，向下填充公式至其他单元格，即可完成计算双曲余弦值的操作，结果如图 7-46 所示。

图 7-45

图 7-46

7.4.10　计算反双曲余弦值

计算完双曲余弦值后，利用 ACOSH 函数可以进行反双曲余弦值的计算，下面详细介绍具体操作方法。

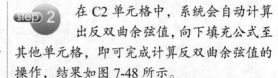

素材文件 🎔 第 7 章\素材文件\双曲余弦值.xlsx

效果文件 🎔 第 7 章\效果文件\双曲余弦值.xlsx

 step 1　① 打开素材文件，选择 C2 单元格；

② 在窗口编辑栏文本框中，输入公式"=ROUND(ACOSH(B2),0)"，并按 Enter 键，如图 7-47 所示。

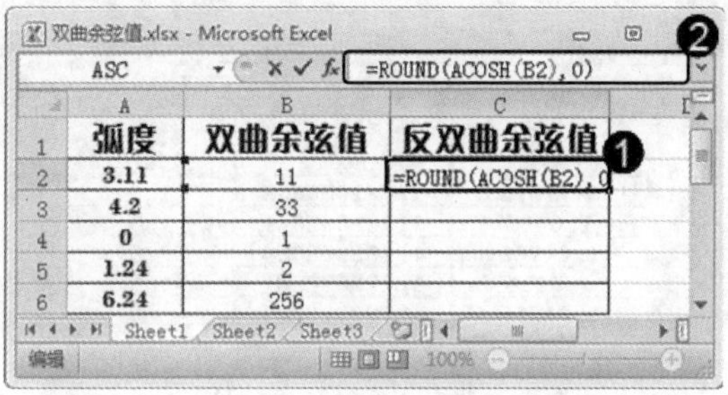

step 2　在 C2 单元格中，系统会自动计算出反双曲余弦值，向下填充公式至其他单元格，即可完成计算反双曲余弦值的操作，结果如图 7-48 所示。

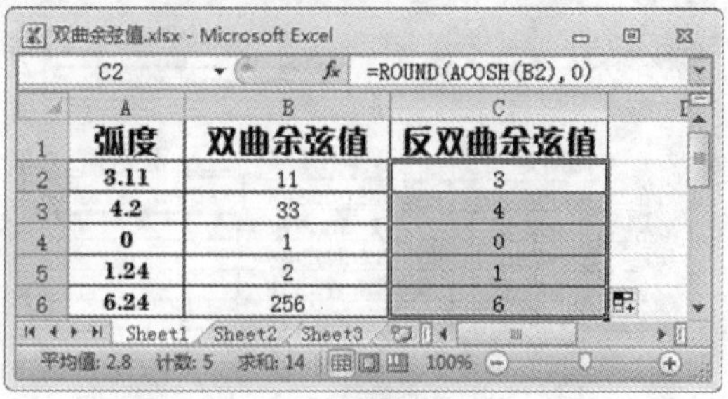

图 7-47

图 7-48

7.4.11　计算给定弧度的正切值

在已知弧度的前提下，使用 TAN 函数，可以正确地计算出该弧度的正切值，下面详细介绍具体操作方法。

素材文件 🎔 第 7 章\素材文件\计算正切值.xlsx

效果文件 🎔 第 7 章\效果文件\计算正切值.xlsx

step 1　① 打开素材文件，选择 B2 单元格；

② 在窗口编辑栏文本框中，输入公式"=TAN(A2)"，并按 Enter 键，如图 7-49 所示。

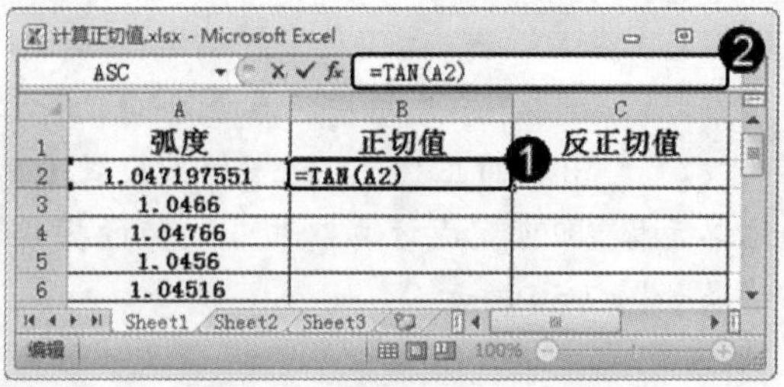

step 2　在 B2 单元格中，系统会自动计算出正切值，向下填充公式至其他单元格，即可完成计算给定弧度的正切值的操作，结果如图 7-50 所示。

图 7-49

图 7-50

第 7 章　数学与三角函数

7.4.12 计算反正切值

在计算完正切值后，利用 ATAN 函数即可计算反正切值，下面详细介绍具体操作方法。

素材文件※ 第 7 章\素材文件\计算正切值.xlsx

效果文件※ 第 7 章\效果文件\计算正切值.xlsx

step 1 ① 打开素材文件，选择 C2 单元格；
② 在窗口编辑栏文本框中，输入公式 "=ROUND(ATAN(B2),3)"，并按 Enter 键，如图 7-51 所示。

step 2 在 C2 单元格中，系统会自动计算出反正切值，向下填充公式至其他单元格，即可完成计算反正切值的操作，结果如图 7-52 所示。

图 7-51

图 7-52

知识精讲

在使用 TAN 函数与 ATAN 函数的时候，需要注意两者的参数必须为数值类型，即数字、文本型数字或者其他逻辑值，如果是纯文本，则会返回错误值 #VALUE!。如果需要用 "度" 表现正切值或者反正切值，需要将计算结果乘以 180/PI()或者使用 DEGREES 函数进行转换。

7.4.13 计算双曲正切值

在已知弧度的情况下，使用 TANH 函数可以计算双曲正切值。下面详细介绍计算双曲正切值的操作方法。

素材文件※ 第 7 章\素材文件\计算双曲正切.xlsx

效果文件※ 第 7 章\效果文件\计算双曲正切.xlsx

step 1 ① 打开素材文件，选择 B2 单元格；
② 在窗口编辑栏文本框中，输入公式 "=TANH(A2)"，并按 Enter 键，如图 7-53 所示。

step 2 在 B2 单元格中，系统会自动计算出双曲正切值，向下填充公式至其他单元格，即可完成计算双曲正切值的操作，结果如图 7-54 所示。

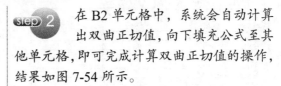

图 7-53

图 7-54

7.4.14 计算反双曲正切值

在计算完双曲正切值后，可以使用 ATANH 函数进行反双曲正切值的计算。下面详细介绍计算反双曲正切值的操作方法。

素材文件 ❄ 第 7 章\素材文件\计算双曲正切.xlsx
效果文件 ❄ 第 7 章\效果文件\计算双曲正切.xlsx

step 1 ① 打开素材文件，选择 C2 单元格；② 在窗口编辑栏文本框中，输入公式"=ATANH(B2)"，并按 Enter 键，如图 7-55 所示。

step 2 在 C2 单元格中，系统会自动计算出反双曲正切值，向下填充公式至其他单元格，即可完成计算反双曲正切值的操作，结果如图 7-56 所示。

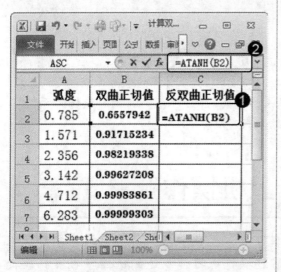

图 7-55

图 7-56

7.4.15　计算给定坐标的反正切值

ATAN2 函数可用于计算给定的 X 与 Y 坐标值的反正切值，下面详细介绍计算具体操作方法。

素材文件❀第 7 章\素材文件\计算给定坐标的反正切值.xlsx
效果文件❀第 7 章\效果文件\计算给定坐标的反正切值.xlsx

 ① 打开素材文件，选择 C2 单元格；
② 在窗口编辑栏文本框中，输入公式"=ATAN2(A2,B2)"，并按 Enter 键，如图 7-57 所示。

step 2　在 C2 单元格中，系统会自动计算出反正切值，向下填充公式至其他单元格，即可完成计算给定坐标的反正切值的操作，结果如图 7-58 所示。

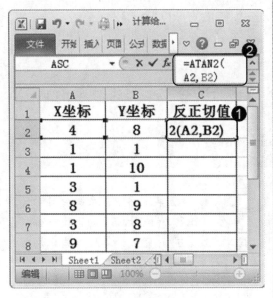

图 7-57　　　　　　　　　　　　　图 7-58

 使用 ATAN2 函数计算反正切值，反正切的角度值等于 X 轴与通过原点和给定坐标点(x_num,y_num)的直线之间的夹角。如果计算结果为正数，表示从 X 轴逆时针旋转的角度；如果计算结果为负数，表示从 X 轴顺时针旋转的角度。其参数 x_num 和 y_num 可以直接输入数字或者单元格引用。

7.5　范例应用与上机操作

通过本章的学习，读者基本可以掌握数学与三角函数的基本知识以及一些常见的操作方法。下面通过操作练习，以达到巩固学习、拓展提高的目的。

7.5.1　使用 SUM 函数与 PRODUCT 函数统计销售额

嵌套使用 SUM 函数与 PRODUCT 函数,可以快速地对销售额进行统计,下面详细介绍具体操作方法。

素材文件◎ 第 7 章\素材文件\机顶盒销售统计.xlsx
效果文件◎ 第 7 章\效果文件\机顶盒销售统计.xlsx

step 1　① 打开素材文件,选择 E2 单元格;
② 在窗口编辑栏文本框中,输入公式"=SUM(PRODUCT(B2,C2),D2)",并按 Enter 键,如图 7-59 所示。

step 2　在 E2 单元格中,系统会自动计算出"小 M 盒子"的销售额,向下填充公式至其他单元格,即可完成统计销售额的操作,结果如图 7-60 所示。

图 7-59

图 7-60

7.5.2　根据直径计算圆的周长

在已知直径的前提下,使用 PI 函数即可快速地计算出圆的周长,下面详细介绍具体操作方法。

素材文件◎ 第 7 章\素材文件\计算圆的周长.xlsx
效果文件◎ 第 7 章\效果文件\计算圆的周长.xlsx

step 1　① 打开素材文件,选择 C3 单元格;
② 在窗口编辑栏文本框中,输入公式"=2*PI()*B3/2",并按 Enter 键,如图 7-61 所示。

step 2　在 C3 单元格中,系统会自动计算出该圆的周长,如图 7-62 所示,这样即可完成根据直径计算圆的周长的操作。

图 7-61

图 7-62

第 7 章　数学与三角函数

7.6 课后练习

7.6.1 思考与练习

一、填空题

1. _____主要是用于数值的计算、舍入以及统计等。
2. 所谓_____，顾名思义，是用来返回弧度、角度、正弦以及余弦等值的函数。

二、判断题

1. 所谓求和函数，是指返回某一单元格区域中数字、逻辑值及数字的文本表达式之和，即求出每个参数之和。 （　　）
2. 使用三角函数可以对所有数据进行正切、反切、正弦以及余弦等计算。 （　　）

三、思考题

1. 写出 SUM 函数的语法结构。
2. 写出 DEGREES 函数的语法结构。

7.6.2 上机操作

1. 打开"一&二季度统计.xlsx"文档文件，计算一&二季度产量总和。效果文件可参考"第 7 章\效果文件\一&二季度统计.xlsx"。
2. 打开"六边形内角和.xlsx"文档文件，计算六边形内角和。效果文件可参考"第 7 章\效果文件\六边形内角和.xlsx"。

第8章

财务函数

本章主要介绍财务函数方面的知识，同时还给出财务函数的应用举例。通过本章的学习，读者可以掌握财务函数方面的知识，为深入学习 Excel 2010 公式、函数、图表与数据分析知识奠定基础。

范 例 导 航

1. 折旧函数
2. 折旧函数应用举例
3. 投资函数
4. 投资函数应用举例
5. 本金与利息函数
6. 本金与利息函数应用举例
7. 报酬率计算函数
8. 报酬率计算函数应用举例

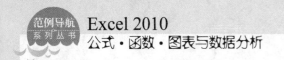

 # 8.1 折旧函数

固定资产折旧是指在固定资产使用寿命内，按照确定的方法对应计折旧额进行系统分摊。本节将详细介绍折旧函数的相关知识。

在日常工作中，以价值为计算依据的常用折旧方法包括直线法、年限总和法和双倍余额递减法等，利用 Excel 提供的折旧函数即可方便地解决此类问题。常见的折旧函数如表 8-1 所示。

表 8-1

函　数	功　能
AMORDEGRC	根据年限，计算每个结算期间的折旧值
AMORLINC	计算每个结算期间的折旧值
DB	使用固定余额递减法，返回一笔资产在给定期间的折旧值
DDB	使用双倍余额递减法，返回一笔资产在给定期间的折旧值
VDB	使用余额递减法，返回一笔资产在给定期间或部分期间内的折旧值
SYD	返回某项固定资产按年限总和折旧法计算的每期折旧金额
SLN	返回固定资产的每期线性折旧费

下面以 DB 函数为例，详细介绍折旧函数的语法结构。DB 函数主要用于使用固定余额递减法计算一笔资产在给定期间的折旧值，其语法结构为：

DB(cost, salvage, life, period, [month])

参数 cost 为必选项，表示资产原值。

参数 salvage 为必选项，表示资产在使用寿命结束时的残值。

参数 life 为必选项，表示折旧期限(有时也作资产的使用寿命)。

参数 period 为必选项，表示计算折旧值的期间，该参数必须与参数 life 的单位相同。

参数 month 为可选项，表示第一年的月份数，省略该参数时，其值默认为 12。

知识精讲

由于中小企业的固定资产种类繁多但又个体价值较小，在涉及折旧核算时较为烦琐。为简化核算过程，企业可以利用 Excel 提供的折旧函数设计出固定资产折旧的计算模板，对提取折旧的固定资产自动计算出数额；还可以在会计和税法折旧方法不同时，快速准确地计算出暂时性差异。

8.2　折旧函数应用举例

Excel 2010 中提供了多个折旧函数，以方便用户使用，本节将介绍一些折旧函数的使用方法。

8.2.1　计算注塑机每个结算期的余额递减折旧值

在给定条件充足的情况下，利用 AMORDEGRC 函数可以准确地计算出每个结算期间的余额递减折旧值，下面详细介绍具体操作方法。

素材文件💿 第 8 章\素材文件\注塑机折旧.xlsx
效果文件💿 第 8 章\效果文件\注塑机折旧.xlsx

step 1　① 打开素材文件，选择 B8 单元格；
② 在窗口编辑栏文本框中，输入公式 "=AMORDEGRC(B2,B3,B4,B5,B6,B7,1)"，并按 Enter 键，如图 8-1 所示。

step 2　在 B8 单元格中，系统会自动计算出注塑机在这个期间的余额递减折旧值，如图 8-2 所示，这样即可完成计算余额递减折旧值的操作。

图 8-1

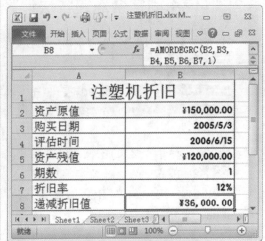

图 8-2

8.2.2　计算切割机每个结算期的折旧值

在给定条件充足的情况下，利用 AMORLINC 函数可以准确地计算出每个结算期间的折旧值，下面详细介绍具体操作方法。

素材文件💿 第 8 章\素材文件\切割机折旧.xlsx
效果文件💿 第 8 章\效果文件\切割机折旧.xlsx

step 1 ① 打开素材文件，选择 B8 单元格；
② 在窗口编辑栏文本框中，输入公式 "=AMORLINC(B2,B3,B4,B5,B6,B7,1)"，并按 Enter 键，如图 8-3 所示。

 step 2 在 B8 单元格中，系统会自动计算出切割机在这个期间的折旧值，如图 8-4 所示，这样即可完成计算折旧值的操作。

图 8-3

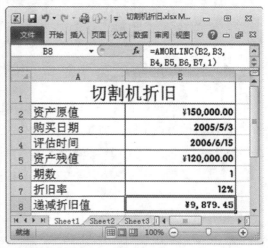

图 8-4

8.2.3 使用固定余额递减法计算显示器折旧值

在给定条件充足的情况下，利用 DB 函数可以使用固定余额递减法准确地计算出显示器每一年的折旧值，下面详细介绍具体操作方法。

 素材文件 第 8 章\素材文件\显示器折旧.xlsx
效果文件 第 8 章\效果文件\显示器折旧.xlsx

step 1 ① 打开素材文件，选择 D2 单元格；
② 在窗口编辑栏文本框中，输入公式 "=DB($B$2,$B$3,$B$4,ROW(B2),$B$5)"，并按 Enter 键，如图 8-5 所示。

step 2 在 D2 单元格中，系统会自动计算出第一年的折旧值，向下填充公式至其他单元格，即可完成使用余额递减法计算显示器折旧值的操作，结果如图 8-6 所示。

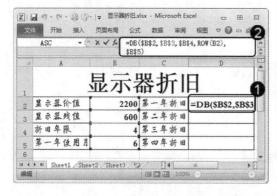

图 8-5

图 8-6

8.2.4　使用双倍余额递减法计算键盘折旧值

在给定条件充足的情况下，利用 DDB 函数可以使用双倍余额递减法准确地计算出键盘每一期间的折旧值，下面详细介绍具体操作方法。

素材文件 ✿ 第 8 章\素材文件\键盘折旧.xlsx
效果文件 ✿ 第 8 章\效果文件\键盘折旧.xlsx

step 1 ① 打开素材文件，选择 D2 单元格；② 在窗口编辑栏文本框中，输入公式 "=DDB($B$2,$B$3,$B$4,ROW(B2))"，并按 Enter 键，如图 8-7 所示。

step 2 在 D2 单元格中，系统会自动计算第一年的折旧值，向下填充公式至其他单元格，即可完成使用双倍余额递减法计算键盘折旧值的操作，结果如图 8-8 所示。

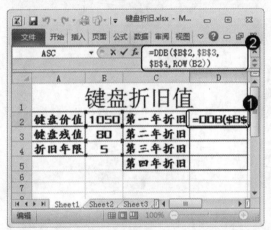

图 8-7

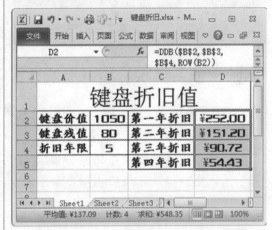

图 8-8

知识精讲　用户在使用 DDB 函数进行双倍余额递减法计算折旧值的时候需要注意，DDB 函数的所有参数数值必须大于 0，否则在单元格内将返回错误值 #NUM!。

8.2.5　使用余额递减法计算房屋折旧值

在给定条件充足的情况下，利用 VDB 函数可以使用余额递减法准确地计算出房屋的折旧值，下面详细介绍具体操作方法。

素材文件 ✿ 第 8 章\素材文件\房屋折旧.xlsx
效果文件 ✿ 第 8 章\效果文件\房屋折旧.xlsx

step 1 ① 打开素材文件，选择 B7 单元格；② 在窗口编辑栏文本框中，输入公式 "=VDB(B2,B3,B4,B5,B6)"，并按 Enter 键，如图 8-9 所示。

step 2 在 B7 单元格中，系统会自动计算房屋的折旧值，如图 8-10 所示，这样即可完成使用余额递减法计算房屋折旧值的操作。

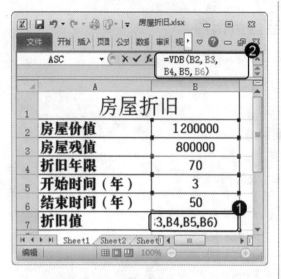

图 8-9

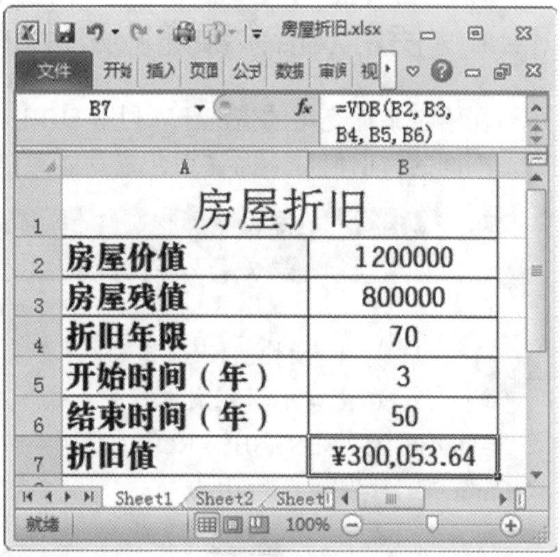

图 8-10

8.2.6 使用年限总和折旧法计算 T 区折旧值

在给定条件充足的情况下，利用 SYD 函数可以使用年限总和折旧法准确地计算出厂区的折旧值，下面详细介绍具体操作方法。

素材文件❀第 8 章\素材文件\厂区折旧.xlsx
效果文件❀第 8 章\效果文件\厂区折旧.xlsx

 ① 打开素材文件，选择 D2 单元格；
② 在窗口编辑栏文本框中，输入公式 "=SYD($B$2,$B$3,$B$4,ROW(B1))"，并按 Enter 键，如图 8-11 所示。

 在 D2 单元格中，系统会自动计算出厂区的折旧值，向下填充公式至其他单元格，即可完成使用年限总和折旧法计算 T 区折旧值的操作，结果如图 8-12 所示。

图 8-11

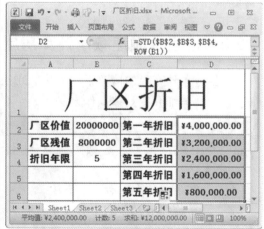

图 8-12

8.2.7　计算商铺在一个期间内的线性折旧值

在给定条件充足的情况下，利用 SLN 函数可以准确地计算出商铺的线性折旧值，下面详细介绍具体操作方法。

素材文件❀ 第 8 章\素材文件\商铺折旧.xlsx

效果文件❀ 第 8 章\效果文件\商铺折旧.xlsx

step 1 ① 打开素材文件，选择 B5 单元格；
② 在窗口编辑栏文本框中，输入公式 "=SLN(B2, B3, B4)"，并按 Enter 键，如图 8-13 所示。

step 2 在 B5 单元格中，系统会自动计算出商铺的线性折旧值，如图 8-14 所示，这样即可完成计算商铺线性折旧值的操作。

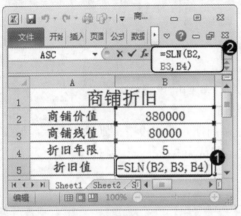

图 8-13

图 8-14

8.3　投资函数

最常见的投资评价方法包括净现值法、回收期法和内含报酬率法等。本节将详细介绍投资函数的相关知识。

在进行投资评价之前，经常需要计算一笔投资在复利条件下的现值、终值，或者是等额支付情况下的年金现值、终值。这些复杂的计算，通过 Excel 提供的投资函数即可轻松完成。Excel 中常用的投资函数如表 8-2 所示。

表 8-2

函　数	功　能
FV	计算一笔投资的未来值

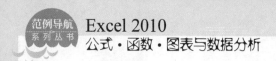

函　数	功　能
FVSCHEDULE	返回应用一系列复利率计算的初始本金的未来值
NPER	返回投资的期数
PV	返回投资的现值
NPV	返回基于一系列定期的现金流和贴现率计算的投资的净现值
XNPV	返回一组现金流的净现值，这些现金流不一定定期发生

下面以 FV 函数为例，详细介绍投资函数的语法结构。FV 函数主要用于计算在固定利率及等额分期付款方式下的某项投资的未来值，其语法结构为：

FV(rate, nper, pmt, [pv], [type])

参数 rate 为必选项，表示投资期间的固定利率。

参数 nper 为必选项，表示投资期的总数。

参数 pmt 为必选项，表示在整个投资期间，每个周期的投资额。

参数 pv 为可选项，表示初始投资额，默认为 0。

参数 type 为可选项，表示投资类型。如果在每周期的期初投资，则以 1 表示；如果在每周期的期末投资，则以 0 表示。省略该参数时，默认为 0。

8.4　投资函数应用举例

Excel 2010 中提供了多个投资函数，以方便用户使用，本节将介绍一些投资函数的使用方法。

8.4.1　计算零存整取的未来值

在给定条件充足的情况下，利用 FV 函数可以快速、方便地计算出零存整取的未来值，下面详细介绍具体操作方法。

 素材文件※ 第 8 章\素材文件\零存整取未来值.xlsx
 效果文件※ 第 8 章\效果文件\零存整取未来值.xlsx

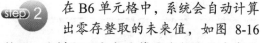

step 1 ① 打开素材文件，选择 B6 单元格；
② 在窗口编辑栏文本框中，输入公式 "=FV(B4/12, B3, −B5, −B2)"，并按 Enter 键，如图 8-15 所示。

step 2 在 B6 单元格中，系统会自动计算出零存整取的未来值，如图 8-16 所示，这样即可完成计算零存整取的未来值的操作。

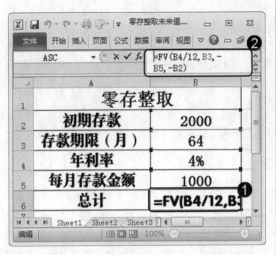

图 8-15

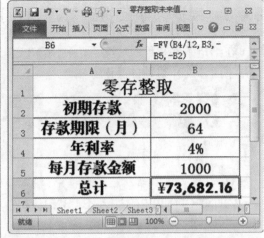

图 8-16

8.4.2 计算浮动利率存款的未来值

在给定条件充足的情况下，利用 FVSCHEDULE 函数可以快速、方便地计算出浮动利率存款的未来值，下面详细介绍具体操作方法。

素材文件 ❀ 第 8 章\素材文件\浮动利率存款未来值.xlsx

效果文件 ❀ 第 8 章\效果文件\浮动利率存款未来值.xlsx

step 1　① 打开素材文件，选择 D2 单元格；
② 在窗口编辑栏文本框中，输入公式 "=FVSCHEDULE(C2,(B2:B13)/12)"，并按 Ctrl+Shift+Enter 组合键，如图 8-17 所示。

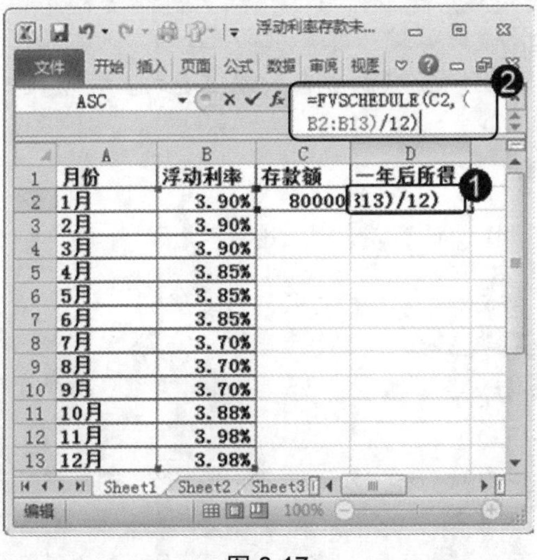

step 2　在 D2 单元格中，系统会自动计算出浮动利率存款的未来值，如图 8-18 所示，这样即可完成计算浮动利率存款的未来值的操作。

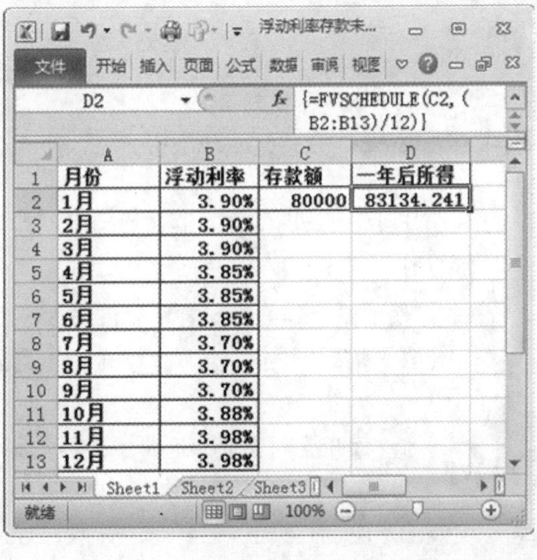

图 8-17

图 8-18

8.4.3 根据预期回报计算理财投资期数

在给定条件充足的情况下，利用 NPER 函数可以快速地根据预期回报计算理财投资期数，下面详细介绍具体操作方法。

素材文件 第 8 章\素材文件\计算理财投资期数.xlsx

效果文件 第 8 章\效果文件\计算理财投资期数.xlsx

 step 1　① 打开素材文件，选择 B5 单元格；
② 在窗口编辑栏文本框中，输入公式"=ROUNDCP(NPER(B3/12,−B4,B2,B1),0)"，并按 Enter 键，如图 8-19 所示。

step 2　在 B5 单元格中，系统会自动计算出理财投资需要的期数，如图 8-20 所示，这样即可完成根据预期回报计算理财投资期数的操作。

图 8-19

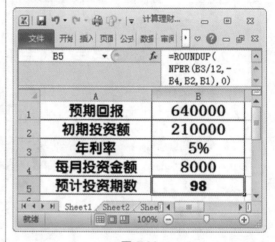

图 8-20

 知识精讲　使用 NPER 函数，需要将年利率转换为以"月"为单位，所以在公式中需要除以 12；每月的投资金额为资金流出，所以需要将负号放置在前；为了获得整数的投资期数，所以需要配合 ROUNDUP 函数向上舍入最接近的整数期数。

8.4.4 计算贷款买车的贷款额

在给定条件充足的情况下，利用 PV 函数可以快速计算贷款买车的贷款额，下面详细介绍具体操作方法。

素材文件 第 8 章\素材文件\计算买车贷款额.xlsx

效果文件 第 8 章\效果文件\计算买车贷款额.xlsx

 step 1　① 打开素材文件，选择 B5 单元格；
② 在窗口编辑栏文本框中，输入公式"=PV(B3/12, B2*12, −B4)"，并按 Enter 键，如图 8-21 所示。

step 2　在 B5 单元格中，系统会自动计算出贷款买车的贷款额，如图 8-22 所示，这样即可完成计算贷款买车的贷款额的操作。

图 8-21

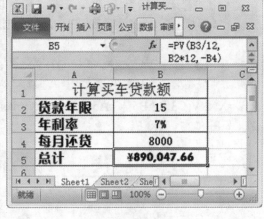

图 8-22

8.4.5　计算投资中的净现值

在给定条件充足的情况下，利用 NPV 函数可以快速计算投资中的净现值，下面详细介绍具体操作方法。

素材文件※ 第 8 章\素材文件\计算净现值.xlsx

效果文件※ 第 8 章\效果文件\计算净现值.xlsx

 step 1
① 打开素材文件，选择 D3 单元格；
② 在窗口编辑栏文本框中，输入公式"=NPV(C3,A2,-B3,A4,-B5)"，并按 Enter 键，如图 8-23 所示。

step 2
在 D3 单元格中，系统会自动计算出投资中的净现值，如图 8-24 所示，这样即可完成计算投资中的净现值的操作。

图 8-23

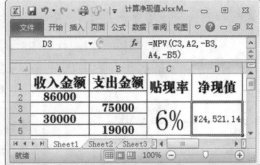

图 8-24

8.4.6　计算未必定发生的投资的净现值

在给定条件充足的情况下，利用 XNPV 函数可以快速计算未必定发生的投资的净现值，下面详细介绍具体操作方法。

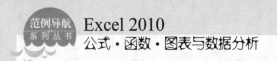

step 1 ① 打开素材文件,选择 D3 单元格;② 在窗口编辑栏文本框中,输入公式"=XNPV(C3,B2:B5,A2:A5)",并按 Enter 键,如图 8-25 所示。

step 2 在 D3 单元格中,系统会自动计算出未必定发生的投资的净现值,如图 8-26 所示,这样即可完成计算未必定发生的投资的净现值的操作。

图 8-25

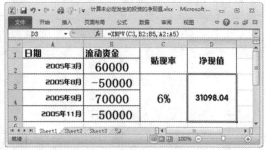

图 8-26

8.5 本金与利息函数

所谓本金与利息函数是指,以利息等于本金乘以利率乘以时间为基础的计算公式。本节将详细介绍本金与利息的相关知识。

常见的本金与利息函数

本金与利息函数主要是用来计算本金、利息以及利率的公式,通过这些函数即可轻松地计算出所需要的本金、利息或者利率,如表 8-3 所示。

表 8-3

函　　数	功　　能
PMT	返回年金的定期支付金额
IPMT	返回一笔投资在给定期间内支付的利息
PPMT	返回一笔投资在给定期间内偿还的本金
ISPMT	计算特定投资期内要支付的利息
CUMIPMT	返回两个付款期之间累积支付的利息

函　数	功　能
CUMPRINC	返回两个付款期之间为贷款累积支付的本金
EFFECT	返回年有效利息
NOMINAL	返回年度的名义利率
RATE	返回年金的各期利率

　　下面以 PMT 函数为例，详细介绍本金与利息函数的语法结构。PMT 函数主要用于计算基于固定利率等额分期付款方式下贷款的每期付款额，其语法结构为：

　　PMT(rate, nper, pv, fv, [type])

　　参数 rate 为必选项，表示贷款期间的固定利率。

　　参数 nper 为必选项，表示付款期的总数。

　　参数 pv 为必选项，表示现值，即贷款的本金。

　　参数 fv 为可选项，表示贷款的未来值，省略该参数时其值默认为"0"。

　　参数 type 为可选项，表示付款类型。如果在每周期的期初还贷则以"1"表示；如果在每周期的期末还贷款则以"0"表示，省略该参数时其值默认为"0"。

知识精讲

　　　　在使用 PMT 函数的时候，需要注意的是，必须确保参数 rate 和 nper 的单位相同。例如，3 年期年利率 12%，如果按月计算，参数 rate 需要除以 12，参数 nper 需要乘以 12。

8.6　本金与利息函数应用举例

　　Excel 2010 中提供了多个本金与利息函数，以方便用户使用，本节将介绍一些本金与利息函数的使用方法。

8.6.1　计算贷款的每月分期付款额

　　在给定条件充足的情况下，利用 PMT 函数可以快速、方便地计算贷款的分期付款额，下面详细介绍具体操作方法。

素材文件❀ 第 8 章\素材文件\计算每月分期付款额.xlsx
效果文件❀ 第 8 章\效果文件\计算每月分期付款额.xlsx

 ① 打开素材文件，选择 B5 单元格；
② 在编辑栏文本框中，输入公式"=PMT(B4/12,B3*12,B2)"，并按 Enter 键，如图 8-27 所示。

 在 B5 单元格中，系统会自动计算出每个月的分期付款额，如图 8-28 所示，这样即可完成计算贷款的每月分期付款额的操作。

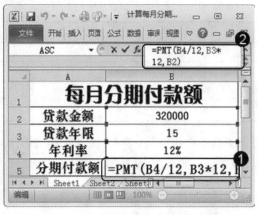

图 8-27

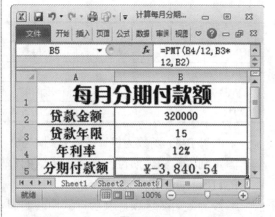

图 8-28

8.6.2　计算贷款在给定期间内的支付利息

在给定条件充足的情况下，利用 IPMT 函数可以快速、方便地计算贷款在给定期间内的支付利息，下面详细介绍具体操作方法。

素材文件 ✿ 第 8 章\素材文件\计算给定期间内的支付利息.xlsx
效果文件 ✿ 第 8 章\效果文件\计算给定期间内的支付利息.xlsx

 ① 打开素材文件，选择 B5 单元格；
② 在编辑栏文本框中，输入公式
"=IPMT(B4/12,1,B3*12,B2)"，并按 Enter
键，如图 8-29 所示。

step 2　在 B5 单元格中，系统会自动计算出在给定期间内的支付利息，如图 8-30 所示，这样即可完成计算贷款在给定期间内的支付利息的操作。

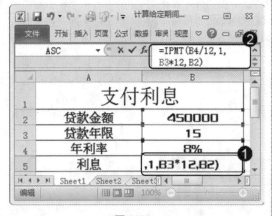

图 8-29

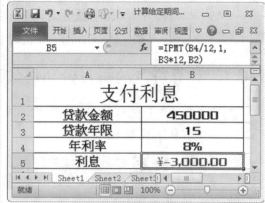

图 8-30

8.6.3　计算贷款在给定期间内偿还的本金

在给定条件充足的情况下，利用 PPMT 函数可以快速、方便地计算贷款在给定期间内偿还的本金，下面详细介绍具体操作方法。

step 1　① 打开素材文件，选择 B5 单元格；② 在窗口编辑栏文本框中，输入公式"=PPMT(B4/12,1,B3*12,B2)"，并按 Enter 键，如图 8-31 所示。

step 2　在 B5 单元格中，系统会自动计算出在给定期间内偿还的本金，如图 8-32 所示，这样即可完成计算给定期间内偿还的本金的操作。

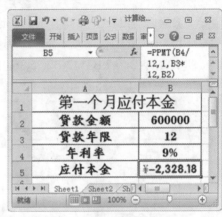

图 8-31　　　　　　　　　　　　图 8-32

8.6.4　计算特定投资期内支付的利息

在给定条件充足的情况下，利用 ISPMT 函数可以快速、方便地计算特定投资期内支付的利息，下面详细介绍具体操作方法。

 step 1　① 打开素材文件，选择 B6 单元格；② 在窗口编辑栏文本框中，输入公式"=ISPMT(B4/12,B5,B3*12,B2)"，并按 Enter 键，如图 8-33 所示。

step 2　在 B6 单元格中，系统会自动计算出特定投资期内支付的利息，如图 8-34 所示，这样即可完成计算特定投资期内支付的利息的操作。

图 8-33　　　　　　　　　　　　图 8-34

第 8 章　财务函数

8.6.5　计算两个付款期之间累计支付的利息

在给定条件充足的情况下，利用 CUMIPMT 函数可以快速、方便地计算两个付款期之间累计支付的利息，下面详细介绍具体操作方法。

> **素材文件** 第 8 章\素材文件\计算两个付款期之间累计支付的利息.xlsx
> **效果文件** 第 8 章\效果文件\计算两个付款期之间累计支付的利息.xlsx

 step 1 ① 打开素材文件，选择 B5 单元格；
② 在窗口编辑栏文本框中，输入公式 "=CUMIPMT(B4/12,B3*12,B2,25,36,0)"，并按 Enter 键，如图 8-35 所示。

step 2 在 B5 单元格中，系统会自动计算出第三年支付的利息，如图 8-36 所示，这样即可完成计算两个付款期之间累计支付的利息的操作。

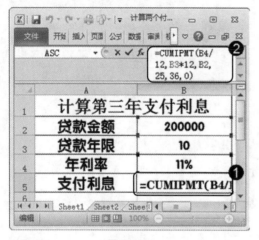

图 8-35

图 8-36

 知识精讲　在使用 CUMIPMT 函数进行计算的时候，需要注意的是，CUMIPMT 函数的所有参数都是必选参数，如果忽略 type 参数，CUMIPMT 函数将返回错误值 #NUM!。

8.6.6　计算两个付款期之间累计支付的本金

在给定条件充足的情况下，利用 CUMPRINC 函数可以快速、方便地计算两个付款期之间累计支付的本金，下面详细介绍具体操作方法。

> **素材文件** 第 8 章\素材文件\计算两个付款期之间累计支付的本金.xlsx
> **效果文件** 第 8 章\效果文件\计算两个付款期之间累计支付的本金.xlsx

 step 1 ① 打开素材文件，选择 B5 单元格；
② 在窗口编辑栏文本框中，输入公式 "=CUMPRINC(B4/12,B3*12,B2,25,36,0)"，并按 Enter 键，如图 8-37 所示。

step 2 在 B5 单元格中，系统会自动计算出第三年支付的本金，如图 8-38 所示，这样即可完成计算两个付款期之间累计支付的本金的操作。

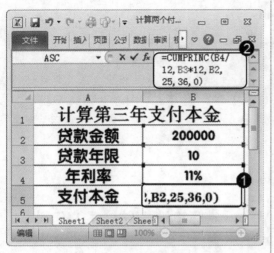

图 8-37

图 8-38

8.6.7　将名义年利率转换为实际年利率

在给定条件充足的情况下，利用 EFFECT 函数可以快速地将名义年利率转换为实际年利率，下面详细介绍具体操作方法。

素材文件※第 8 章\素材文件\名义年利率转换为实际年利率.xlsx
效果文件※第 8 章\效果文件\名义年利率转换为实际年利率.xlsx

 step 1 ① 打开素材文件，选择 B4 单元格；
② 在窗口编辑栏文本框中，输入公式"=EFFECT(B2,B3)"，并按 Enter 键，如图 8-39 所示。

step 2 在 B4 单元格中，系统会自动将名义年利率转换为实际年利率，如图 8-40 所示，这样即可完成将名义年利率转换为实际年利率的操作。

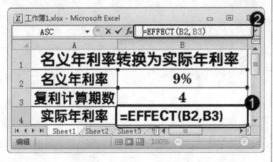

图 8-39

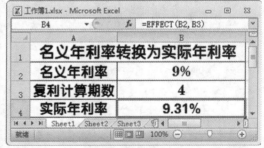

图 8-40

8.6.8　将实际年利率转换为名义年利率

在给定条件充足的情况下，利用 NOMINAL 函数可以快速地将实际年利率转换为名义年利率，下面详细介绍具体操作方法。

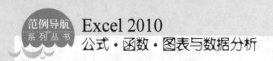

素材文件 第8章\素材文件\实际年利率转换为名义年利率.xlsx
效果文件 第8章\效果文件\实际年利率转换为名义年利率.xlsx

step 1 ① 打开素材文件，选择 B4 单元格；
② 在窗口编辑栏文本框中，输入公式"=NOMINAL(B2,B3)"，并按 Enter 键，如图 8-41 所示。

step 2 在 B4 单元格中，系统会自动将实际年利率转换为名义年利率，如图 8-42 所示，这样即可完成将实际年利率转换为名义年利率的操作。

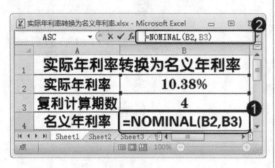

图 8-41

图 8-42

8.6.9 计算贷款年利率

在给定条件充足的情况下，利用 RATE 函数可以快速地计算贷款年利率，下面详细介绍具体操作方法。

素材文件 第8章\素材文件\计算贷款年利率.xlsx
效果文件 第8章\效果文件\计算贷款年利率.xlsx

step 1 ① 打开素材文件，选择 B5 单元格；
② 在窗口编辑栏文本框中，输入公式"=RATE(B3*12,-B4,B2)*12"，并按 Enter 键，如图 8-43 所示。

step 2 在 B5 单元格中，系统会自动计算出贷款年利率，如图 8-44 所示，这样即可完成计算贷款年利率的操作。

图 8-43

图 8-44

在使用 EFFECT 函数、NOMINAL 函数以及 RATE 函数计算利率的时候，在单元格内如果返回的值是小数形式，用户可以手动将该单元格格式设置为"百分比"，这样即可在单元格内以百分比的形式显示结果。

8.7　报酬率计算函数

在计算报酬率时，一般计算方法非常复杂且工作效率低。利用报酬率计算函数可以轻松快捷地计算报酬率，本节将详细介绍报酬率计算函数的相关知识。

常见的报酬率计算函数

报酬率计算函数又称收益率计算函数，主要用于计算证券或者现金流的收益。常见的报酬率计算函数如表 8-4 所示。

表 8-4

函　数	功　能
XIRR	返回一组现金流的内部收益率，这些现金流不一定定期发生
IRR	返回一系列现金流的内部收益率
MIRR	返回正和负现金流以不同利率进行计算的内部收益率

下面以 IRR 函数为例，详细介绍报酬率计算函数的语法结构。IRR 函数主要用于计算由数值代表的一组现金流的内部收益率，内部收益率为投资的回收利率，其中包括定期支付(负值)和定期收入(正值)，其语法结构为：

IRR(values, [guess])

参数 values 为必选项，表示投资期间的现金流。IRR 函数使用该参数的顺序来解释现金流的顺序，所以必须保证支出和收入的数额以正确的顺序输入。

参数 guess 为可选项，表示初步估计的内部收益率，其默认值为 0.1。

8.8　报酬率计算函数应用举例

Excel 2010 中提供了三个报酬率计算函数，以方便用户使用，本节将介绍一些报酬率计算函数的使用方法。

8.8.1 计算一系列现金流的内部收益率

在给定条件充足的情况下，利用 IRR 函数可以快速地计算一系列现金流的内部收益率，下面详细介绍具体操作方法。

素材文件 第 8 章\素材文件\计算一系列现金流的内部收益率.xlsx

效果文件 第 8 章\效果文件\计算一系列现金流的内部收益率.xlsx

 step 1 ① 打开素材文件，选择 B6 单元格；
② 在窗口编辑栏文本框中，输入公式"=TEXT(IRR(B2:B5),"0.00%")"，并按 Enter 键，如图 8-45 所示。

step 2 在 B6 单元格中，系统会自动计算出一系列现金流的内部收益率，如图 8-46 所示，这样即可完成计算一系列现金流的内部收益率的操作。

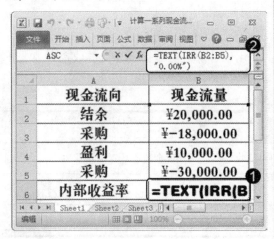

图 8-45

图 8-46

 在使用 IRR 函数计算内部收益率的时候，必须将返回结果的单元格设置为"百分比"格式，所以，也可以在公式外套 TEXT 函数来将返回结果的单元格强制设置为"百分比"格式。

8.8.2 计算不同利率下的内部收益率

在给定条件充足的情况下，利用 MIRR 函数可以快速地计算不同利率下的内部收益率，下面详细介绍具体操作方法。

素材文件 第 8 章\素材文件\计算不同利率下的内部收益率.xlsx

效果文件 第 8 章\效果文件\计算不同利率下的内部收益率.xlsx

 step 1 ① 打开素材文件，选择 B9 单元格；
② 在窗口编辑栏文本框中，输入公式"=MIRR(B2:B6,B7,B8)"，并按 Enter 键，如图 8-47 所示。

step 2 在 B9 单元格中，系统会自动计算出不同利率下的内部收益率，如图 8-48 所示，这样即可完成计算不同利率下的内部收益率的操作。

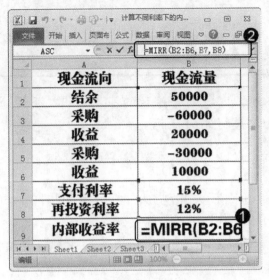

=MIRR(B2:B6,B7,B8)

	A	B
1	现金流向	现金流量
2	结余	50000
3	采购	-60000
4	收益	20000
5	采购	-30000
6	收益	10000
7	支付利率	15%
8	再投资利率	12%
9	内部收益率	=MIRR(B2:B6

图 8-47

=MIRR(B2:B6,B7,B8)

	A	B
1	现金流向	现金流量
2	结余	50000
3	采购	-60000
4	收益	20000
5	采购	-30000
6	收益	10000
7	支付利率	15%
8	再投资利率	12%
9	内部收益率	12%

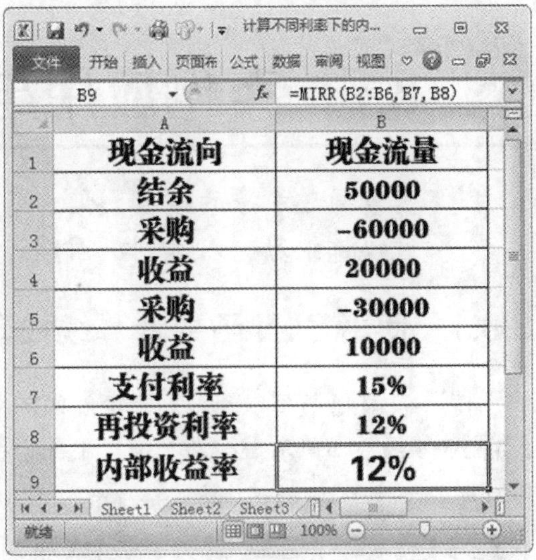

图 8-48

8.8.3 计算未必定期发生现金流的内部收益率

在给定条件充足的情况下，利用 XIRR 函数可以快速地计算未必定期发生现金流的内部收益率，下面详细介绍具体操作方法。

素材文件 第 8 章\素材文件\计算未必定期发生现金流的内部收益率.xlsx
效果文件 第 8 章\效果文件\计算未必定期发生现金流的内部收益率.xlsx

step 1 ① 打开素材文件，选择 B7 单元格；② 在窗口编辑栏文本框中，输入公式"=XIRR(B2:B6,A2:A6)"，并按 Enter 键，如图 8-49 所示。

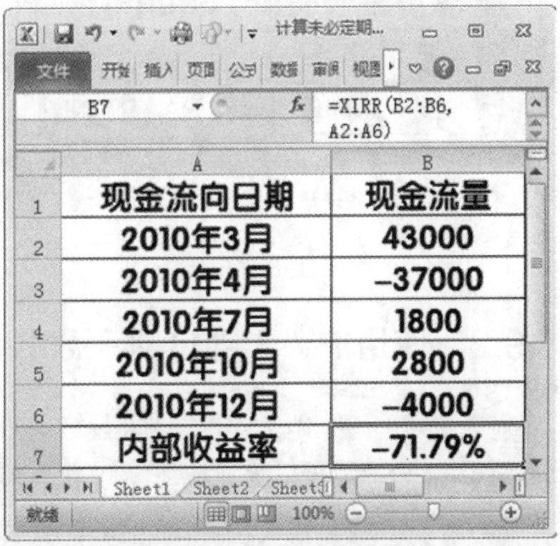

step 2 在 B7 单元格中，系统会自动计算出未必定期发生现金流的内部收益率，如图 8-50 所示，这样即可完成计算未必定期发生现金流的内部收益率的操作。

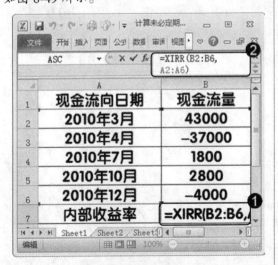

=XIRR(B2:B6,A2:A6)

	A	B
1	现金流向日期	现金流量
2	2010年3月	43000
3	2010年4月	-37000
4	2010年7月	1800
5	2010年10月	2800
6	2010年12月	-4000
7	内部收益率	=XIRR(B2:B6,

图 8-49

=XIRR(B2:B6,A2:A6)

	A	B
1	现金流向日期	现金流量
2	2010年3月	43000
3	2010年4月	-37000
4	2010年7月	1800
5	2010年10月	2800
6	2010年12月	-4000
7	内部收益率	-71.79%

图 8-50

8.9 范例应用与上机操作

通过本章的学习，读者基本可以掌握财务函数的基本知识。下面通过操作练习，以达到巩固学习、拓展提高的目的。

8.9.1 使用 SLN 函数计算线性升值

使用 SLN 函数可以计算一个期间内的线性折旧值，当出现负数的时候为线性升值，再配合 ABS 函数即可求得线性升值，下面详细介绍具体操作方法。

素材文件※ 第 8 章\素材文件\文玩核桃升值.xlsx
效果文件※ 第 8 章\效果文件\文玩核桃升值.xlsx

step 1　① 打开素材文件，选择 B5 单元格；② 在窗口编辑栏文本框中，输入公式"=ABS(SLN(B2,B3,B4))"，并按 Enter 键，如图 8-51 所示。

step 2　在 B5 单元格中，系统会自动计算出线性升值的结果，如图 8-52 所示，这样即可完成使用 SLN 函数计算线性升值的操作。

图 8-51

图 8-52

8.9.2 使用 PV 函数计算一次性存款额

假设同事需要出国 3 年，请人代缴房租，每年租金 12000 元，以银行存款利率 5%为前提，使用 PV 函数可以快速地计算同事一次性需要的存款额，下面详细介绍具体操作方法。

素材文件※ 第 8 章\素材文件\代缴房租.xlsx
效果文件※ 第 8 章\效果文件\代缴房租.xlsx

step 1 ① 打开素材文件，选择 B5 单元格；
② 在窗口编辑栏文本框中，输入公式"=PV(B3,B4,-B2,,)"，并按 Enter 键，如图 8-53 所示。

step 2 在 B5 单元格中，系统会自动计算出一次性存款额，如图 8-54 所示，这样即可完成使用 PV 函数计算一次性存款额的操作。

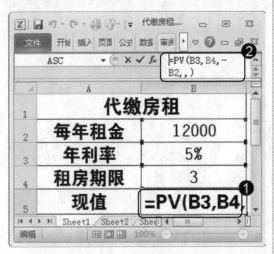

图 8-53

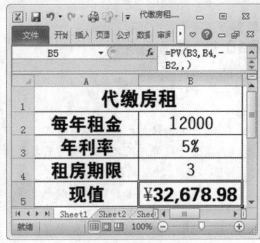

图 8-54

8.9.3 使用 XIRR 函数计算设备不定期现金流收益率

通过使用 XIRR 函数，在条件给足的情况下，可以计算出投资设备不定期现金流的内部收益率，下面详细介绍具体操作方法。

素材文件 第 8 章\素材文件\计算设备不定期现金流收益率.xlsx
效果文件 第 8 章\效果文件\计算设备不定期现金流收益率.xlsx

step 1 ① 打开素材文件，选择 C9 单元格；
② 在窗口编辑栏文本框中，输入公式"=XIRR(C2:C8,B2:B8)"，并按 Enter 键，如图 8-55 所示。

step 2 在 C9 单元格中，系统会自动计算出设备不定期现金流的内部收益率，如图 8-56 所示，这样即可完成使用 XIRR 函数计算设备不定期现金流收益率的操作。

图 8-55

图 8-56

8.10   课后练习

8.10.1   思考与练习

一、填空题

1. 以价值为计算依据的常用折旧方法包括_____、年限总和法和_____等。

2. 在进行投资评价之前，经常需要计算一笔投资在复利条件下的_____、终值，或者是等额支付情况下的年金现值、_____。

3. 所谓_____函数是指，以利息等于本金乘以利率乘以时间为基础的计算公式。

4. 报酬率计算函数又称_____函数，主要用于计算证券或者现金流的收益。

二、判断题

1. 最常见的投资评价方法包括净现值法、回收期法和内含报酬率法等。   （   ）

2. 本金与利息函数主要是用来计算报酬率的公式。   （   ）

三、思考题

1. 写出 DB 函数的语法结构。

2. 写出 IRR 函数的语法结构。

8.10.2   上机操作

1.   打开"电视折旧.xlsx"文档文件，计算递减折旧值。效果文件可参考"第8章\效果文件\电视折旧.xlsx"。

2.   打开"计算贷款月利率.xlsx"文档文件，计算贷款月利率。效果文件可参考"第8章\效果文件\计算贷款月利率.xlsx"。

第 **9** 章

统计函数

本章主要介绍常规统计函数和数理统计函数方面的知识与技巧，同时还给出常规统计函数和数理统计函数的应用举例。通过本章的学习，读者可以掌握统计函数方面的知识，为深入学习 Excel 2010 公式、函数、图表与数据分析知识奠定基础。

范 例 导 航

1. 常规统计函数
2. 常规统计函数应用举例
3. 数理统计函数
4. 数理统计函数应用举例

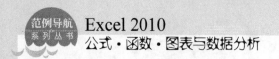

9.1 常规统计函数

所谓常规统计函数，是指在日常工作中返回最大值、最小值以及平均值等的公式。本节将详细介绍常规统计函数的相关知识。

常规统计函数主要是用来统计一组数字的最大值、最小值或者平均值的公式。常见的常规统计函数如表 9-1 所示。

表 9-1

函　数	功　能
COUNT	计算参数中包含数字的个数
COUNTA	计算参数中包含非空值的个数
COUNTIF	计算满足给定条件的单元格个数
COUNTIFS	计算满足多个给定条件的单元格个数
AVERAGE	计算参数的平均值
AVERAGEIF	计算满足给定条件的所有单元格的平均值
AVERAGEIFS	计算满足多个给定条件的所有单元格的平均值
MEDINA	返回中值
MAX	返回一组数字中的最大值
MAXA	返回一组非空值中的最大值
MIN	返回一组数字中的最小值
MINA	返回一组非空值中的最小值
LARGE	返回数据集中第 K 个最大值
SMALL	返回数据集中第 K 个最小值
RANK.AVG	返回一个数字在一组数字中的排位

下面以 AVERAGE 函数为例，详细介绍常规统计函数的语法结构。AVERAGE 函数主要用于计算参数的平均值，其语法结构为：

AVERAGE (number1,[number2],…)

参数 number1 为必选项，表示要计算平均值的第一个数字，可以是直接输入的数字、单元格引用或数组。

参数 number2 为可选项，表示要计算平均值的第 2～255 个数字，同样可以是直接输入的数字、单元格引用或数组。

9.2 常规统计函数应用举例

　　Excel 2010 中提供了多个常规统计函数供用户使用，本节将介绍一些常规统计函数的使用方法。

9.2.1 统计参加植树节的人数

　　使用 COUNT 函数，可以快速地对参加人数进行统计，因为 COUNT 函数只统计数字，所以需要有相应的数字数据作为依据，下面详细介绍具体操作方法。

> 素材文件 ❀ 第 9 章\素材文件\统计参加植树节人数.xlsx
> 效果文件 ❀ 第 9 章\效果文件\统计参加植树节人数.xlsx

 Step 1 ① 打开素材文件，选择 C6 单元格；② 在窗口编辑栏文本框中，输入公式"=COUNT(B3:B10)"，并按 Enter 键，如图 9-1 所示。

Step 2 在 C6 单元格中，系统会自动统计出参加植树节的人数，如图 9-2 所示，这样即可完成统计参加植树节的人数的操作。

图 9-1

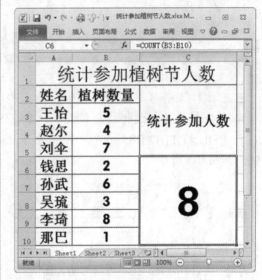

图 9-2

9.2.2 统计请假人数

　　COUNTA 函数主要用于统计非空值的个数，所以使用 COUNTA 函数可以方便地统计一个时间段内请假的人数，下面详细介绍具体操作方法。

> 素材文件 ❀ 第 9 章\素材文件\统计请假人数.xlsx
> 效果文件 ❀ 第 9 章\效果文件\统计请假人数.xlsx

step 1　① 打开素材文件, 选择 G5 单元格;
② 在窗口编辑栏文本框中, 输入公式 "=COUNTA(B2:F8)", 并按 Enter 键, 如图 9-3 所示。

step 2　在 G5 单元格中, 系统会自动统计出非空值的单元格个数, 即请假的人数, 如图 9-4 所示, 这样即可完成统计请假人数的操作。

图 9-3

图 9-4

9.2.3　统计数学不及格的学生人数

COUNTIF 函数用于计算满足给定条件的单元格个数, 使用 COUNTIF 函数可以准确地统计出不及格学生的人数, 下面详细介绍具体操作方法。

 素材文件 第 9 章\素材文件\数学成绩.xlsx
 效果文件 第 9 章\效果文件\数学成绩.xlsx

step 1　① 打开素材文件, 选择 C5 单元格;
② 在窗口编辑栏文本框中, 输入公式 "=COUNTIF(B2:B8,"<60")", 并按 Enter 键, 如图 9-5 所示。

step 2　在 C5 单元格中, 系统会自动统计出数学不及格的学生人数, 如图 9-6 所示, 这样即可完成统计数学不及格的学生人数的操作。

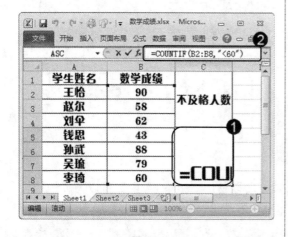

图 9-5

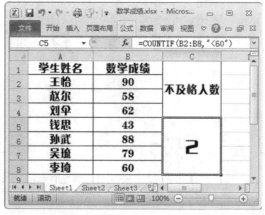

图 9-6

9.2.4 统计 A 班语文成绩优秀的学生人数

规定成绩 85 分以上即为"优秀",使用 COUNTIFS 函数,可以快速地将 A 班成绩优秀的学生人数统计出来,下面详细介绍具体操作方法。

素材文件 ❀ 第 9 章\素材文件\语文成绩.xlsx

效果文件 ❀ 第 9 章\效果文件\语文成绩.xlsx

 ① 打开素材文件,选择 D6 单元格;
② 在窗口编辑栏文本框中,输入公式"=COUNTIFS(B2:B8,">85",C2:C8,"A 班")",并按 Enter 键,如图 9-7 所示。

step 2 在 D6 单元格中,系统会自动统计出 A 班语文成绩优秀的学生人数,如图 9-8 所示,这样即可完成统计 A 班语文成绩优秀的学生人数的操作。

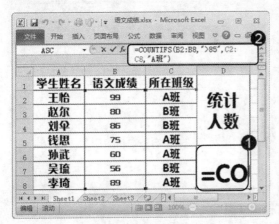

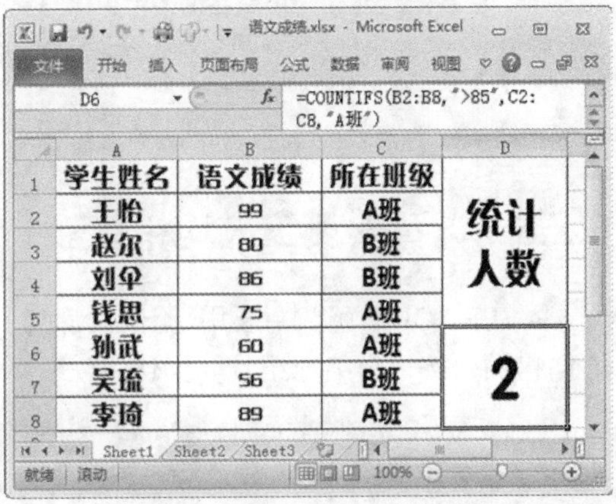

图 9-7

图 9-8

在使用 COUNTIFS 函数时需要注意,criteria 参数中包含比较运算符的时候,运算符必须使用双引号括起来,否则公式会出错;在 criteria 参数中也可以使用通配符,用于匹配查找。

9.2.5 计算人均销售额

使用 AVERAGE 函数可以快速计算出销售额的平均值,下面详细介绍计算人均销售额的操作方法。

素材文件 ❀ 第 9 章\素材文件\人均销售额.xlsx

效果文件 ❀ 第 9 章\效果文件\人均销售额.xlsx

 ① 打开素材文件,选择 B9 单元格;
② 在窗口编辑栏文本框中,输入公式"=AVERAGE(B2:B8)",并按 Enter 键,如图 9-9 所示。

step 2 在 B9 单元格中,系统会自动计算出人均销售额,如图 9-10 所示,这样即可完成计算人均销售额的操作。

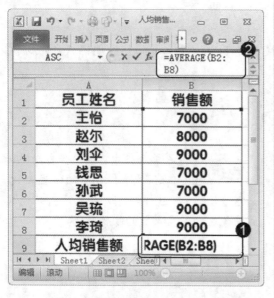

图 9-9

图 9-10

9.2.6　计算女员工人均销售额

AVERAGEIF 函数主要用于计算满足给定条件的单元格的平均值,下面以计算女员工平均销售额为例,详细介绍具体操作方法。

素材文件💠 第 9 章\素材文件\女员工平均销售额.xlsx

效果文件💠 第 9 章\效果文件\女员工平均销售额.xlsx

 step 1　① 打开素材文件,选择 C9 单元格;② 在窗口编辑栏文本框中,输入公式 "=AVERAGEIF(B2:B8,"女",C2:C8)",并按 Enter 键,如图 9-11 所示。

step 2　在 C9 单元格中,系统会自动计算出女员工人均销售额,如图 9-12 所示,这样即可完成计算女员工人均销售额的操作。

图 9-11

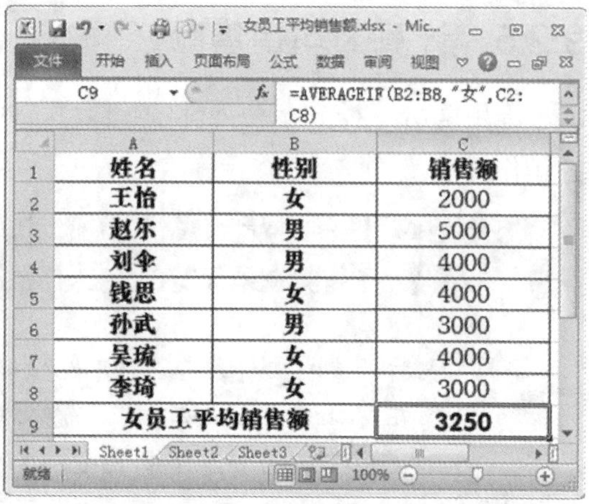

图 9-12

9.2.7　计算女员工销售额大于 6000 的人均销售额

AVERAGEIFS 函数主要用于计算满足多个给定条件的所有单元格的平均值，用户使用 AVERAGEIFS 函数可以方便地计算出女员工销售额大于 6000 的人均销售额，下面详细介绍具体操作方法。

素材文件❀第 9 章\素材文件\女员工销售额大于 6000 的人均销售额.xlsx
DVD 效果文件❀第 9 章\效果文件\女员工销售额大于 6000 的人均销售额.xlsx

 ① 打开素材文件，选择 C10 单元格；② 在窗口编辑栏文本框中，输入公式"=AVERAGEIFS(C2:C9,B2:B9,"女",C2:C9,">6000")"，并按 Enter 键，如图 9-13 所示。

step 2　在 C10 单元格中，系统会自动计算出女员工销售额大于 6000 的人均销售额，如图 9-14 所示，这样即可完成计算女员工销售额大于 6000 的人均销售额的操作。

图 9-13

图 9-14

9.2.8　计算销售额的中间值

使用 MEDIAN 函数可以计算出在一组数据中位于中间位置的数值，下面详细介绍计算销售额的中间值的操作方法。

 素材文件❀第 9 章\素材文件\计算销售额的中间值.xlsx
效果文件❀第 9 章\效果文件\计算销售额的中间值.xlsx

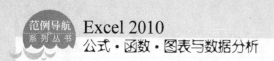

① 打开素材文件，选择 B7 单元格；

② 在窗口编辑栏文本框中，输入公式"=MEDIAN(B2:B6)"，并按 Enter 键，如图 9-15 所示。

在 B7 单元格中，系统会自动计算出销售额的中间值，如图 9-16 所示，这样即可完成计算销售额的中间值的操作。

图 9-15　　　　　　　　　　图 9-16

9.2.9　计算销售额中的最大值

使用 MAX 函数可以计算出一组数据中的最大值，下面详细介绍计算销售额中的最大值的操作方法。

① 打开素材文件，选择 B7 单元格；

② 在窗口编辑栏文本框中，输入公式"=MAX(B2:B6)"，并按 Enter 键，如图 9-17 所示。

在 B7 单元格中，系统会自动计算出销售额中的最大值，如图 9-18 所示，这样即可完成计算销售额中的最大值的操作。

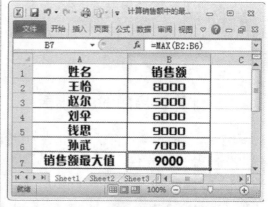

图 9-17　　　　　　　　　　图 9-18

9.2.10 计算已上报销售额中的最大值

MAXA 函数用于返回一组非空值中的最大值，下面以计算已上报销售额中的最大值为例，详细介绍具体操作方法。

素材文件❀ 第 9 章\素材文件\计算已上报销售额中的最大值.xlsx
效果文件❀ 第 9 章\效果文件\计算已上报销售额中的最大值.xlsx

step 1 ① 打开素材文件，选择 B8 单元格；
② 在窗口编辑栏文本框中，输入公式"=MAXA(B2:B7)"，并按 Enter 键，如图 9-19 所示。

step 2 在 B8 单元格中，系统会自动计算出已上报销售额中的最大值，如图 9-20 所示，这样即可完成计算已上报销售额中的最大值的操作。

图 9-19

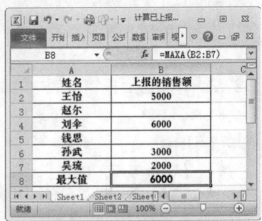

图 9-20

如果在 MAXA 函数中直接输入参数的值，那么数字和逻辑值都将被计算在内，其中逻辑值 TRUE 按 1 计算，逻辑值 FALSE 按 0 计算，而参数中输入的文本格式的数字将被忽略，输入文本则会返回错误值#VALUE!。

9.2.11 计算销售额中的最小值

MIN 函数用于返回一组数字中的最小值，下面以计算销售额中的最小值为例，详细介绍具体操作方法。

素材文件❀ 第 9 章\素材文件\计算销售额中的最小值.xlsx
效果文件❀ 第 9 章\效果文件\计算销售额中的最小值.xlsx

step 1 ① 打开素材文件，选择 B7 单元格；
② 在窗口编辑栏文本框中，输入公式"=MIN(B2:B6)"，并按 Enter 键，如图 9-21 所示。

step 2 在 B7 单元格中，系统会自动计算出销售额中的最小值，如图 9-22 所示，这样即可完成计算销售额中的最小值的操作。

图 9-21   图 9-22

9.2.12   计算已上报销售额中的最小值

Maxa 函数用于返回一组非空值中的最小值,下面以计算已上报销售额中的最小值为例,详细介绍具体操作方法。

素材文件 ❀ 第 9 章\素材文件\计算已上报销售额中的最小值.xlsx
效果文件 ❀ 第 9 章\效果文件\计算已上报销售额中的最小值.xlsx

 step 1   ① 打开素材文件,选择 B7 单元格;
② 在窗口编辑栏文本框中,输入公式"=MINA(B2:B6)",并按 Enter 键,如图 9-23 所示。

step 2   在 B7 单元格中,系统会自动计算出已上报销售额中的最小值,如图 9-24 所示,这样即可完成计算已上报销售额中的最小值的操作。

图 9-23   图 9-24

9.2.13　提取销售季军的销售额

LARGE 函数主要用于返回数据集中第 K 个最大的值,下面以提取销售季军的销售额为例,详细介绍具体操作方法。

素材文件 第 9 章\素材文件\提取销售季军的销售额.xlsx

效果文件 第 9 章\效果文件\提取销售季军的销售额.xlsx

 Step 1 ① 打开素材文件,选择 B8 单元格;
② 在窗口编辑栏文本框中,输入公式"=LARGE(B2:B7,3)",并按 Enter 键,如图 9-25 所示。

Step 2 在 B8 单元格中,系统会自动提取出销售季军的销售额,如图 9-26 所示,这样即可完成提取销售季军的销售额的操作。

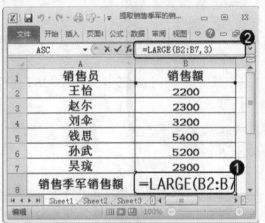

图 9-25　　　　　　　　　　　　　图 9-26

LARGE(array, K)函数的第一个参数 array,表示要返回的第 K 个最大值的数据集,可以是数组,也可以是单元格区域;参数 K 则表示返回值的位置,K 为 1 返回最大值,K 为 2 返回第二大值,以此类推。

9.2.14　提取销售员最后一名的销售额

SMALL 函数主要用于返回数据集中第 K 个最小的值,下面以提取销售员最后一名的销售额为例,详细介绍具体操作方法。

素材文件 第 9 章\素材文件\提取销售员最后一名的销售额.xlsx

效果文件 第 9 章\效果文件\提取销售员最后一名的销售额.xlsx

 Step 1 ① 打开素材文件,选择 B8 单元格;
② 在窗口编辑栏文本框中,输入公式"=SMALL(B2:B7,1)",并按 Enter 键,如图 9-27 所示。

Step 2 在 B8 单元格中,系统会自动提取出销售员最后一名的销售额,如图 9-28 所示,这样即可完成提取销售员最后一名的销售额的操作。

第 9 章 统计函数

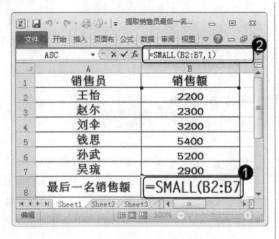

图 9-27   图 9-28

9.2.15 根据总成绩对考生进行排名

RANK.AVG 函数主要用于返回一个数值在一组数字中的排位，通过 RANK.AVG 函数可以对考生成绩进行排名，下面详细介绍具体操作方法。

素材文件※ 第 9 章\素材文件\考生成绩排名.xlsx

效果文件※ 第 9 章\效果文件\考生成绩排名.xlsx

 ① 打开素材文件，选择 F2 单元格；② 在窗口编辑栏文本框中，输入公式"=RANK.AVG(E2,$E$2:$E$11)"，并按 Enter 键，如图 9-29 所示。

step 2 在 F2 单元格中，系统会自动对该考生进行排名，向下填充公式至其他单元格，即可完成根据总成绩对考生进行排名的操作，结果如图 9-30 所示。

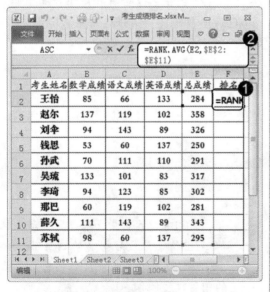

图 9-29   图 9-30

9.3 数理统计函数

所谓数理统计函数，是以有效的方式收集、整理和分析数据，并在此基础上对随机性问题做出系统判断的公式。本节将详细介绍数理统计函数的相关知识。

数理统计函数可以对数据进行相关的概率分布统计，从而进行回归分析。常见的数理统计函数如表 9-2 所示。

表 9-2

函　数	功　能
MODE.SNGL	返回某一数组或数据区域中出现频率最高或重复出现的数值
GROWTH	根据现有的数据计算或预测指数增长值
T.TEST	返回与 T 检验相关的概率
F.TSET	返回 F 检验的相关概率
Z.TEST	返回 Z 检验的单尾概率
KURT	返回数据集的峰值
SKEW	返回分布的不对称度
TRIMMEAN	计算内部平均值
FORECAST	根据现有的数据计算或预测未来值

下面以 F.TSET 函数为例，详细介绍数理统计函数的语法结构。F.TSET 函数主要用于检验返回当数组 1 和数组 2 的方差无明显差异时的单尾概率，使用该函数可以判断两个样本的方差是否不同，其语法结构为：

F.TSET (array1,array2)

参数 array1 为必选项，表示第一个数据集，可以是数组或单元格区域。

参数 array2 为必选项，表示第二个数据集，可以是数组或单元格区域。

参数 array1 和 array2 必须全部为数字，其他类型的值都将被忽略，如果其中包含错误值则返回错误值。如果参数 array1 或参数 array2 中数据点的个数小于 2 个，或者参数 array1 或参数 array2 的方差为 0，F.TEST 函数都将返回错误值#DIV/0!。如果参数 array1 和参数 array2 中有任意一个为空，F.TEST 函数也将返回错误值#DIV/0!。

9.4　数理统计函数应用举例

Excel 2010 中提供了多个数理统计函数供用户使用，本节将介绍一些数理统计函数的使用方法。

9.4.1　统计配套生产最佳产量

MODE.SNGL 函数主要用于返回在数组或区域中出现频率最多的数值，通过使用 MODE.SNGL 函数可以统计配套生产最佳产量值，下面详细介绍具体操作方法。

素材文件 第 9 章\素材文件\统计配套生产最佳产量.xlsx
效果文件 第 9 章\效果文件\统计配套生产最佳产量.xlsx

step 1　① 打开素材文件，选择 C6 单元格；
② 在窗口编辑栏文本框中，输入公式"=MODE.SNGL(B2:D5)"，并按 Enter 键，如图 9-31 所示。

step 2　在 C6 单元格中，系统会自动统计出配套生产的最佳产量，如图 9-32 所示，这样即可完成统计配套生产最佳产量的操作。

图 9-31

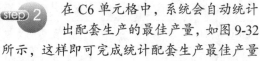

图 9-32

9.4.2　预测下一年的销量

GROWTH 函数主要用于根据现有的数据计算或预测指数的增长值，通过使用 GROWTH 函数可以预测下一年的销量，下面详细介绍具体操作方法。

素材文件 第 9 章\素材文件\预测下一年的销量.xlsx
效果文件 第 9 章\效果文件\预测下一年的销量.xlsx

第⒐章 统计函数

Step 1　① 打开素材文件，选择 B6 单元格；
② 在窗口编辑栏文本框中，输入公式 "=GROWTH(B2:B5,A2:A5,A6)"，并按 Enter 键，如图 9-33 所示。

Step 2　在 B6 单元格中，系统会自动预测出下一年的销量，如图 9-34 所示，这样即可完成预测下一年的销量的操作。

图 9-33

图 9-34

9.4.3　检验电视与电脑耗电量的平均值

T.TEST 函数用于返回与 T 检验相关的概率，通过使用 T.TEST 函数可以检验电视与电脑耗电量的平均值，下面详细介绍具体操作方法。

素材文件 ※ 第 9 章\素材文件\检验电视与电脑耗电量的平均值.xlsx
效果文件 ※ 第 9 章\效果文件\检验电视与电脑耗电量的平均值.xlsx

Step 1　① 打开素材文件，选择 C8 单元格；
② 在窗口编辑栏文本框中，输入公式 "=ROUND(T.TEST(B2:B7,C2:C7,2,2),8)"，并按 Enter 键，如图 9-35 所示。

Step 2　在 C8 单元格中，系统会自动检验出电视与电脑耗电量的平均值，如图 9-36 所示，这样即可完成检验电视与电脑耗电量的平均值的操作。

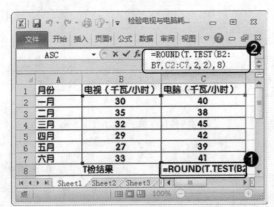

图 9-35

图 9-36

T.TEST 函数中的参数 type 为必选项，表示 T 检验的类型，取值为 1 的时候，作用为"成对"；取值为 2 的时候，作用为"等方差双样本检验"；取值为 3 的时候，作用为"异方差双样本检验"。参数 type 取值必须为数字、文本型数字或者逻辑值，否则将返回错误值#VALUE!。

9.4.4　检验电视与电脑耗电量的方差

F.TEST 函数用于返回与 F 检验相关的概率，通过使用 F.TEST 函数可以检验电视与电脑耗电量的方差，下面详细介绍具体操作方法。

素材文件 第 9 章\素材文件\检验电视与电脑耗电量的方差.xlsx
效果文件 第 9 章\效果文件\检验电视与电脑耗电量的方差.xlsx

 ① 打开素材文件，选择 C8 单元格；② 在窗口编辑栏文本框中，输入公式"=F.TEST(B2:B7,C2:C7)"，并按 Enter 键，如图 9-37 所示。

step 2　在 C8 单元格中，系统会自动检验出电视与电脑耗电量的方差，如图 9-38 所示，这样即可完成检验电视与电脑耗电量的方差的操作。

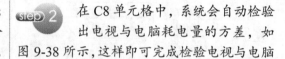

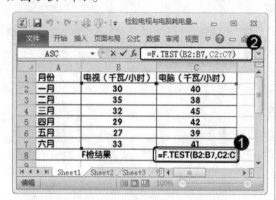

图 9-37　　　　　　　　　　　　　　　　图 9-38

9.4.5　检验本年度与 4 年前商品销量的平均记录

Z.TEST 函数用于返回 Z 检验的单尾概率，通过使用 Z.TEST 函数可以检验本年度与 4 年前商品销量的平均记录，下面详细介绍具体操作方法。

素材文件 第 9 章\素材文件\检验本年度与 4 年前商品销量的平均记录.xlsx
效果文件 第 9 章\效果文件\检验本年度与 4 年前商品销量的平均记录.xlsx

step 1　① 打开素材文件，选择 C10 单元格；② 在窗口编辑栏文本框中，输入公式"=Z.TEST(A2:D8,C9)"，并按 Enter 键，如图 9-39 所示。

step 2　在 C10 单元格中，系统会自动检验本年度与 4 年前商品销量的平均记录，如图 9-40 所示，这样即可完成检验本年度与 4 年前商品销量的平均记录的操作。

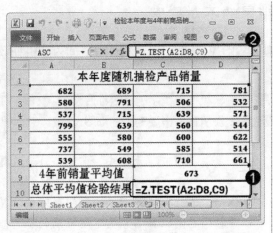

图 9-39   图 9-40

9.4.6　计算一段时间内随机抽取销量的峰值

KURT 函数用于返回数据集的峰值，使用 KURT 函数可以计算出一段时间内随机抽取销量的峰值，下面详细介绍具体操作方法。

素材文件 ➡ 第 9 章\素材文件\计算一段时间内随机抽取销量的峰值.xlsx

效果文件 ➡ 第 9 章\效果文件\计算一段时间内随机抽取销量的峰值.xlsx

 ① 打开素材文件，选择 C9 单元格；
② 在窗口编辑栏文本框中，输入公式"=KURT(A2:D8)"，并按 Enter 键，如图 9-41 所示。

step 2 在 C9 单元格中，系统会自动计算出一段时间内随机抽取销量的峰值，如图 9-42 所示，这样即可完成计算一段时间内随机抽取销量的峰值的操作。

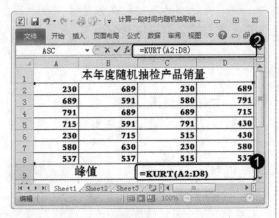

图 9-41   图 9-42

　　峰值反映与正态分布相比某一部分的尖锐度或平坦度，当返回的峰值为正时，表示相对尖锐的分布；当返回的峰值为负时，表示相对平坦的分布，在这一点上用户需要注意区分。

9.4.7　计算一段时间内随机抽取销量的不对称度

SKEW 函数用于返回分布的不对称度，使用 SKEW 函数可以计算一段时间内随机抽取销量的不对称度，下面详细介绍具体操作方法。

素材文件※ 第9章\素材文件\计算一段时间内随机抽取销量的不对称度.xlsx
效果文件※ 第9章\效果文件\计算一段时间内随机抽取销量的不对称度.xlsx

step 1 ① 打开素材文件，选择 C9 单元格，② 在窗口编辑栏文本框中，输入公式"=SKEW(A2:D8)"，并按 Enter 键，如图 9-43 所示。

step 2 在 C9 单元格中，系统会自动计算出一段时间内随机抽取销量的不对称度，如图 9-44 所示，这样即可完成计算一段时间内随机抽取销量不对称度的操作。

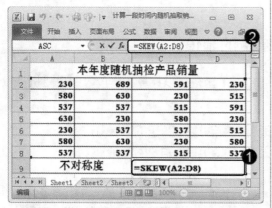

图 9-43　　　　　　　图 9-44

知识精讲：不对称度反映以平均值为中心的分布的不对称程度，当返回的不对称度为正时，表示不对称部分的分布更趋向正值；当返回的不对称度为负时，表示不对称部分的分布更趋向负值，在这一点上用户同样需要注意区分。

9.4.8　计算选手的最终得分

TRIMMEAN 函数用于返回数据集的内部平均值，根据最终得分依据，一般是去掉一个最低分，再去掉一个最高分。使用 TRIMMEAN 函数可以计算选手的最终得分，下面详细介绍具体操作方法。

素材文件※ 第9章\素材文件\计算选手的最终得分.xlsx
效果文件※ 第9章\效果文件\计算选手的最终得分.xlsx

step 1 ① 打开素材文件，选择 H2 单元格；② 在窗口编辑栏文本框中，输入公式"=TRIMMEAN(B2:G2,0.4)"，并按 Enter 键，如图 9-45 所示。

step 2 在 H2 单元格中，系统会自动计算出该选手的最终成绩，向下填充公式至其他单元格，这样即可完成计算选手的最终得分的操作，结果如图 9-46 所示。

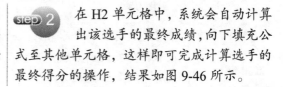

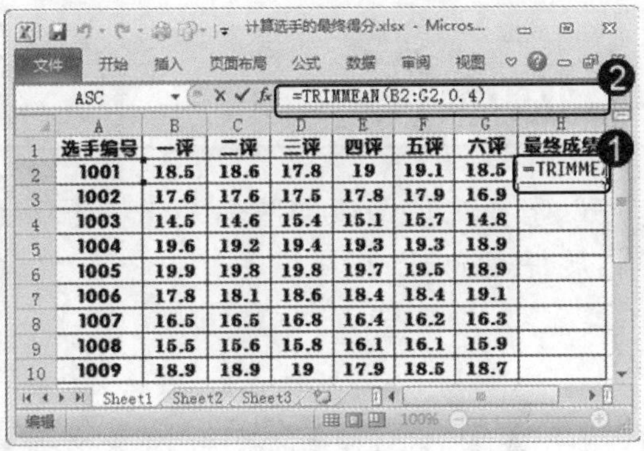

图 9-45

图 9-46

9.4.9 预测未来指定日期的天气

FORECAST 函数用于根据已有的数值计算或预测未来值，使用 FORECAST 函数可以预测未来指定日期的天气，下面详细介绍具体操作方法。

素材文件❄ 第 9 章\素材文件\预测未来指定日期的天气.xlsx

效果文件❄ 第 9 章\效果文件\预测未来指定日期的天气.xlsx

step 1 ① 打开素材文件，选择 B8 单元格；
② 在窗口编辑栏文本框中，输入公式 "=FORECAST(A8,B2:B7,A2:A7)"，并按 Enter 键，如图 9-47 所示。

step 2 在 B8 单元格中，系统会自动预测出未来指定日期的天气，如图 9-48 所示，这样即可完成预测未来指定日期的天气的操作。

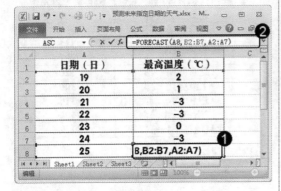

图 9-47

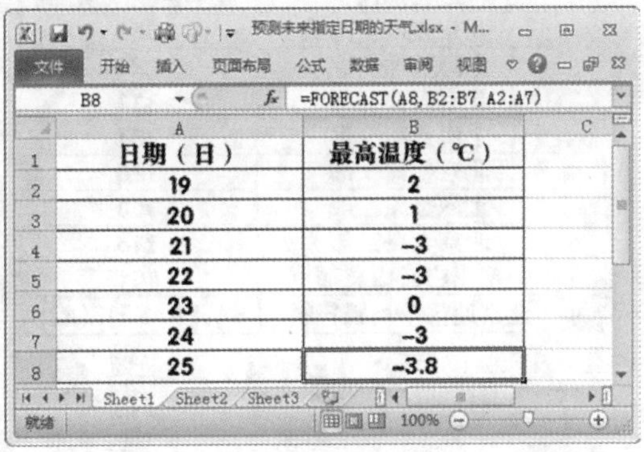

图 9-48

知识精讲

在 FORECAST(X, known_y's, known_x's)函数中，参数 x 必须为数值型，即数字、文本型数字或逻辑值，如果是文本则返回错误值#VALUE!；如果参数 known_x's 与参数 known_y's 包含的数据点个数不同，将返回错误值#N/A；如果参数 known_x's 与参数 known_y's 其中任意一个为空，或任意一个参数包含的数据点的个数小于两个，将返回错误值#DIV/0!；如果参数 known_x's 的方差为 "0"，将返回错误值#DIV/0!。

9.5 范例应用与上机操作

通过本章的学习，读者基本可以掌握统计函数的基本知识。下面通过操作练习，以达到巩固学习、拓展提高的目的。

9.5.1 统计北京地区的平均销售额

在 AVERAGEIF 函数中使用通配符，可以统一计算具有同样属性的数据的算术平均值，下面详细介绍具体操作方法。

素材文件❀ 第 9 章\素材文件\统计北京地区的平均销售额.xlsx
效果文件❀ 第 9 章\效果文件\统计北京地区的平均销售额.xlsx

step 1 ① 打开素材文件，选择 B10 单元格；
② 在窗口编辑栏文本框中，输入公式"=AVERAGEIF(A2:A9,"=北京*",B2:B9)"，并按 Enter 键，如图 9-49 所示。

step 2 在 B10 单元格中，系统会自动统计出北京地区的平均销售额，如图 9-50 所示，这样即可完成统计北京地区平均销售额的操作。

图 9-49

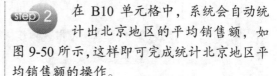

图 9-50

9.5.2 计算前三名销售额的总和

使用 LARGE 函数提取前三名的销售额，并使用 SUM 函数计算出销售额的总和，下面详细介绍具体操作方法。

素材文件❀ 第 9 章\素材文件\计算前三名销售额的总和.xlsx
效果文件❀ 第 9 章\效果文件\计算前三名销售额的总和.xlsx

Step 1 ① 打开素材文件,选择 D9 单元格;
② 在窗口编辑栏文本框中,输入公式 "=SUM(LARGE(D2:D8,{1,2,3}))",并按 Ctrl+Shift+Enter 组合键,如图 9-51 所示。

Step 2 在 D9 单元格中,系统会自动计算出前三名销售额的总和,如图 9-52 所示,这样即可完成计算前三名销售额的总和的操作。

图 9-51

图 9-52

9.5.3 通过每天盐分摄入量预测最高血压值

每天人体摄入的盐分对血压值具有一定的影响,使用 FORECAST 函数可以预测在摄入一定量盐分后,可能达到的最高血压值,下面详细介绍具体操作方法。

素材文件 第 9 章\素材文件\每日摄入盐分对血压的影响.xlsx

效果文件 第 9 章\效果文件\每日摄入盐分对血压的影响.xlsx

Step 1 ① 打开素材文件,选择 B9 单元格;
② 窗口编辑栏文本框中,输入公式 "=ROUND(FORECAST(A9,B3:B7,A3:A7), 0)",并按 Enter 键,如图 9-53 所示。

Step 2 在 B9 单元格中,系统会自动预测出最高血压值,如图 9-54 所示,这样即可完成通过每天盐分摄入量预测最高血压值的操作。

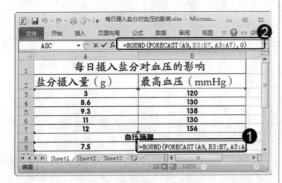

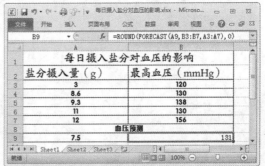

图 9-53

图 9-54

第 9 章 统计函数

9.6 课后练习

9.6.1 思考与练习

一、填空题

1. 所谓_____，是指在日常工作中返回最大值、最小值以及平均值等的_____。
2. 所谓_____，是以有效的方式收集、整理和分析数据，并在此基础上对随机性问题做出系统判断的_____。

二、判断题

1. 常规统计函数主要是用来预测数据的公式。   （   ）
2. 数理统计函数可以对数据进行相关的概率分布统计，从而进行回归分析。 （   ）

三、思考题

1. 写出 AVERAGE 函数的语法结构。
2. 写出 F.TSET 函数的语法结构。

9.6.2 上机操作

1. 打开"参加考试人数.xlsx"文档文件，统计参加考试的人数。效果文件可参考"第9章\效果文件\参加考试人数.xlsx"。
2. 打开"统计最畅销款式.xlsx"文档文件，统计最畅销的款式。效果文件可参考"第9章\效果文件\统计最畅销款式.xlsx"。

第 **10** 章

查找与引用函数

本章主要介绍查找与引用函数方面的知识与技巧，同时还给出查找与引用函数的应用举例。通过本章的学习，读者可以掌握查找与引用函数方面的知识，为深入学习 Excel 2010 公式、函数、图表与数据分析知识奠定基础。

范 例 导 航

1. 查找函数
2. 查找函数应用举例
3. 引用函数
4. 引用函数应用举例

10.1　查找函数

查找函数的主要功能是快速地确定和定位所需要的数据，即为检索。本节将详细介绍查找函数的相关知识。

查找函数可以根据实际需要，在工作表或者在多个工作簿中获取需要的信息或者数据。常见的查找函数如表 10-1 所示。

表 10-1

函　　数	说　　明
CHOOSE	根据序号从列表中选择对应的内容
HLOOKUP	在数据区域的行中查找数据
INDEX	返回指定位置中的内容
LOOKUP	从单行或者单列或从数组中查找一个值
MATCH	返回符合特定值特定顺序的项在数组中的相对位置
VLOOKUP	在数据区域的列中查找数据

下面以 CHOOSE 函数为例，详细介绍查找函数的语法结构，CHOOSE 函数的语法结构为：

CHOOSE (index_num,value1,[value2],…)

参数 index_num 为必选项，表示所选定的值参数。该参数必须是 1～254 之间的数字，或是包含了 1～254 的公式或者单元格引用。

参数 value1 为必选项，表示第一个数值参数，CHOOSE 函数将从此数值列表中选择一个要返回的值，可以是数字、文本、引用、名称、公式或者函数。

参数 value2 为可选项，表示第 2～254 个数值参数。此列表中的值可以是数字、文本、引用、名称、公式或者函数。

10.2　查找函数应用举例

Excel 2010 中提供了多个查找函数，以方便用户使用，本节将介绍一些查找函数的使用方法。

10.2.1　标注热销产品

CHOOSE 函数可以从列表中提取某个值的函数，使用 CHOOSE 函数配合 IF 函数即可标注热销产品，下面详细介绍具体操作方法。

step 1 ① 打开素材文件，选择 C2 单元格；
② 在窗口编辑栏文本框中，输入公式"=CHOOSE(IF(B2>15000,1,2),"热销","")"，并按 Enter 键，如图 10-1 所示。

step 2 在 C2 单元格中，系统会自动标记出该商品是否热销，向下填充公式至其他单元格，即可完成标注热销产品的操作，结果如图 10-2 所示。

图 10-1

图 10-2

10.2.2 提取商品在某一季度的销量

HLOOKUP 函数用于在区域或数组的首行查找指定的值，返回与指定值同列的其他的值，使用 HLOOKUP 函数可以提取商品在某一季度的销量，下面详细介绍具体操作方法。

step 1 ① 打开素材文件，选择 G3 单元格；
② 在窗口编辑栏文本框中，输入公式"=HLOOKUP(G2,A1:E10,MATCH(G1,A1:A10,0))"，并按 Enter 键，如图 10-3 所示。

step 2 在 G3 单元格中，系统会自动提取出商品在某一季度的销量，如图 10-4 所示，这样即可完成提取商品在某一季度的销量的操作。

图 10-3

图 10-4

10.2.3 快速提取员工编号

INDEX 函数用于返回单元格区域或数组中行列交叉位置上的值，使用 INDEX 函数即可快速提取员工编号，下面详细介绍具体操作方法。

素材文件 ❋ 第 10 章\素材文件\快速提取员工编号.xlsx

效果文件 ❋ 第 10 章\效果文件\快速提取员工编号.xlsx

step 1　① 打开素材文件，选择 D4 单元格；
② 在窗口编辑栏文本框中，输入公式 "=INDEX(A1:A7,MATCH(D1,B1:B7,0))"，并按 Enter 键，如图 10-5 所示。

step 2　在 D4 单元格中，系统会自动提取出该员工的员工编号，如图 10-6 所示，这样即可完成快速提取员工编号的操作。

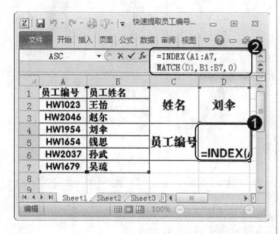

图 10-5

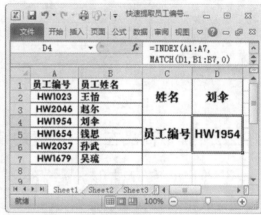

图 10-6

在使用 INDEX(array, row_num, column_num) 函数的时候，需要注意的是参数 row_num 和参数 column_num 表示的引用必须位于参数 array 的范围内，如果脱离了参数 array 的范围，INDEX 函数将会返回错误值 #REF!。

10.2.4 快速提取员工所在部门

LOOKUP 函数用于在单行或者单列中查找指定的数据，使用 LOOKUP 函数可以快速提取员工所在部门，下面详细介绍具体操作方法。

素材文件 ❋ 第 10 章\素材文件\快速提取员工所在部门.xlsx
效果文件 ❋ 第 10 章\效果文件\快速提取员工所在部门.xlsx

step 1　① 打开素材文件，选择 D4 单元格；
② 在窗口编辑栏文本框中，输入公式 "=LOOKUP(D1,A1:C8)"，并按 Enter 键，如图 10-7 所示。

step 2　在 D4 单元格中，系统会自动提取出该员工所在的部门，如图 10-8 所示，这样即可完成快速提取员工所在部门的操作。

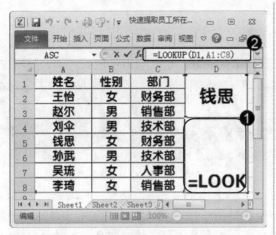

图 10-7

图 10-8

10.2.5 不区分大小写提取成绩

MATCH 函数用于返回指定数据的相对位置，使用 MATCH 函数配合 INDEX 函数，可以在不区分大小写的情况下提取成绩，下面详细介绍具体操作方法。

素材文件❀ 第 10 章\素材文件\不区分大小写提取成绩.xlsx
效果文件❀ 第 10 章\效果文件\不区分大小写提取成绩.xlsx

step 1 ① 打开素材文件，选择 C5 单元格；② 在窗口编辑栏文本框中，输入公式"=INDEX(B2:B6,MATCH(C1,A2:A6,0))"，并按 Enter 键，如图 10-9 所示。

step 2 在 C5 单元格中，系统会自动提取出成绩，如图 10-10 所示，这样即可完成不区分大小写提取成绩的操作。

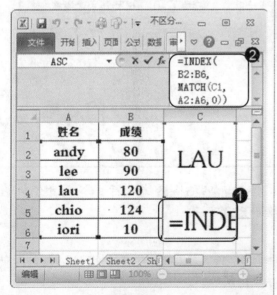

图 10-9

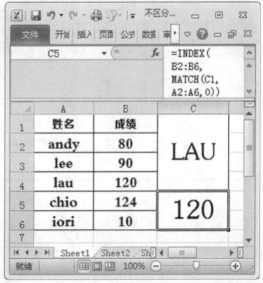

图 10-10

第一〇章 查找与引用函数

205

10.2.6 对岗位考核成绩进行评定

VLOOKUP 函数用于在指定区域的首列查找指定的值，返回与指定值同行的该区域中的其他列的值，使用 VLOOKUP 函数可以对岗位考核成绩进行评定，下面详细介绍具体操作方法。

> 素材文件※ 第 10 章\素材文件\岗位考核评定.xlsx
> 效果文件※ 第 10 章\效果文件\岗位考核评定.xlsx

step 1 ① 打开素材文件，选择 C2 单元格；② 在窗口编辑栏文本框中，输入公式"=VLOOKUP(B2,{0,"不及格";60,"及格";75,"良";85,"优秀"},2)"，并按 Enter 键，如图 10-11 所示。

step 2 在 C2 单元格中，系统会自动对该员工的考核成绩进行评定，向下填充公式至其他单元格，即可完成对岗位考核成绩进行评定的操作，结果如图 10-12 所示。

图 10-11

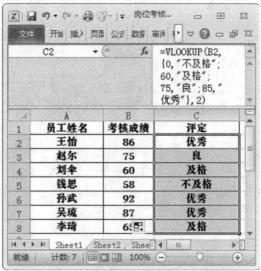

图 10-12

10.3 引用函数

所谓引用函数，是指对单元格或者单元格区域进行获取或者分析的公式。本节将详细介绍引用函数的相关知识。

在 Excel 中，所有的函数操作都是基于单元格地址的，因此，在多种处理情况下，用户需要首先获取或者分析单元格的地址。常见的引用函数如表 10-2 所示。

表 10-2

函　数	说　明
ADDRESS	创建一个以文本方式对工作簿中某一单元格的引用
AREAS	返回引用中涉及的区域个数
COLUMN	返回某一引用的列号
COLUMNS	返回某一引用或数组的列数
GETPIVOTDATA	提取存储在数据透视表中的数据
HYPERLINK	创建一个快捷方式或链接，以便打开一个存储在硬盘、网络服务器或 Internet 上的文档
INDIRECT	返回文本字符串所指定的引用
OFFSET	根据给定的偏移量返回新的引用区域
ROW	返回一个引用的行号
ROWS	返回某一引用或数组的行数
RTD	从一个支持 COM 自动化的程序中获取实时数据
TRANSPOSE	转置单元格区域

下面以 ADDRESS 函数为例，详细介绍引用函数的语法结构。ADDRESS 函数的语法结构为：

ADDRESS (row_num,column_num,[abs_num],[a1],[sheet_text])

参数 row_num 为必选项，表示在单元格引用中使用的行号。

参数 column_num 为必选项，表示在单元格引用中使用的列号。

参数 abs_num 为可选项，表示返回的引用类型。省略该参数的时候，默认为绝对引用行和列。

参数 a1 为可选项，表示返回的单元格地址是 A1 引用样式，还是 R1C1 引用样式。该参数是逻辑值，如果该参数为 TRUE 或者省略，ADDRESS 函数将返回 A1 引用样式；如果该参数为 FALSE，ADDRESS 函数将返回 R1C1 引用样式。

参数 sheet_text 为可选项，表示用于指定作为外部引用的工作表的名称。省略该参数的时候，表示不使用任何工作表名称。

 # 10.4　引用函数应用举例

Excel 2010 中提供了多个引用函数，以方便用户使用，本节将介绍一些引用函数的使用方法。

10.4.1　定位年会抽奖号码位置

使用 ADDRESS 函数可以定位指定的单元格位置，下面以定位年会抽奖号码位置为例，详细介绍具体操作方法。

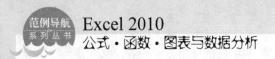
素材文件 ※ 第10章\素材文件\定位抽奖号码位置.xlsx

效果文件 ※ 第10章\效果文件\定位抽奖号码位置.xlsx

 ① 打开素材文件，选择 D5 单元格；
② 在窗口编辑栏文本框中，输入公式 "=ADDRESS(5,1,1)"，并按 Enter 键，如图 10-13 所示。

step 2　在 D5 单元格中，系统会自动定位中奖号码所在的员工编号的位置，如图 10-14 所示，这样即可完成定位年会抽奖号码位置的操作。

图 10-13

图 10-14

10.4.2　统计选手组别数量

以公司开运动会为例，使用 AREAS 函数可以快速地统计出共有几个组别的选手，下面详细介绍具体操作方法。

素材文件 ※ 第10章\素材文件\统计选手组别数量.xlsx

效果文件 ※ 第10章\效果文件\统计选手组别数量.xlsx

 ① 打开素材文件，选择 D6 单元格；
② 在窗口编辑栏文本框中，输入公式 "=AREAS((B1:B5,C1:C5,D1:D5,E1:E5))"，并按 Enter 键，如图 10-15 所示。

step 2　在 D6 单元格中，系统会自动计算出组别的数量，如图 10-16 所示，这样即可完成统计选手组别数量的操作。

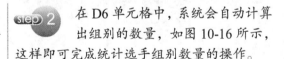

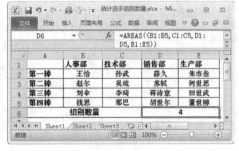

图 10-16

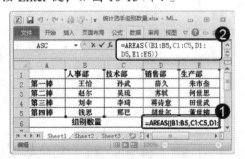

图 10-15

10.4.3　汇总各销售区域的销售量

COLUMN 函数用于返回单元格或者单元格区域首列的列号，配合 SUM 函数和 MOD 函数可以对各销售区域的销售量进行汇总，下面详细介绍具体操作方法。

素材文件❀第 10 章\素材文件\各区域销量汇总.xlsx
效果文件❀第 10 章\效果文件\各区域销量汇总.xlsx

step 1 ① 打开素材文件，选择 E6 单元格；
② 在窗口编辑栏文本框中，输入公式 "=SUM(IF(MOD(COLUMN(A:F),2)=0,A2: F5))"，并按 Ctrl+Shift+Enter 组合键，如图 10-17 所示。

step 2 在 E6 单元格中，系统会自动计算出各区域的销售汇总，如图 10-18 所示，这样即可完成汇总各销售区域的销售量的操作。

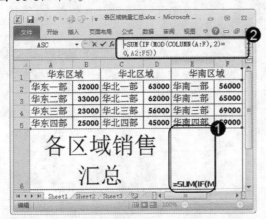

图 10-17

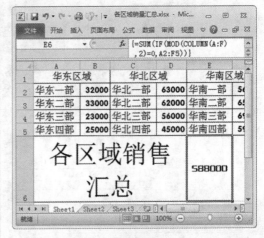

图 10-18

知识精讲

COLUMN 函数中的参数 reference 只能引用一个单元格区域，而且 COLUMN 函数作为水平数组输入到单元格区域中时，参数(reference)中的首行首列将以水平数组返回。

10.4.4　统计公司的部门数量

COLUMNS 函数用于返回单元格区域或者数组中包含的列数，使用 COLUMNS 函数可以快速地统计出公司的部门数量，下面详细介绍具体操作方法。

素材文件❀第 10 章\素材文件\统计公司的部门数量.xlsx
效果文件❀第 10 章\效果文件\统计公司的部门数量.xlsx

step 1 ① 打开素材文件，选择 F4 单元格；
② 在窗口编辑栏文本框中，输入公式 "=COLUMNS(B:H)"，并按 Enter 键，如图 10-19 所示。

step 2 在 F4 单元格中，系统会自动统计出公司的部门数量，如图 10-20 所示，这样即可完成统计公司部门数量的操作。

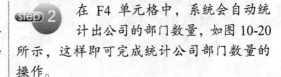

第二〇章　查找与引用函数

图 10-19　　　　　　　　　　　　图 10-20

10.4.5　添加客户的电子邮件地址

HYPERLINK 函数用于为指定的内容创建超链接，使用 HYPERLINK 函数可以在工作表中为客户添加相应的邮件地址，下面详细介绍具体操作方法。

素材文件❀ 第 10 章\素材文件\添加客户的电子邮件地址.xlsx

效果文件❀ 第 10 章\效果文件\添加客户的电子邮件地址.xlsx

 ① 打开素材文件，选择 C4 单元格；② 在窗口编辑栏文本框中，输入公式 "=HYPERLINK("mailto: xx@xx.xx","点击发送")"，并按 Enter 键，如图 10-21 所示。

step 2　　在 C4 单元格中，系统会自动创建一个超链接，单击该超链接即可发送电子邮件，如图 10-22 所示，这样即可完成添加客户电子邮件地址的操作。

图 10-21

图 10-22

10.4.6　统计未完成销售额的销售员数量

以每个销售员每月销售额不得低于 50000 为例，利用 INDIRECT 函数可以统计出没有完成销售额的销售员数量，下面详细介绍具体操作方法。

素材文件❀ 第 10 章\素材文件\统计未完成销售额的销售员数量.xlsx

效果文件❀ 第 10 章\效果文件\统计未完成销售额的销售员数量.xlsx

 ① 打开素材文件，选择 C5 单元格；② 在窗口编辑栏文本框中，输入公式 " =SUM(COUNTIF(INDIRECT("B2:B7"), "<50000")"，并按 Enter 键，如图 10-23 所示。

　　在 C5 单元格中，系统会自动统计出未完成销售额的销售员数量，如图 10-24 所示，这样即可完成统计未完成销售额的销售员数量的操作。

图 10-23

图 10-24

10.4.7 对每日销售量做累积求和

OFFSET 函数可以根据给定的偏移量返回新的引用区域，使用 OFFSET 函数配合 SUM 函数可以对每日销售量做累积求和，下面详细介绍具体操作方法。

素材文件※ 第 10 章\素材文件\对每日销售量做累积求和.xlsx
效果文件※ 第 10 章\效果文件\对每日销售量做累积求和.xlsx

 ① 打开素材文件，选择 C1 单元格；
② 在窗口编辑栏文本框中，输入公式 "=SUM(OFFSET($B$2,,,ROW()-1))"，并按 Enter 键，如图 10-25 所示。

step 2 在 C2 单元格中，系统会自动计算出第一天的累积销售额，向下填充公式至其他单元格，即可完成对每日销售量做累积求和的操作，结果如图 10-26 所示。

图 10-25

图 10-26

10.4.8 快速输入 12 个月份

ROW 函数用于返回单元格或者单元格区域首行的行号，利用 ROW 函数可以快速地输入 12 个月份，下面详细介绍具体操作方法。

素材文件❀ 第 10 章\素材文件\输入十二月.xlsx

效果文件❀ 第 10 章\效果文件\输入十二月.xlsx

step 1 ① 打开素材文件，选择 A1 单元格；
② 在窗口编辑栏文本框中，输入公式 "=ROW()&"月""，并按 Enter 键，如图 10-27 所示。

step 2 在 A1 单元格中，系统会自动显示 "1月"，向下填充公式至其他单元格，即可完成快速输入 12 个月份的操作，结果如图 10-28 所示。

图 10-27

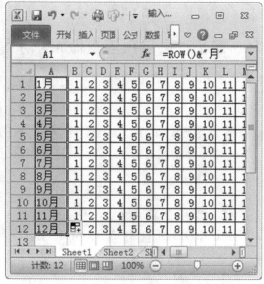

图 10-28

10.4.9 统计销售人员数量

ROWS 函数用于返回数据区域包含的行数，使用 ROWS 函数可以快速地统计出公司共有多少个销售员，下面详细介绍具体操作方法。

素材文件❀ 第 10 章\素材文件\统计销售人员数量.xlsx

效果文件❀ 第 10 章\效果文件\统计销售人员数量.xlsx

step 1 ① 打开素材文件，选择 D6 单元格；
② 在窗口编辑栏文本框中，输入公式 "=ROWS(A3:A5)+ROWS(C3:C5)+ROWS(E3:E5)"，并按 Enter 键，如图 10-29 所示。

step 2 在 D6 单元格中，系统会自动计算出三个部门的销售人员的数量总和，如图 10-30 所示，这样即可完成统计销售人员数量的操作。

图 10-29

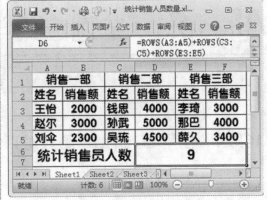

图 10-30

10.4.10 转换数据区域

TRANSPOSE 函数用于转置数据区域的行列位置，使用 TRANSPOSE 函数可以将表格中的纵向数据转换为横向数据，下面详细介绍具体操作方法。

素材文件※ 第 10 章\素材文件\转换数据区域.xlsx

效果文件※ 第 10 章\效果文件\转换数据区域.xlsx

step 1 ① 打开素材文件，选择 A8～F10 单元格区域；② 在窗口编辑栏文本框中，输入公式"=TRANSPOSE(A1:C6)"，并按 Ctrl+Shift+Enter 组合键，如图 10-31 所示。

step 2 在 A8~F10 单元格区域中，系统会自动将表中原有的纵向数据转换为横向显示的数据，如图 10-32 所示，这样即可完成转换数据区域的操作。

图 10-31

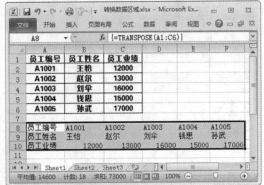

图 10-32

知识精讲　　在使用 TRANSPOSE 函数转换数据区域的时候，用户需要注意的是，如果在被转换的数据中，包含日期格式的数据，用户需要将转换的目标单元格区域中的单元格设置为日期格式，否则在使用 TRANSPOSE 函数转换数据之后，返回的日期结果会显示为序列号。

第 10 章　查找与引用函数

10.5 范例应用与上机操作

通过本章的学习，读者基本可以掌握查找与引用函数的基本知识。下面通过操作练习，以达到巩固学习、拓展提高的目的。

10.5.1 使用 LOOKUP 函数对百米赛跑评分

使用 LOOKUP 函数可以同时对多条件进行判断，例如可以对比赛进行评分，下面详细介绍具体操作方法。

> 素材文件※ 第 10 章\素材文件\百米赛跑成绩.xlsx
> 效果文件※ 第 10 章\效果文件\百米赛跑成绩.xlsx

step 1 ① 打开素材文件，选择 E2 单元格；
② 在窗口编辑栏文本框中，输入公式 "=LOOKUP(D2,$A$2:$A$11,$B$2:$B$11)"，并按 Enter 键，如图 10-33 所示。

step 2 在 E2 单元格中，系统会自动计算出实际的得分，向下填充公式至其他单元格，即可完成使用 LOOKUP 函数对百米赛跑评分的操作，结果如图 10-34 所示。

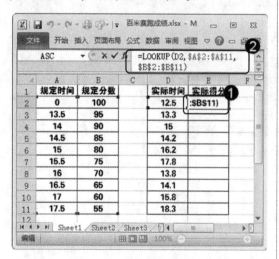

图 10-33

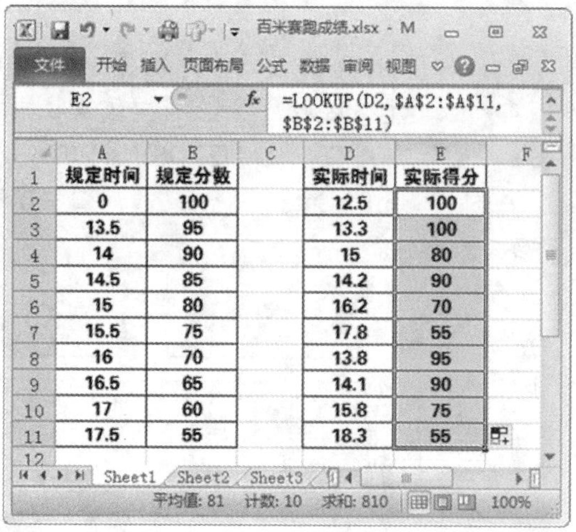

图 10-34

10.5.2 通过差旅费报销明细统计出差人数

使用 ROWS 函数配合 COLUMNS 函数，可以快速地统计出公司出差的人数，下面详细介绍具体操作方法。

> 素材文件※ 第 10 章\素材文件\差旅费报销明细.xlsx
> 效果文件※ 第 10 章\效果文件\差旅费报销明细.xlsx

step 1　① 打开素材文件，选择 C8 单元格；
② 在窗口编辑栏文本框中，输入公式 "=ROWS(2:7)*COLUMNS(A:C)/2"，并按 Enter 键，如图 10-35 所示。

step 2　在 C8 单元格中，系统会自动统计出出差的人数，如图 10-36 所示，这样即可完成通过差旅费报销明细统计出差人数的操作。

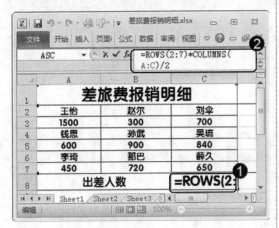

图 10-35

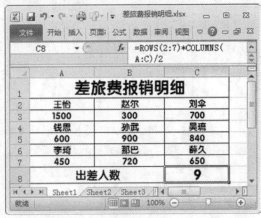

图 10-36

10.5.3　查询指定员工的信息

使用 OFFSET 函数配合 MATCH 函数，可以快速地查询指定员工的信息，下面详细介绍具体操作方法。

素材文件❀第 10 章\素材文件\查询指定员工的信息.xlsx
效果文件❀第 10 章\效果文件\查询指定员工的信息.xlsx

step 1　① 打开素材文件，选择 F5 单元格；
② 在窗口编辑栏文本框中，输入公式 "=OFFSET(B1,MATCH(F1,B1:B8,0)-1,MATCH(E5,B1:D1,0)-1)"，并按 Enter 键，如图 10-37 所示。

step 2　在 F5 单元格中，系统会自动显示该员工所在的部门，如图 10-38 所示，这样即可完成查询指定员工的信息的操作。

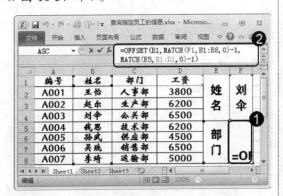

图 10-37

图 10-38

第二□章　查找与引用函数

215

10.6　课后练习

10.6.1　思考与练习

一、填空题

1. 查找函数的主要功能是快速地确定和定位所需要的_____，即为_____。
2. 所谓_____，是指对单元格或者_____进行获取或者分析的公式。

二、判断题

1. 查找函数只可以在一个工作表中获取需要的信息或者数据。　　　（　　）
2. 在 Excel 中，所有的函数操作都是基于单元格地址的，因此，在多种处理情况下，用户需要首先获取或者分析单元格的地址。　　　（　　）

三、思考题

1. 写出 CHOOSE 函数的语法结构。
2. 写出 ADDRESS 函数的语法结构。

10.6.2　上机操作

1. 打开"数学成绩.xlsx"文档文件，并标注需要补考的学生。效果文件可参考"第 10 章\效果文件\数学成绩.xlsx"。
2. 打开"学校资料.xlsx"文档文件，添加校园形象推广网站超链接。效果文件可参考"第 10 章\效果文件\学校资料.xlsx"。

第11章

数据库与信息函数

本章主要介绍数据库与信息函数方面的知识与技巧,同时还给出数据库与信息函数的应用举例。通过本章的学习,读者可以掌握数据库与信息函数方面的知识,为深入学习 Excel 2010 公式、函数、图表与数据分析知识奠定基础。

范 例 导 航

1. 数据库函数
2. 数据库函数应用举例
3. 信息函数
4. 信息函数应用举例

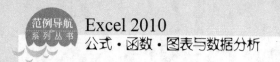

11.1 数据库函数

数据库函数是用来对表中的数据进行计算和统计的公式。本节将详细介绍数据库函数的相关知识。

数据库函数的作用包括计算数据库数据、对数据库数据进行常规统计、对数据库数据进行散布度统计等。常见的数据库函数如表 11-1 所示。

表 11-1

函　数	说　明
DPRODUCT	计算满足条件的数值的乘积
DSUM	计算满足条件的数字的总和
DAVERAGE	计算满足条件的数值的平均值
DCOUNT	计算满足条件的包含数字的单元格个数
DCOUNTA	计算满足条件的非空单元格个数
DGET	返回符合条件的单个值
DMAX	返回满足条件的列表中的最大值
DMIN	返回满足条件的列表中的最小值
DSTDEV	返回满足条件的数字作为一个样本估算出的样本总体标准偏差
DSTDEVP	返回满足条件的数字作为样本总体计算出的总体标准偏差
DVAR	返回满足条件的数字作为一个样本估算出的样本总体方差
DVARP	返回满足条件的数字作为样本总体计算出的样本总体方差

下面以 DPRODUCT 函数为例，详细介绍查找函数的语法结构。DPRODUCT 函数用于计算数据库中满足指定条件的指定列中的数字乘积，其语法结构为：

DPRODUCT (database,field,criteria)

参数 database 为必选项，表示构成数据库的单元格区域。

参数 field 为必选项，表示指定函数所使用的数据列，即要进行函数计算的数据列。需要注意的是，此处的列号是相对于数据库而不是整个工作表而言的。

参数 criteria 为必选项，表示包含条件的单元格区域。可以指定任意区域但是必须包含一个列标题及其下方用作条件的至少一个单元格，而且不能与数据库互相交叉重叠。

11.2 数据库函数应用举例

Excel 2010 中提供了多个数据库函数，以方便用户使用，本节将介绍一些数据库函数的使用方法。

11.2.1 统计手机的返修记录

DPRODUCT 函数用于返回满足条件的数值的乘积，通过使用 DPRODUCT 函数可以方便地统计出手机的返修情况，下面详细介绍具体操作方法。

 素材文件❀ 第 11 章\素材文件\手机的返修记录.xlsx
效果文件❀ 第 11 章\效果文件\手机的返修记录.xlsx

step 1 ① 打开素材文件，选择 C9 单元格；② 在窗口编辑栏文本框中，输入公式"=DPRODUCT(A1:C7,3,D1:F3)"，并按 Enter 键，如图 11-1 所示。

step 2 在 C9 单元格中，系统会自动统计出该手机是否有过返修记录，如图 11-2 所示，这样即可完成统计手机的返修记录的操作。

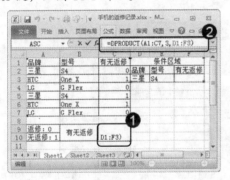

图 11-1

图 11-2

11.2.2 统计符合条件的销售额总和

DSUM 函数用于计算数据库中满足指定条件指定列中数字的总和，通过使用 DSUM 函数可以方便地统计出符合条件的销售额总和，下面详细介绍具体操作方法。

 素材文件❀ 第 11 章\素材文件\统计符合条件的销售额总和.xlsx
效果文件❀ 第 11 章\效果文件\统计符合条件的销售额总和.xlsx

step 1 ① 打开素材文件，选择 C11 单元格；② 在窗口编辑栏文本框中，输入公式"=DSUM(A1:D9,4,E2:G3)"，并按 Enter 键，如图 11-3 所示。

step 2 在 C11 单元格中，系统会自动统计出符合条件的销售额总和，如图 11-4 所示，这样即可完成统计符合条件的销售额总和的操作。

第二章 数据库与信息函数

219

图 11-3　　　　　　　　　　　　　图 11-4

11.2.3　统计符合条件的销售额平均值

DAVERAGE 函数用于计算数据库中满足指定条件指定列中数字的平均值，通过使用 DAVERAGE 函数可以方便地统计符合条件的销售额平均值，下面详细介绍具体操作方法。

素材文件※ 第 11 章\素材文件\统计符合条件的销售额平均值.xlsx
效果文件※ 第 11 章\效果文件\统计符合条件的销售额平均值.xlsx

 ① 打开素材文件，选择 C11 单元格；② 在窗口编辑栏文本框中，输入公式"=DAVERAGE(A1:D9,4,E2:G3)"，并按 Enter 键，如图 11-5 所示。

step 2　在 C11 单元格中，系统会自动统计出符合条件的销售额平均值，如图 11-6 所示，这样即可完成统计符合条件的销售额平均值的操作。

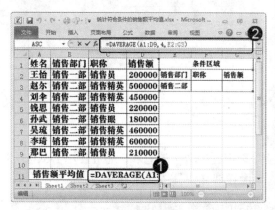

图 11-5　　　　　　　　　　　　　图 11-6

11.2.4　统计销售精英人数

DCOUNT 函数用于计算满足条件的包含数字的单元格个数，通过使用 DCOUNT 函数可以方便地统计出销售精英人数，下面详细介绍具体操作方法。

素材文件 第 11 章\素材文件\统计销售精英人数.xlsx

效果文件 第 11 章\效果文件\统计销售精英人数.xlsx

step 1 ① 打开素材文件，选择 C11 单元格；② 在窗口编辑栏文本框中，输入公式"=DCOUNT(A1:D9,4,E2:G3)"，并按 Enter 键，如图 11-7 所示。

step 2 在 C11 单元格中，系统会自动统计出销售精英人数，如图 11-8 所示，这样即可完成统计销售精英人数的操作。

图 11-7

图 11-8

11.2.5 统计销售额上报人数

DCOUNTA 函数用于计算满足条件的非空单元格个数，通过使用 DCOUNTA 函数可以方便地统计出销售额上报人数，下面详细介绍具体操作方法。

素材文件 第 11 章\素材文件\统计销售额上报人数.xlsx

效果文件 第 11 章\效果文件\统计销售额上报人数.xlsx

step 1 ① 打开素材文件，选择 C10 单元格；② 在窗口编辑栏文本框中，输入公式"=DCOUNTA(A1:D9,4,E2:G3)"，并按 Enter 键，如图 11-9 所示。

step 2 在 C10 单元格中，系统会自动统计出销售额上报人数，如图 11-10 所示，这样即可完成统计销售额上报人数的操作。

图 11-9

图 11-10

第十一章 数据库与信息函数

11.2.6 提取指定条件的销售额

DGET 函数用于计算满足条件的单个值，通过使用 DGET 函数可以方便地提取出指定条件的销售额，下面详细介绍具体操作方法。

素材文件❀ 第 11 章\素材文件\提取指定条件的销售额.xlsx
效果文件❀ 第 11 章\效果文件\提取指定条件的销售额.xlsx

step 1　① 打开素材文件，选择 C10 单元格；② 在窗口编辑栏文本框中，输入公式"=DGET(A1:D9,4,E2:G3)"，并按 Enter 键，如图 11-11 所示。

step 2　在 C10 单元格中，系统会自动提取出指定条件的销售额，如图 11-12 所示，这样即可完成提取指定条件的销售额的操作。

图 11-11

图 11-12

如果需要对数据库指定数据列中所有单元格进行计算，则需要将参数 criteria 中的对应列留空。在数据库函数中设置条件区域的方法与使用 Excel 中的高级筛选功能类似，因为它们都是在一个单独的区域中输入条件内容，而不同的是：数据库函数通过条件进行指定的计算，而高级筛选则是通过条件进行筛选。

11.2.7 提取销售员的最高销售额

DMAX 函数用于返回满足条件的最大值，通过使用 DMAX 函数可以方便地提取出销售员的最高销售额，下面详细介绍具体操作方法。

素材文件❀ 第 11 章\素材文件\提取销售员的最高销售额.xlsx
效果文件❀ 第 11 章\效果文件\提取销售员的最高销售额.xlsx

step 1　① 打开素材文件，选择 C10 单元格；② 在窗口编辑栏文本框中，输入公式"=DMAX(A1:D9,4,E2:G3)"，并按 Enter 键，如图 11-13 所示。

step 2　在 C10 单元格中，系统会自动提取出销售员的最高销售额，如图 11-14 所示，这样即可完成提取销售员的最高销售额的操作。

图 11-13　　　　　　　　　　　　　　　　　　图 11-14

11.2.8　提取销售二部的最低销售额

DMIN 函数用于返回满足条件的最小值，通过使用 DMIN 函数可以方便地提取出销售二部的最低销售额，下面详细介绍具体操作方法。

素材文件❀ 第 11 章\素材文件\提取销售二部的最低销售额.xlsx

效果文件❀ 第 11 章\效果文件\提取销售二部的最低销售额.xlsx

 ① 打开素材文件，选择 C10 单元格；② 在窗口编辑栏文本框中，输入公式"=DMIN(A1:D9,4,E2:G3)"，并按 Enter 键，如图 11-15 所示。

step 2 在 C10 单元格中，系统会自动提取出销售二部的最低销售额，如图 11-16 所示，这样即可完成提取销售二部的最低销售额的操作。

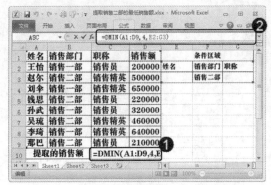

图 11-15

图 11-16

11.2.9　计算销售精英销售额的样本标准偏差值

DSTDEV 函数用于返回满足条件的样本标准偏差，通过使用 DSTDEV 函数可以方便地计算销售精英销售额的样本标准偏差值，下面详细介绍具体操作方法。

素材文件❀ 第 11 章\素材文件\计算销售精英销售额的样本标准偏差值.xlsx

效果文件❀ 第 11 章\效果文件\计算销售精英销售额的样本标准偏差值.xlsx

step 1 ① 打开素材文件，选择 C10 单元格；② 在窗口编辑栏文本框中，输入公式"=DSTDEV(A1:D9,4,E2:G3)"，并按 Enter 键，如图 11-17 所示。

step 2 在 C10 单元格中，系统会自动计算出销售精英销售额的样本标准偏差值，如图 11-18 所示，这样即可完成计算销售精英销售额的样本标准偏差值的操作。

图 11-17   图 11-18

11.2.10　计算销售精英销售额的总体标准偏差值

DSTDEVP 函数用于返回满足条件的总体标准偏差，通过使用 DSTDEVP 函数可以方便地计算销售精英销售额的总体标准偏差值，下面详细介绍具体操作方法。

素材文件❀ 第 11 章\素材文件\计算销售精英销售额的总体标准偏差值.xlsx
效果文件❀ 第 11 章\效果文件\计算销售精英销售额的总体标准偏差值.xlsx

step 1 ① 打开素材文件，选择 C10 单元格；② 在窗口编辑栏文本框中，输入公式"=DSTDEVP(A1:D9,4,E2:G3)"，并按 Enter 键，如图 11-19 所示。

step 2 在 C10 单元格中，系统会自动计算出销售精英销售额的总体标准偏差值，如图 11-20 所示，这样即可完成计算销售精英销售额的总体标准偏差值的操作。

图 11-19   图 11-20

11.2.11　计算销售员销售额的样本总体方差值

DVAR 函数用于返回满足条件的样本总体方差，通过使用 DVAR 函数可以方便地计算销售员销售额的样本总体方差值，下面详细介绍具体操作方法。

素材文件❀ 第 11 章\素材文件\计算销售员销售额的样本总体方差值.xlsx

效果文件❀ 第 11 章\效果文件\计算销售员销售额的样本总体方差值.xlsx

 ① 打开素材文件，选择 C10 单元格；② 在窗口编辑栏文本框中，输入公式"=DVAR(A1:D9,4,E2:G3)"，并按 Enter 键，如图 11-21 所示。

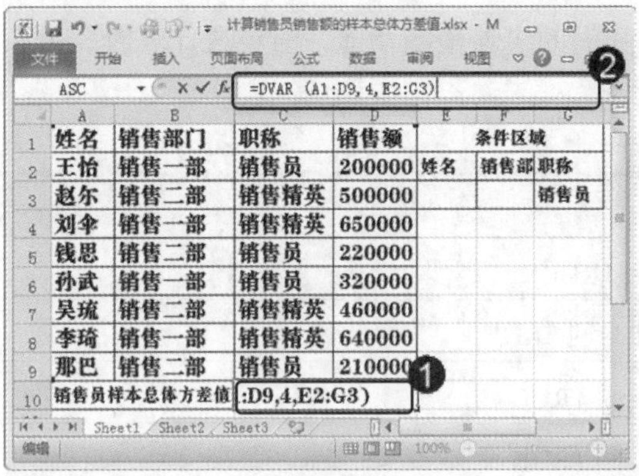

step 2　在 C10 单元格中，系统会自动计算出销售员销售额的样本总体方差值，如图 11-22 所示，这样即可完成计算销售员销售额的样本总体方差值的操作。

图 11-21

图 11-22

11.2.12　计算销售员销售额的总体方差值

DVARP 函数用于返回满足条件的总体方差，通过使用 DVARP 函数可以方便地计算销售员销售额的总体方差值，下面详细介绍具体操作方法。

素材文件❀ 第 11 章\素材文件\计算销售员销售额的总体方差值.xlsx

效果文件❀ 第 11 章\效果文件\计算销售员销售额的总体方差值.xlsx

 ① 打开素材文件，选择 C8 单元格；② 在窗口编辑栏文本框中，输入公式"=DVARP(A1:D9,4,E2:G3)"，并按 Enter 键，如图 11-23 所示。

step 2　在 C8 单元格中，系统会自动计算出销售员销售额的总体方差值，如图 11-24 所示，这样即可完成计算销售员销售额的总体方差值的操作。

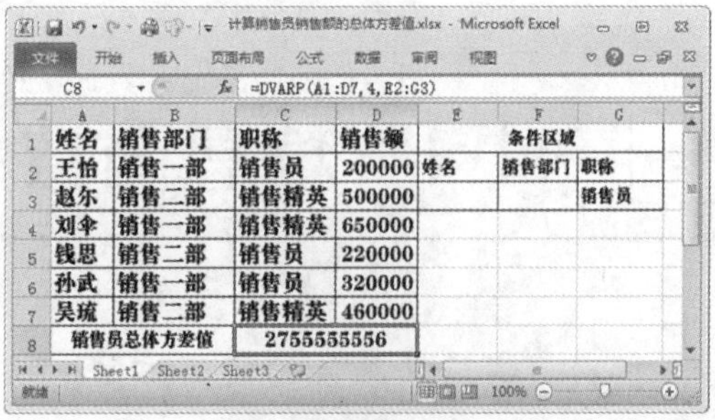

图 11-23

图 11-24

第二章　数据库与信息函数

225

11.3 信息函数

信息函数是用来返回与工作表或单元格相关的各种信息的公式，其中也包括捕获各类出错的信息。本节将详细介绍信息函数的相关知识。

将信息函数配合逻辑函数使用，可以具有强大的错误检测功能，避免在计算时发生意想不到的结果。常见的信息函数如表 11-2 所示。

表 11-2

函　数	说　明
ISBLANK	如果值为空，则返回 TRUE
ISLOGICAL	如果值为逻辑值，则返回 TRUE
ISNUMBER	如果值为数字，则返回 TRUE
ISTEXT	如果值为文本，则返回 TRUE
ISNONTEXT	如果值为非文本，则返回 TRUE
ISEVEN	如果值为偶数，则返回 TRUE
ISODD	如果值为奇数，则返回 TRUE
ISNA	如果值为错误值#N/A，则返回 TRUE
ISREF	如果值为一个引用，则返回 TRUE
ISERR	如果值为除#N/A 以外的任何错误值，则返回 TRUE
ISERROR	如果值为任何一个错误值，则返回 TRUE

下面以 ISBLANK 函数为例，详细介绍信息函数的语法结构。ISBLANK 函数用于判断单元格是否为空，如果为空则返回 TRUE，否则返回 FALSE，其语法结构为：

ISBLANK (value)

参数 value 为必选项，表示判断是否为空的单元格。

 ## 11.4 信息函数应用举例

Excel 2010 中提供了多个信息函数，以方便用户使用，本节将介绍一些信息函数的使用方法。

11.4.1 统计需要进货的商品数量

ISBLANK 函数用于判断单元格是否为空，使用 ISBLANK 函数配合 SUM 函数可以方便地统计需要进货的商品数量，下面详细介绍具体操作方法。

素材文件 第 11 章\素材文件\统计需要进货的商品数量.xlsx

效果文件 第 11 章\效果文件\统计需要进货的商品数量.xlsx

 ① 打开素材文件，选择 D10 单元格；② 在窗口编辑栏文本框中，输入公式"=SUM(ISBLANK(D2:D9)*1)"，并按 Ctrl+Shift+Enter 组合键，如图 11-25 所示。

step 2 在 D10 单元格中，系统会自动统计出需要进货的商品数量，如图 11-26 所示这样即可完成统计需要进货的商品数量的操作。

图 11-25

图 11-26

11.4.2 统计指定商品的进货数量总和

ISNUMBER 函数用于判断是否为空的单元格，使用 ISNUMBER 函数配合 SUM 函数可以方便地统计指定商品的进货数量总和，下面详细介绍具体操作方法。

素材文件 第 11 章\素材文件\统计指定商品的进货数量总和.xlsx

效果文件 第 11 章\效果文件\统计指定商品的进货数量总和.xlsx

 ① 打开素材文件，选择 D10 单元格；② 在窗口编辑栏文本框中，输入公式"=SUM(ISNUMBER(FIND(A2:A9, A10))*D2:D9)"，并按 Ctrl+Shift+Enter 组合键，如图 11-27 所示。

step 2 在 D10 单元格中，系统会自动统计出指定商品的进货数量总和，如图 11-28 所示，这样即可完成统计指定商品的进货数量总和的操作。

第二章 数据库与信息函数

227

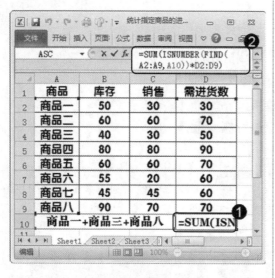

图 11-27

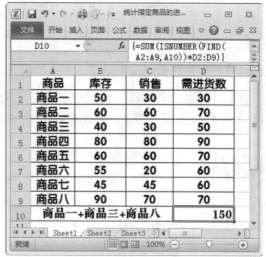

图 11-28

11.4.3　判断员工是否签到

　　ISTEXT 函数用于判断值是否为文本，使用 ISTEXT 函数配合 IF 函数可以方便地判断出员工是否已经签到，下面详细介绍具体操作方法。

 素材文件 ❀ 第 11 章\素材文件\判断员工是否签到.xlsx
效果文件 ❀ 第 11 章\效果文件\判断员工是否签到.xlsx

step 1　① 打开素材文件，选择 D2 单元格；
　　② 在窗口编辑栏文本框中，输入公式"=IF(ISTEXT(C2),"已签"，"未签")"，并按 Enter 键，如图 11-29 所示。

step 2　在 D2 单元格中，系统会自动判断出该员工是否已经签到，向下填充公式至其他单元格，即可完成判断员工是否签到的操作，结果如图 11-30 所示。

图 11-29

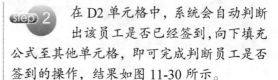

图 11-30

11.4.4 判断员工是否缺席会议

ISNONTEXT 函数用于判断值是否为非文本，使用 ISNONTEXT 函数配合 IF 函数可以方便地判断出员工是否缺席会议，下面详细介绍具体操作方法。

素材文件❀ 第 11 章\素材文件\判断员工是否缺席会议.xlsx

效果文件❀ 第 11 章\效果文件\判断员工是否缺席会议.xlsx

step 1 ① 打开素材文件，选择 D2 单元格；② 在窗口编辑栏文本框中，输入公式"=IF(ISNONTEXT(C2),"缺席","")"，并按 Enter 键，如图 11-31 所示。

step 2 在 D2 单元格中，系统会自动判断出该员工是否缺席，向下填充公式至其他单元格，即可完成判断员工是否缺席会议的操作，结果如图 11-32 所示。

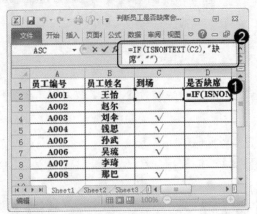

图 11-31

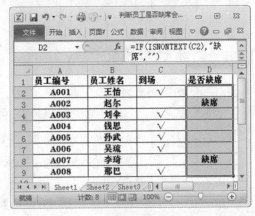

图 11-32

在使用 IF 函数配合 ISTEXT 函数和 ISNONTEXT 函数判断文本的时候，如果需要判断的内容是相同的，只要将 IF 函数的后两个参数相互调换位置，即可得到相同的结果。

11.4.5 统计女员工人数

ISEVEN 函数用于判断数字是否为偶数，使用 ISEVEN 函数配合 SUM 函数可以方便地统计出女员工的人数，下面详细介绍具体操作方法。

素材文件❀ 第 11 章\素材文件\统计女员工人数.xlsx

效果文件❀ 第 11 章\效果文件\统计女员工人数.xlsx

step 1 ① 打开素材文件，选择 B10 单元格；② 在窗口编辑栏文本框中，输入公式"=SUM(ISEVEN(MID(B2:B9,15,3))*1)"，并按 Ctrl+Shift+Enter 组合键，如图 11-33 所示。

step 2 在 B10 单元格中，系统会自动统计出女员工的人数，如图 11-34 所示，这样即可完成统计女员工人数的操作。

第二章 数据库与信息函数

图 11-33

图 11-34

11.4.6　统计男员工人数

ISODD 函数用于判断数字是否为奇数，使用 ISODD 函数配合 SUM 函数可以方便地统计出男员工的人数，下面详细介绍具体操作方法。

素材文件 ✱ 第 11 章\素材文件\统计男员工人数.xlsx
效果文件 ✱ 第 11 章\效果文件\统计男员工人数.xlsx

 ① 打开素材文件，选择 B10 单元格；② 在窗口编辑栏文本框中，输入公式 "=SUM(ISODD(MID(B2:B9,15,3))*1)"，并按 Ctrl+Shift+Enter 组合键，如图 11-35 所示。

step 2 在 B10 单元格中，系统会自动统计出男员工的人数，如图 11-36 所示，这样即可完成统计男员工人数的操作。

图 11-35

图 11-36

11.4.7 查找员工的相关信息

ISNA 函数用于判断错误值是否为#N/A，使用 ISNA 函数配合 VLOOKUP 函数可以方便地查找出员工的相关信息，下面详细介绍具体操作方法。

> 素材文件❀第 11 章\素材文件\查找员工的相关信息.xlsx
> 效果文件❀第 11 章\效果文件\查找员工的相关信息.xlsx

 ① 打开素材文件,选择C11单元格;
② 在窗口编辑栏文本框中，输入公式 "=IF(ISNA(VLOOKUP(C10,A2:C9,2, FAL SE)),"无信息",VLOOKUP(C10,A2:C9,FALSE))"，并按 Enter 键，如图 11-37 所示。

step 2 在 C11 单元格中，系统会自动显示出该员工的信息，如果没有找到此人的相关信息，则返回"无信息"，如图 11-38 所示，这样即可完成查找员工的相关信息的操作。

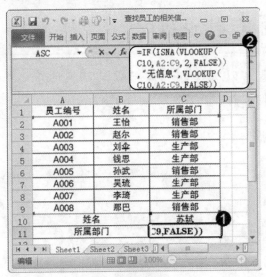

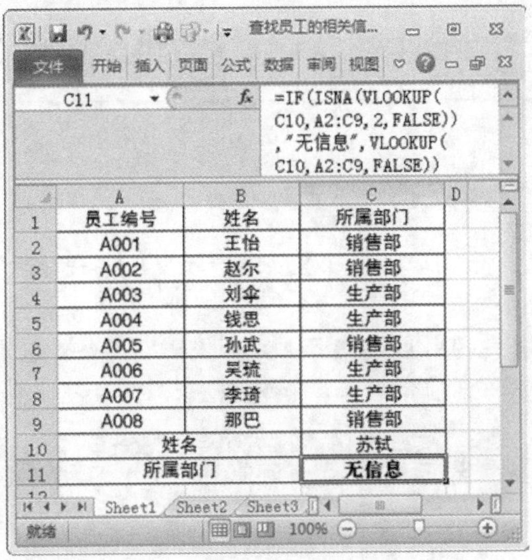

图 11-37

图 11-38

11.4.8 统计销售额总和

ISERROR 函数用于判断值是否为错误值，使用 ISERROR 函数配合 SUM 函数可以快速地统计销售额的总和，下面详细介绍具体操作方法。

> 素材文件❀第 11 章\素材文件\统计销售额总和.xlsx
> 效果文件❀第 11 章\效果文件\统计销售额总和.xlsx

 ① 打开素材文件，选择 D10 单元格；② 在窗口编辑栏文本框中，输入公式" =SUM(IF(ISERROR(D2:D9),0,D2:D9))"，并按 Ctrl+Shift+Enter 组合键，如图 11-39 所示。

step 2 在 D10 单元格中，系统会自动统计出销售额的总和，如图 11-40 所示，这样即可完成统计销售额总和的操作。

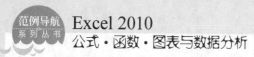

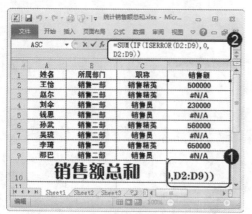

图 11-39

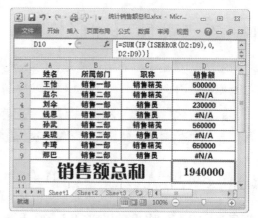

图 11-40

11.5 范例应用与上机操作

通过本章的学习，读者基本可以掌握数据库与信息函数的基本知识，下面通过操作练习，以达到巩固所学、拓展提高的目的。

11.5.1 统计符合多条件的销售额总和

使用 DSUM 函数可以同时对多条件进行统计，下面以统计符合多条件的销售额总和为例，详细介绍具体操作方法。

> 素材文件 ➤ 第 11 章\素材文件\统计符合多条件的销售额总和.xlsx
> 效果文件 ➤ 第 11 章\效果文件\统计符合多条件的销售额总和.xlsx

 step 1 ① 打开素材文件，选择 G7 单元格；
② 在窗口编辑栏文本框中，输入公式"=DSUM(A1:E10,4,F2:H4)"，并按 Enter 键，如图 11-41 所示。

step 2 在 G7 单元格中，系统会自动统计出符合多条件的销售额总和，如图 11-42 所示，这样即可完成统计符合多条件的销售额总和的操作。

图 11-41

图 11-42

11.5.2 计算销售精英的平均月销售额

使用 DAVERAGE 函数可以计算指定条件的平均值，下面以计算销售精英的平均月销售额为例，详细介绍具体操作方法。

素材文件❄ 第 11 章\素材文件\计算销售精英的平均月销售额.xlsx
效果文件❄ 第 11 章\效果文件\计算销售精英的平均月销售额.xlsx

 step 1 ① 打开素材文件，选择C14单元格；
② 在窗口编辑栏文本框中，输入公式 "=DAVERAGE(A1:D9,4,A11:C12)/12"，并按 Enter 键，如图 11-43 所示。

step 2 在 C14 单元格中，系统会自动计算出销售精英的平均月销售额，如图 11-44 所示，这样即可完成计算销售精英的平均月销售额的操作。

图 11-43

图 11-44

11.5.3 返回开奖号码的奇偶组合

使用 ISODD 函数可以快速地将排列三的开奖号码返回奇偶组合，下面以返回开奖号码的奇偶组合为例，详细介绍具体操作方法。

素材文件❄ 第 11 章\素材文件\返回开奖号码的奇偶组合.xlsx
效果文件❄ 第 11 章\效果文件\返回开奖号码的奇偶组合.xlsx

 step 1 ① 打开素材文件，选择 F2 单元格；
② 在窗口编辑栏文本框中，输入公式 "=IF(ISODD(C2),"奇","偶") IF(ISODD(D2), "奇","偶")&IF(ISODD(E2), "奇","偶")"，并按 Enter 键，如图 11-45 所示。

step 2 在 F2 单元格中，系统会自动返回该组号码的奇偶组合，向下填充公式至其他单元格，即可完成返回开奖号码的奇偶组合的操作，结果如图 11-46 所示。

第十一章　数据库与信息函数

图 11-45

图 11-46

 11.6　课后练习

11.6.1　思考与练习

一、填空题

1. _____是用来对表中的数据进行计算和统计的公式。
2. _____是用来返回与工作表或单元格相关的各种信息的公式。

二、判断题

1. DPRODUCT 函数用于返回满足条件的数值的乘积。　　　　　　　　　　（　　　）
2. ISBLANK 函数用于判断是否为空的列。　　　　　　　　　　　　　　（　　　）

三、思考题

1. 写出 DPRODUCT 函数的语法结构。
2. 写出 ISBLANK 函数的语法结构。

11.6.2　上机操作

1. 打开"家电销售统计.xlsx"文档文件，统计符合条件的销售额总和。效果文件可参考"第 11 章\效果文件\家电销售统计.xlsx"。
2. 打开"员工工资.xlsx"文档文件，统计指定员工工资总和。效果文件可参考"第 11 章\效果文件\员工工资.xlsx"。

第12章

数组公式与多维引用

本章主要介绍数组公式与多维引用方面的知识与技巧，同时还介绍数组公式与数组运算、数组构建、条件统计、数据筛选、利用数组公式排序、多维引用的工作原理以及多维引用应用的相关知识。通过本章的学习，读者可以掌握数组公式与多维引用方面的知识，为深入学习 Excel 2010 公式、函数、图表与数据分析知识奠定基础。

范 例 导 航

1. 理解数组
2. 数组公式与数组运算
3. 数组构建
4. 条件统计
5. 数据筛选
6. 利用数组公式排序
7. 多维引用的工作原理
8. 多维引用应用

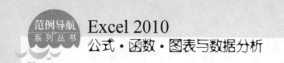
 # 12.1 理解数组

在 Excel 函数与公式应用中，数组是指按照一行、一列或者多行多列进行排列的一组数据集合。本节将详细介绍数组的相关知识。

12.1.1 数组的相关定义

数组是单元的集合或是一组处理的数据元素的集合，其中数据元素可以是数值、文本、日期、逻辑值或者错误值。

数组的维度是指数组的行列方向，一行多列的数组被称为横向数组，一列多行的数组被称为纵向数组，多行多列的数组则同时拥有纵向和横向两个维度。

数组的维数是指数组中不同维度的个数。只有一行或者一列的在单一方向上延伸的数组，被称为一维数组；多行多列即同时拥有两个维度的数组，被称为二维数组。

维数是数组里的一个重要概念。数组的维数是指数组公式所占用工作簿的空间和位置。组有一维数组、二维数组和三维数组等，在日常工作中最常见的是一维数组和二维数组，下面分别予以详细介绍。

1. 一维数组

一维数组可以简单地被看成是一行的单元格数据集合，比如单元格 B5:G5，如图 12-1 所示。

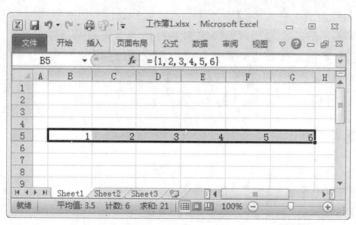

图 12-1

2. 二维数组

二维数组可以看成是一个多行多列的单元格数据集合，也可以看成是多个一维数组的组合，如单元格 C3:F5，如图 12-2 所示。

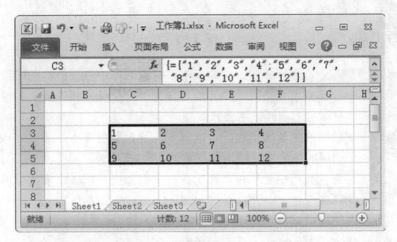

图 12-2

12.1.2 数组的存在形式

在 Excel 中，数组的存在形式包括常量数组、区域数组、内存数组和命名数组，下面分别予以详细介绍。

1. 常量数组

在 Excel 函数与公式的应用中，常量数组是指直接在公式中写入数组元素，并使用大括号在公式首尾进行标识的表达式，不依赖单元格区域，可以直接参与公式计算。

顾名思义，组成常量数组的元素只可以是常量元素，不能为函数、公式或者单元格引用，常量元素中不能包含美元符号、逗号、圆括号和百分号。

一维纵向常量数组，通常被称为行数组，其各个元素之间使用半角分号间隔；而一维横向常量数组，通常被称为列数组，其各个元素之间使用半角逗号间隔。

文本型常量元素必须使用半角双引号将首尾标识出来。二维常量数组的每一行上的元素用半角逗号间隔，每一列上的元素用半角分号间隔。例如，公式"={10,20,30;#N/A,55,TURE; "苹果","2010-10-10","Apple";#VALUE!,FALSE,130000}"为 4 行 3 列的二维混合数据类型的数组，其中包含了数值、文本、日期、逻辑值和错误值。

2. 区域数组

如果在公式或者函数参数中引用工作表的某个单元格区域，并且其中函数参数不是单元格引用或者区域类型(reference、ref 或者 range)，也不是向量(vector)的时候，Excel 会自动将该区域引用转换成由区域中各单元格的值构成的同维数同尺寸的数组，即可称之为区域数组。

区域数组的维度和尺寸与常量数组完全一致，而在公式运算中会自动将区域引用进行转换，这类区域数组也是用户在利用"公式求值"查看公式运算过程时看到的。

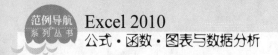

3. 内存数组

内存数组是指某一公式通过计算，在内存中临时返回多个结果值构成的数组。而该公式的计算结果，不必存储到单元格区域中，便可作为一个整体直接嵌套至其他公式中继续参与计算。该公式本身则称为内存数组公式。

内存数组与区域数组的主要区别在于，区域数组通过引用而不是通过公式计算获得，并且区域数组依赖于引用的单元格区域，而不是独立存在于内存中。

在某种意义上，常量数组也是一种存在于内存中的数组，同样不依赖于单元格区域，但其不是通过公式计算在内存中临时获取的，而是作为常量直接输入的。

所以，内存数组的特点是生于内存，存于内存。

4. 命名数组

命名数组是指，使用公式(即名称)定义的一个常量数组、区域数组或者内存数组。该名称可在公式中作为数组来调用。在数据有效性(有效性序列除外)和条件格式的自定义公式中，不接受常量数组，但可以将其命名后，直接调用名称进行运算。

12.2 数组公式与数组运算

数组公式可以认为是 Excel 对公式和数组的一种扩充，是 Excel 公式在以数组为参数时的一种应用。数组公式可以看成是有多重数值的公式。其与单值公式的不同之处在于它可以产生一个以上的结果。一个数组公式可以占用一个或多个单元格。本节将详细介绍数组公式与数组运算的相关知识。

12.2.1 认识数组公式

数组公式使用大括号来区别于其他普通公式。数组公式是以按 Ctrl+Shift+Enter 组合键来完成编辑的特殊公式，作为标识，Excel 会自动在窗口编辑栏中，在数组公式首尾添加大括号。数组公式的实质是单元格公式的一种书写形式，用来显式地通知 Excel 计算引擎对其执行多项计算。

所谓多项计算是指，对公式中有对应关系的数组元素同步执行相关计算，或在工作表的相应单元格区域中同时返回常量数组、区域数组、内存数组或者命名数组的多个元素。

但是，并不是所有执行多项计算的公式，都必须以数组公式的输入方式来完成编辑。一些函数在array数组类型或者vector向量类型的参数中使用数组，并返回单一结果时，Excel不需要获得通知即可直接对其执行多项计算，例如 SUMPRODUCT、LOOKUP、MMULT以及新增的 MODE.MULT 函数。

12.2.2　数组公式的编辑

与其他版本的 Excel 一样，在 Excel 2010 中同样对多单元格数组公式有着一定的限制，具体如下。

- 不能单独改变公式区域某一部分单元格的内容。
- 不能单独移动公式区域的某一部分单元格。
- 不能单独删除公式区域的某一部分单元格。
- 不能在公式区域插入新的单元格。

如果需要对多单元格数组公式进行修改，可以首先将公式区域选中，然后按 F2 键进入编辑状态，在修改内容完成后，再次按下 Ctrl+Shift+Enter 组合键完成公式修改；如果希望删除任意多单元格数组公式中的单元格，可以将其选中，然后按 F2 键进入编辑状态，在删除该单元格之后，再次按 Ctrl+Shift+Enter 组合键即可将其删除。

12.2.3　数组的运算

由于数组的构成元素包括数值、文本、逻辑值、错误值，因此数组继承了各类数据的运算特点(错误值除外)，数值型和逻辑型数组可以进行加法和乘法等常规算术运算，文本型数组可以进行连接符运算。

在运用数组进行计算时，需要注意以下情况。

- 对于相同维度(即方向)的一维数组运算，要求数组的尺寸必须一致，否则运算结果的部分数据将返回#N/A 错误。
- 对于不同维度的一维数组运算，如 1 行 3 列的水平数组与 5 行 1 列的垂直数组，其运算结果将生成新的 5 行 3 列的数组。
- 对于一维数组与二维数组的运算，一维数组与二维数组的相同维度上的元素个数必须相等，否则结果将包含#N/A 错误。
- 对于二维数组之间的运算，要求数组的尺寸完全一致，否则结果将包含#N/A 错误，其原理与以上介绍的相同。

知识精讲

在逻辑型数组运算中，"*"和"+"能够替换 AND 函数和 OR 函数，反之则不行。因为 AND 函数、OR 函数返回的结果是单值 TRUE 或者 FALSE，而如果数组公式需要执行多重计算时，单值不能形成数组公式各参数间一一对应的关系。

12.2.4　数组的矩阵运算

数组的矩阵运算是指矩阵之间加、减、乘、除的运算，下面以计算乘积的 MMULT(array1, array2)函数为例，介绍需要注意的地方。

- array1 的列数必须与 array2 的行数相同，而且两个数组中都只能包含数值。
- array1 和 array2 可以是单元格区域引用或者数组(包括内存数组)。

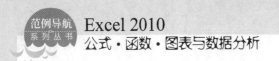

 12.3 数组构建

利用函数来重新构造数组在数组公式中应用得非常多，例如利用行函数结合 INDIRECT 函数生成自然数序列等。本节将详细介绍数组构建的相关知识。

12.3.1 行列函数生成数组

在数组运算中，经常会使用"自然数序列"来作为某些函数的参数，如 INDEX 的第 2 个和第 3 个参数、OFFSET 函数除第 1 个参数以外的所有参数等。如果手工输入常量数组比较麻烦，且容易出错，用户可以利用 ROW、COLUMN 函数结合 INDIRECT 函数快捷方便地来生成序列。

12.3.2 一维数组生成二维数组

一维数组生成二维数组包括一维区域转变为二维数组和两列数据互换生成二维数组，下面分别予以详细介绍。

1. 一维区域转变为二维数组

一维区域转变为二维数组可以被应用在考生排座位上，例如将 9 名学生按顺序排列至 3 行 3 列的座位中，下面详细介绍具体操作方法。

 素材文件❀ 第 12 章\素材文件\座位排序.xlsx
效果文件❀ 第 12 章\效果文件\座位排序.xlsx

step 1 　① 打开素材文件，选中 D2～F4 单元格区域；② 在窗口编辑栏文本框中输入公式"=T(OFFSET($B$1,(ROW "(A1:A3)-1)*3+COLUMN(A1:C1),0))"，并按 Ctrl+Shift+Enter 组合键，如图 12-3 所示。

step 2 　系统会自动为公式添加"{}"符号，并在选中的单元格区域中显示考生的座位排序，如图 12-4 所示，这样即可完成一维区域转变为二维数组的操作。

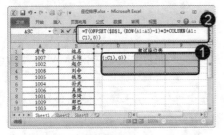

图 12-3

图 12-4

2. 两列数据互换生成二维数组

使用 VLOOKUP 函数可以实现，通过查询员工姓名返回其对应的员工编号数据，下面详细介绍具体操作方法。

素材文件 第 12 章\素材文件\查找员工序号.xlsx
效果文件 第 12 章\效果文件\查找员工序号.xlsx

step 1 ① 打开素材文件，选择 B3 单元格；
② 在窗口编辑栏文本框中，输入公式"=VLOOKUP(B2,IF({1,0},E2:E9,D2:D9),2,0)"，并按 Enter 键，如图 12-5 所示。

step 2 系统会自动在 B3 单元格中显示出该员工的员工编号，如图 12-6 所示，这样即可完成通过查询员工姓名返回其对应的员工编号数据的操作。

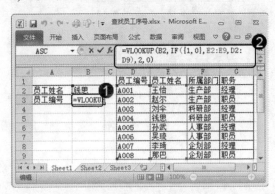

图 12-5

图 12-6

知识精讲

在查找员工编号的时候，使用的公式主要利用了 IF({1,0},E2:E9, D2:D9) 核心公式段，利用 {1,0} 的横向数组，与两个纵向数组进行运算，将"员工姓名"列调整为左列，"员工编号"列调整为右列。

12.4　条件统计

在 Excel 2010 中，条件统计应用包括单条件统计应用和多条件统计应用，本节将分别予以详细介绍。

12.4.1　单条件统计

单条件统计一般用于针对某种品牌计算不重复型号、数量，或者针对人员信息统计不重复的人数或者部门数量。下面以统计部门数量为例，详细介绍单条件统计的操作方法。

素材文件 第 12 章\素材文件\统计部门数量.xlsx
效果文件 第 12 章\效果文件\统计部门数量.xlsx

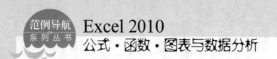

step 1 ① 打开素材文件，选择 D10 单元格；② 在窗口编辑栏文本框中，输入公式"=COUNT(1/(MATCH(C2:C9,C2:C9,)= ROW (C2:C9)-1)))"，并按 Ctrl+Shift+Enter 组合键，如图 12-7 所示。

step 2 系统会自动在 D10 单元格中计算出部门的数量，如图 12-8 所示，这样即可完成统计部门数量的操作。

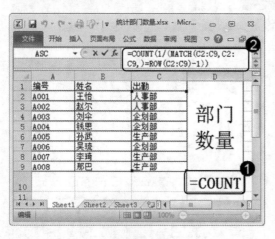

图 12-7

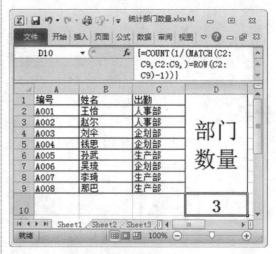

图 12-8

12.4.2 多条件统计

在实际工作中，很多时候用户会遇到从多个条件数据中进行统计的问题。下面以按特定条件统计员工身份信息为例，详细介绍多条件统计的操作方法。

素材文件 第 12 章\素材文件\统计员工信息.xlsx
效果文件 第 12 章\效果文件\统计员工信息.xlsx

step 1 ① 打开素材文件，选择 E9 单元格；② 在窗口编辑栏文本框中，输入公式"=SUM((MID($B$2:$B$9,9,1)="8")*($D$2:$D$9<>""))"，并按 Ctrl+Shift+Enter 组合键，如图 12-9 所示。

step 2 系统会自动在 E9 单元格中统计出生于80年代具有职务的员工数量，如图 12-10 所示，这样即可完成以特定条件统计员工身份信息的操作。

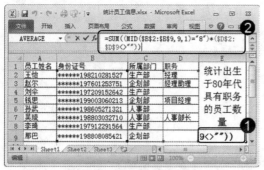

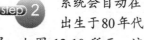

图 12-9

图 12-10

12.5 数据筛选

数据筛选主要是指在一个数据表中提取出唯一的记录。本节将详细介绍使用函数进行数据筛选的操作方法。

12.5.1 一维区域取得不重复记录

为了便于统计各部门的应发工资，可利用公式取得唯一部门列表，并统计出各部门的工资总额，下面详细介绍具体操作方法。

素材文件 ❀ 第 12 章\素材文件\统计各部门工资.xlsx
效果文件 ❀ 第 12 章\效果文件\统计各部门工资.xlsx

 step 1 ① 打开素材文件，选择 F3 单元格；② 在窗口编辑栏文本框中，输入公式"=OFFSET($C$2,SMALL(IF(MATCH($C$3:$C$11,$C$3:$C$11,0)=ROW($C$3:$C$11)-2,ROW($C$3:$C$11)-2,65534),ROW(A1)),)"，并按 Ctrl+Shift+Enter 组合键，如图 12-11所示。

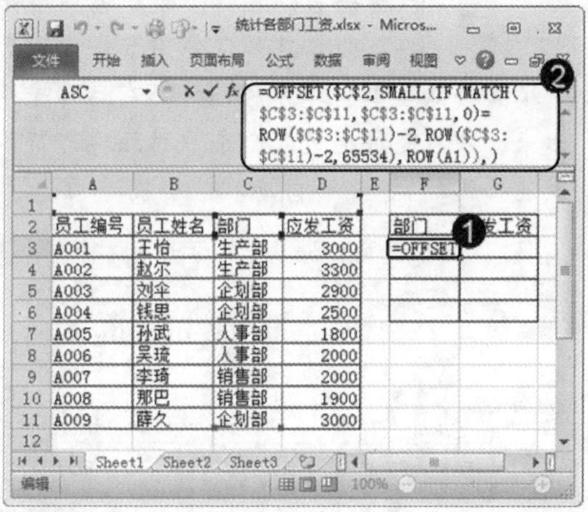

step 2 系统会自动在 F3 单元格中显示一个部门，使用鼠标左键向下填充公式至其他单元格，将所有部门显示出来，如图 12-12 所示。

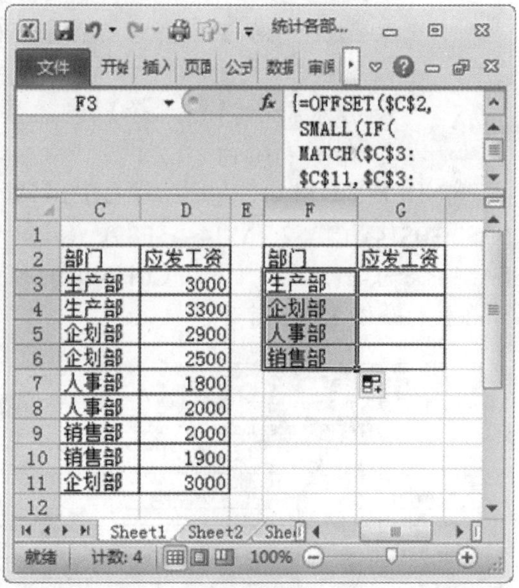

图 12-11

step 3 ①选择 G3 单元格；② 在窗口编辑栏文本框中，输入公式"=SUMIF(C3:C11,F3,D3:D11)"，并按 Enter 键，如图 12-13 所示。

图 12-12

step 4 系统会自动在 G3 单元格中计算出对应部门的工资数总和，使用鼠标左键向下填充公式至其他单元格，即可完成取得唯一部门列表并统计出各部门工资总额的操作，结果如图 12-14 所示。

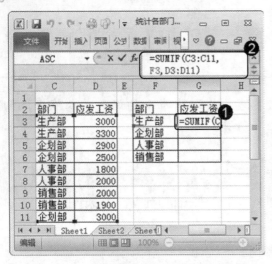

图 12-13

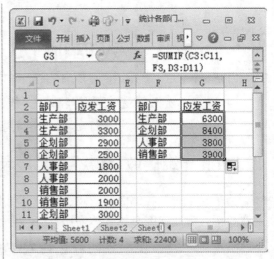

图 12-14

12.5.2　多条件提取唯一记录

在商品的库存表中，当用户指定具体商品的类目时，可以通过几个条件对品牌进行不重复筛选，下面详细介绍具体操作方法。

素材文件❀ 第 12 章\素材文件\商品库存.xlsx
效果文件❀ 第 12 章\效果文件\商品库存.xlsx

 ① 打开素材文件，选择 F6 单元格；
② 在窗口编辑栏文本框中，输入公式 "=INDEX(B:B,MATCH(0, COUNTIF(F$5:F5, $B$2:$B$14)+($A$2:$A$14<>$F$3)* (AZ: $A$14<>""),0)+1)&""" ，并按 Ctrl+Shift+Enter 组合键，如图 12-15 所示。

 系统会自动在 F6 单元格中显示一个商品品牌，使用鼠标左键向下填充公式至其他单元格，将所有品牌显示出来，即可完成通过几个条件对品牌进行不重复筛选的操作，结果如图 12-16 所示。

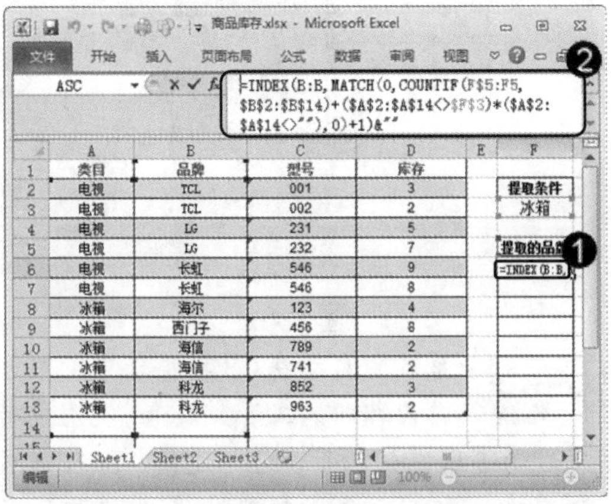

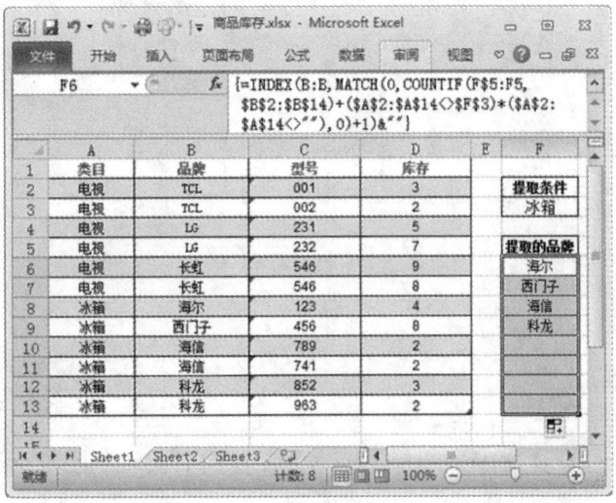

图 12-15

图 12-16

12.6 利用数组公式排序

使用数组公式可以对数值进行排序，也可以根据汉字进行排序。本节将详细介绍利用数组公式排序的相关知识。

12.6.1 快速实现中文排序

利用数组公式，可以对工作表中的中文进行快速排序。下面详细介绍快速实现中文排序的具体操作方法。

素材文件 第 12 章\素材文件\排序股票名称.xlsx
效果文件 第 12 章\效果文件\排序股票名称.xlsx

step 1 ① 打开素材文件，选择 F2~F9 单元格区域；② 在窗口编辑栏文本框中，输入公式 " =INDEX($B:$B,RIGHT(SMALL (COUNTIF(INDEX(A2:D9,,2)，"<="&INDEX (A2:D9,,2))*100000+ROW(A2:D9),ROW()-1), 5))"，并按 Ctrl+Shift+Enter 组合键，如图 12-17 所示。

step 2 系统会自动在 F2~F9 单元格区域中将所有股票名称进行重新排序，如图 12-18 所示，这样即可完成快速实现中文排序的操作。

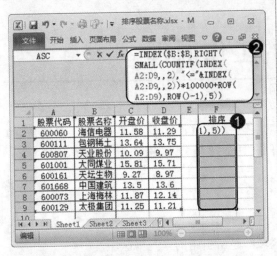

图 12-17

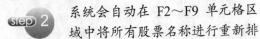

图 12-18

12.6.2 根据产品产量进行排序

使用数组公式不仅可以对汉字进行排序，也可以对数值进行排序。下面以排序产量为例，详细介绍对数值进行排序的具体操作方法。

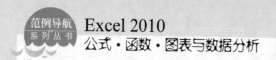

素材文件※ 第 12 章\素材文件\按照产量排序.xlsx

效果文件※ 第 12 章\效果文件\按照产量排序.xlsx

step 1 ① 打开素材文件，选择 F2～F8 单元格区域；② 在窗口编辑栏文本框中，输入公式 "=INDEX($C:$C,RIGHT(SMALL(RANK($D$2:$D$8,$D$2:$D$8)*100000+ROW($D$2:$D$8),ROW()−ROW($1:$1)),5))"，并按 Ctrl+Shift+Enter 组合键，如图 12-19 所示。

step 2 系统会自动在 F2～F8 单元格区域中将所有型号进行重新排序，如图 12-20 所示，这样即可完成根据产品产量进行排序的操作。

图 12-19

图 12-20

12.7 多维引用的工作原理

多维引用可以用来取代辅助单元格公式，在内存中构造出对多个单元格区域的虚拟引用，各区域独立参与计算，同步返回结果，从而提高公式的编辑和运算效率。本节将详细介绍多维引用的相关知识。

12.7.1 认识引用的维度

使用区域运算符冒号 ":" 可以对单元格区域进行引用，冒号两侧的单元格分别对应引用区域的左上角和右下角，两者之间的矩形区域即是所引用的单元格区域。

与数组的维度相似，单元格区域引用具有 "维" 的特性。当引用区域的单元格均在同一行或者同一列的时候，该引用称为一维引用，如 A1:D1 或者 A1:A5 单元格区域。当引用区域具有两行两列或者多行多列的时候，该引用称为二维引用，如 A1:C2 单元格区域是以 A1 单元格为左上角、C2 单元格为右下角的 2 行 3 列的矩形区域，它形成了一个二维的面。

12.7.2 引用函数生成的多维引用

多维引用实质上是在不同的平面层次上的多个引用区域，其中每个平面只有一个单元格或一个矩形区域引用，不同平面的引用在多维空间上形成一个整体的引用。为了便于理解，可以形象地将多维引用理解为空间立体图形，如一维为线，由行列两个方向取其一，其度量标准是"长度"；二维为面，由行和列两个方向构成，其度量单位包括"宽度"和"高度"；三维为体，由行、列和层三方面构成，其度量单位包括了"宽度"、"高度"和"层次"，这里的体实际上构成了一个三维空间。由此衍生，四维为体的线状排列，由行或者列两个方向取其一；五维为体的面状排列，由行和列两个方面构成；六维为体的体状排列，是以空间体为元素构造出的一个空间；以此类推。

Excel 现有的函数支持最多四维引用，目前比较常用的是三维引用。

除连续多表单元格区域直接引用所形成的三维引用以外，当 OFFSET 函数、INDIRECT 函数的某些参数为数组的时候，函数返回的引用区域也会具有类似的三维引用特征。

12.8　多维引用应用

在了解了多维引用之后，可以通过一些简单的实例，将多维引用应用到日常工作中。本节将介绍一些多维引用方面的操作方法。

12.8.1　支持多维引用的函数

在 Excel 2010 中，带有 reference、range 或 ref 参数的部分函数以及数据库函数，可对多维引用返回的各区域分别进行同步计算，并对应每个区域，返回一个由计算结果值构成的一维或者二维数组。其中，结果值数组的元素个数和维度与多维引用返回的区域个数和维度是一致的。

已经证实，可用于处理多维引用的函数有 AREAS、SUMIF、COUNTIF、SUBTOTAL、COUNTBLANK、RANK 以及所有数据库函数，如 DSUM、DCOUNT 函数等。

此外，还有 N 和 T 两个函数，虽然它们没有 range 或者 ref 参数，但其可以返回多维引用中各区域的第一行和第一列单元格的值，并组成一个一维或者二维数组。

12.8.2　统计多学科不及格人数

在每次考试结束后，统计出学生成绩中不及格的人数通常是非常必要的工作，下面详细介绍统计多学科不及格人数的操作方法。

素材文件　第 12 章\素材文件\统计多学科不及格人数.xlsx
效果文件　第 12 章\效果文件\统计多学科不及格人数.xlsx

step 1 ① 打开素材文件，选择 F2 单元格；② 在窗口编辑栏文本框中，输入公式“=SUMPRODUCT(N(COUNTIF(OFFSET (B2:D2,ROW(B3:D12)-ROW($B$2),),"<60")>=1))”，并按 Ctrl+Shift+Enter 组合键，如图 12-21 所示。

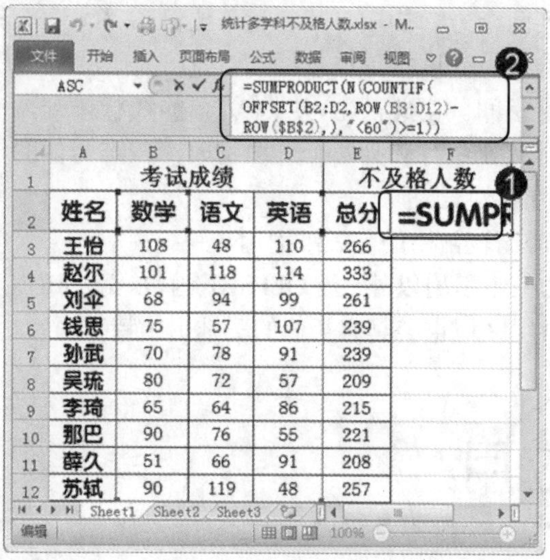

图 12-21

step 2 系统会自动在 F2 单元格中统计出所有成绩不及格的人数，如图 12-22 所示，这样即可完成统计多学科不及格人数的操作。

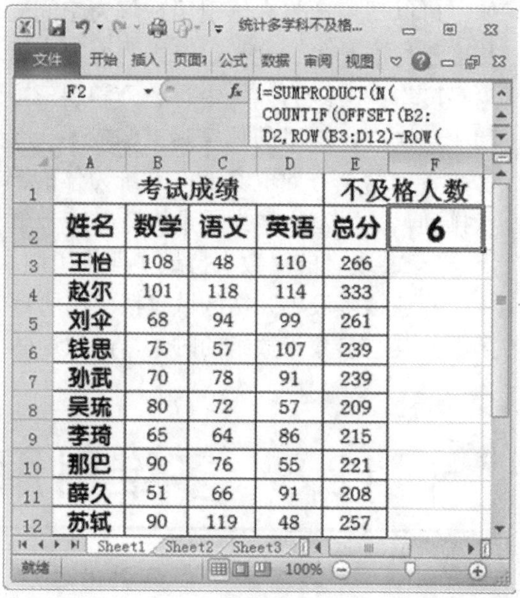

图 12-22

12.8.3 根据比赛评分进行动态排名

在国际竞技比赛中，通常是去掉一个最高分和一个最低分，然后取剩余分数的平均值为最后得分。下面以跳水比赛为例，详细介绍根据比赛评分进行动态排名的操作方法。

素材文件 第 12 章\素材文件\根据比赛评分进行动态排名.xlsx

效果文件 第 12 章\效果文件\根据比赛评分进行动态排名.xlsx

step 1 ① 打开素材文件，选择【公式】选项卡；② 在【定义的名称】组中，单击【名称管理器】按钮，如图 12-23 所示。

图 12-23

step 2 弹出【名称管理器】对话框，单击【新建】按钮，如图 12-24 所示。

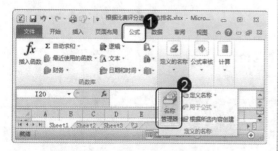

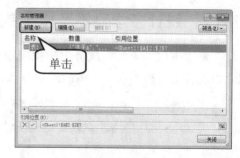

图 12-24

step 3 ① 弹出【新建名称】对话框，在【名称】文本框中，输入准备使用的名称；② 在【引用位置】文本框中，输入公式 "=ROUND(MMULT(SUBTOTAL({9,4,5},, OFFSET(Sheet1!$B$2:$I$2,ROW(Sheet1! $3:$8) −2,)),{1;−1;−1})/6,3)"；③ 单击【确定】按钮，如图 12-25 所示。

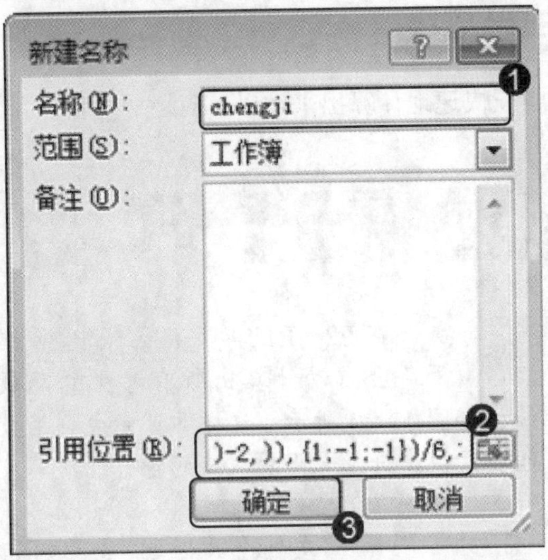

step 4 返回到【名称管理器】对话框，单击【关闭】按钮，如图 12-26 所示。

图 12-26

step 6 系统会自动在E11单元格中显示排名第一的选手，向下填充公式至其他单元格，即可完成根据比赛评分进行动态排名的操作，结果如图 12-28 所示。

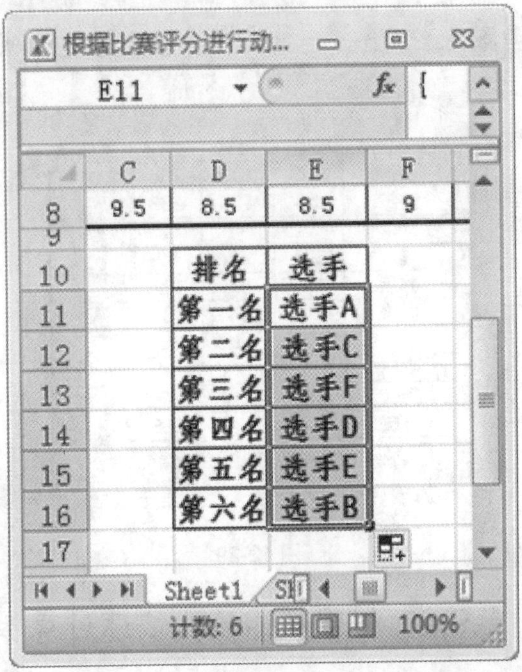

图 12-25

step 5 ① 返回到工作表界面，选择 E11 单元格；② 在窗口编辑栏文本框中，输入公式 "=INDEX($A$3:$A$8,RIGHT(LARGE (chengji*10^8+ROW($A$3:$A$8)-2,ROW (A1)),5))"，按 Enter 键，如图 12-27 所示。

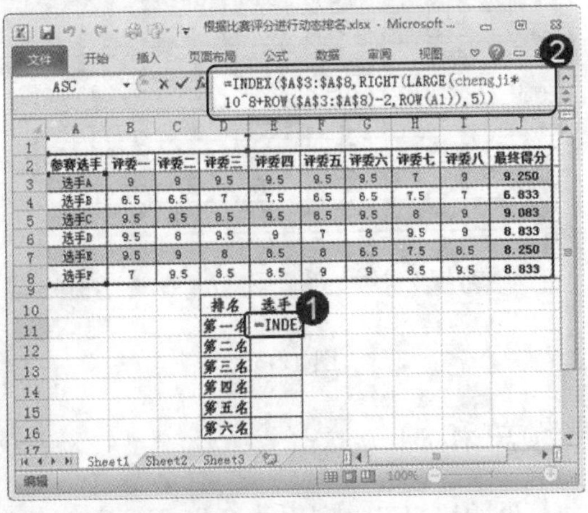

图 12-27

图 12-28

249

12.9 范例应用与上机操作

通过本章的学习，读者基本可以掌握数组公式与多维引用的基本知识。下面通过操作练习，以达到巩固学习、拓展提高的目的。

12.9.1 利用数组公式快速计算考生总成绩

在日常工作中，可以利用数组公式将考生成绩快速地计算出来，以节省运算时间，下面详细介绍具体操作方法。

素材文件※ 第 12 章\素材文件\计算考生成绩.xlsx
效果文件※ 第 12 章\效果文件\计算考生成绩.xlsx

 step 1　① 打开素材文件，选择 E2～E11 单元格区域；② 在窗口编辑栏文本框中，输入公式"=B2:B11+C2:C11+D2:D11"，并按 Ctrl+Shift+Enter 组合键，如图 12-29 所示。

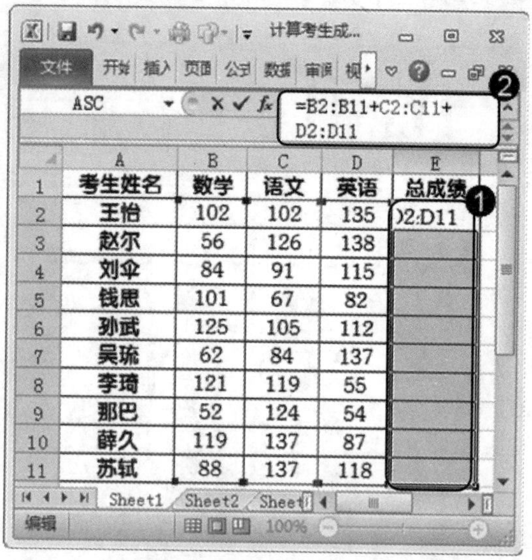

step 2　在 E2～E11 单元格区域中，系统会自动计算出所有考生的总成绩，如图 12-30 所示，这样即可完成利用数组公式快速计算考生总成绩的操作。

图 12-29

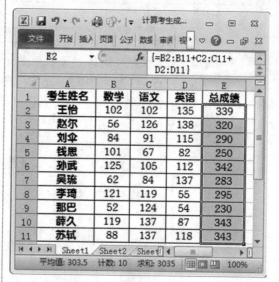

图 12-30

12.9.2 利用数组公式快速计算销售额总和

在统计出各销售网点的销售量之后，在已知单价的情况下，利用数组公式可以快速地计算出销售额的总和，下面详细介绍具体操作方法。

素材文件 第 12 章\素材文件\统计销售额总和.xlsx
效果文件 第 12 章\效果文件\统计销售额总和.xlsx

step 1 ① 打开素材文件，选择 F9 单元格；② 在窗口编辑栏文本框中，输入公式“=SUM(B3:E8*F5)”，并按 Ctrl+Shift+Enter 组合键，如图 12-31 所示。

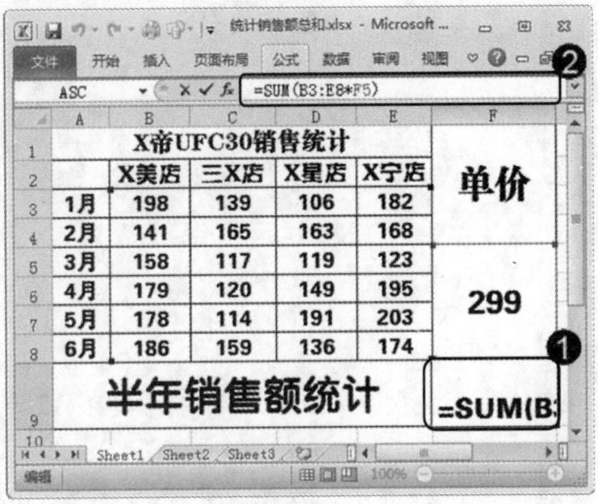

图 12-31

step 2 在 F9 单元格中，系统会自动计算出所有销售额的总和，如图 12-32 所示，这样即可完成用数组公式快速计算销售额总和的操作。

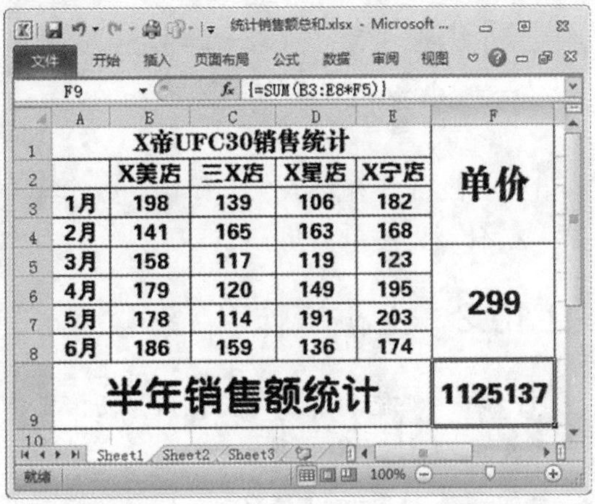

图 12-32

12.10 课后练习

12.10.1 思考与练习

一、填空题

1. ________是单元的集合或是一组处理的数据元素的集合，其中数据元素可以是数值、文本、日期、________或者错误值。

2. ________可以认为是 Excel 对公式和数组的一种扩充，是 Excel 公式在以数组为参数时的一种应用。________可以看成是有多重数值的公式。

3. ________可以用来取代辅助单元格公式，在内存中构造出对多个单元格区域的虚拟引用，各区域独立参与计算，同步返回结果，从而提高________的编辑和运算效率。

4. 使用数组公式可以对________进行排序，也可以根据汉字进行排序。

二、判断题

1. 数组的维度是指数组的行列方向，一行多列的数组被称为纵向数组，一列多行的数组被称为横向数组。 （　　）

2. 数组的矩阵运算是指矩阵之间加、减、乘、除的运算。 （　　）

3. 条件统计应用只可以进行单条件统计应用。 （　　）

4. 多维引用实质上是在不同的平面层次上的多个引用区域，其中每个平面只有一个单元格或一个矩形区域引用，不同平面的引用在多维空间上形成一个整体的引用。 （　　）

三、思考题

1. 什么是数组公式？

2. 什么是多维引用？

12.10.2　上机操作

1. 打开"统计商品类型.xlsx"文档文件，并统计商品类型。效果文件可参考"第12章\效果文件\统计商品类型.xlsx"。

2. 打开"商品明细.xlsx"文档文件，并对商品名称进行排序。效果文件可参考"第12章\效果文件\商品明细.xlsx"。

第13章

使用统计图表分析数据

本章主要介绍使用统计图表分析数据方面的知识与技巧，同时还介绍如何创建图表、编辑图表以及如何设置图表格式，在最后还介绍迷你图的相关知识。通过本章的学习，读者可以掌握使用统计图表分析数据方面的知识，为深入学习 Excel 2010 公式、函数、图表与数据分析知识奠定基础。

范例导航

1. 认识图表
2. 创建图表
3. 编辑图表
4. 设置图表格式
5. 创建与使用迷你图
6. 编辑数据系列
7. 图表分析

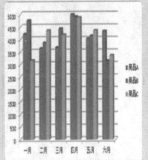

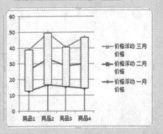

13.1 认识图表

　　图表是针对数据和信息直观地展示信息并起到关键作用的图形结构。图表具有信息表达的准确性、信息表达的可读性和图标设计的艺术性三个特征。本节将详细介绍图表的相关知识。

13.1.1 图表的类型

　　图表在 Excel 2010 中默认分为柱形图、折线图、饼图、条形图、面积图、XY 散点图、股价图、曲面图、圆环图、气泡图和雷达图这 11 种类型，不同的类型具有不同的构成要素，下面分别予以介绍。

1. 柱形图

　　柱形图用于显示一段时间内数据变化或各项数据之间的比较情况。通常绘制柱形图时，水平轴表示组织类型，垂直轴则表示数值。柱形图包括二维柱形图、三维柱形图、圆柱柱形图、圆锥柱形图和棱锥柱形图 5 种子类型。

2. 折线图

　　折线图可以显示随时间(根据常用比例设置)而变化的连续数据。通常绘制折线图时，类别数据沿水平轴均匀分布，所有值数据沿垂直轴均匀分布。折线图可分为二维折线图和三维折线图两种。

3. 饼图

　　饼图可以非常清晰直观地反映统计数据中各项所占的百分比或是某个单项占总体的比例，使用饼图能够非常方便地查看整体与个体之间的关系。饼图的特点是只能将工作表中的一列或一行绘制到饼图中。饼图可分为二维饼图和三维饼图两种。

4. 条形图

　　条形图是用来描绘各个项目之间数据差别情况的一种图表，重点强调在特定时间点上分类轴和数值之间的比较。条形图主要包括二维条形图、三维条形图、圆柱图、圆锥图、棱锥图等。

5. 面积图

　　面积图用于显示某个时间阶段的总数与数据系列的关系。面积图强调数量随时间而变化的程度，还可以使观看图表的人更加注意总值趋势的变化。面积图包括二维面积图和三维面积图两种子类型。

6. XY 散点图

XY 散点图又称为散点图，用于显示若干数据系列中各数值之间的关系，利用散点图可以绘制函数曲线。散点图通常用于显示和比较数值，如科学数据、统计数据或工程数据等。XY 散点图包括仅带数据标记的散点图、带平滑线和数据标记的散点图、带平滑线的散点图、带直线和数据标记的散点图和带直线的散点图 5 种子类型。

7. 股价图

顾名思义，股价图是用来分析、显示股价的波动和走势的图表，在实际工作中，股价图也可以用于计算和分析科学数据。需注意的是，用户必须按正确的顺序组织数据才能创建股价图。股价图分为盘高—盘底—收盘图、开盘—盘高—盘底—收盘图、成交量—盘高—盘底—收盘图和成交量—开盘—盘高—盘底—收盘图 4 种子类型。

8. 曲面图

曲面图主要用于两组数据之间的最佳组合，如果 Excel 工作表中数据较多，而用户又准备找到两组数据之间的最佳组合时，可以使用曲面图。曲面图包含 4 种子类型，分别为曲面图、曲面图(俯视框架)、三维曲面图和三维曲面图(框架图)。

9. 圆环图

圆环图同饼图类似，也用来表示各个数据间整体与部分的比例关系，但圆环图可以包含多个数据系列，使数据量更加丰富。圆环图主要包括普通圆环图和分离型圆环图两种。

10. 气泡图

气泡图与 XY 散点图的作用类似，用于显示变量之间的关系，但是气泡图可以对成组的三个数值进行比较。气泡图包括普通气泡图和三维气泡图两种子类型。

11. 雷达图

雷达图可以比较若干数据系列的聚合值，用于显示数据中心点以及数据类别之间的变化趋势，也可以将覆盖的数据系列用不同的演示显示出来。雷达图主要包括普通雷达图、带数据标记的雷达图和填充雷达图 3 种子类型。

在 Excel 2010 中，大的图表类型有 11 种，但每个图表类型又都包括多种子类型，各子类型又可分为多个小类别，所以图表的类型是多种多样的，用户可以根据工作需要，选择不同的图表来使用。

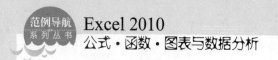
13.1.2 图表的组成

在 Excel 2010 中，创建完成的图表由图表区、绘图区、标题、数据系列、坐标轴、图例和模拟运算表等多个部分组成，如图 13-1 所示。

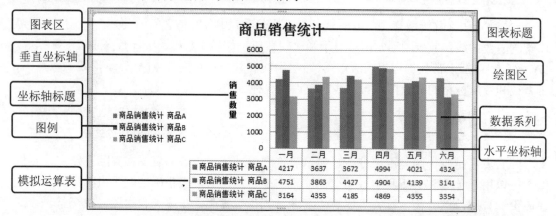

图 13-1

1. 图表区

图表区是指图表的全部范围，Excel 默认图表区是由白色填充区域和 50%灰色细实线边框组成的。选中图表区的时候，将显示图表对象边框，用于调节图表大小的 8 个控制点。

图表区具有以下功能。

- 通过设置图表区的填充、边框颜色、边框样式、阴影、发光和柔滑边缘、三维格式等项目改变图表的外观。
- 改变图表区的大小即可调整整个图表的大小以及长宽比例。
- 设计图表的位置是否随单元格变化，以及选择是否打印图表。
- 选中图表区后，可以设置图表中文字的字体、大小和颜色。

2. 绘图区

绘图区是指图表区内部的图形表示区域，即以两个坐标轴为边的矩形区域。选中绘图区时，将显示绘图区边框，用于调整绘图区大小的 8 个控制点。

绘图区具有以下功能。

- 通过设置绘图区的填充、边框颜色、边框样式、阴影、发光和柔滑边缘、三维格式等项目改变绘图区的外观。
- 通过拖动控制点，可以改变绘图区的大小，以适合图表的整体效果。

3. 标题

标题包括图表标题和坐标轴标题两种。图表标题是显示在绘图区上方的类文本框，坐标轴标题是显示在坐标轴外侧的类文本框。

图表标题只有 1 个，而坐标轴标题最多允许出现 4 个。Excel 默认的标题是无边框的黑色文字。

图表标题的作用是对图表主要内容进行说明，坐标轴标题的作用是对对应的坐标轴内容进行标示。

4. 数据系列

数据系列是由数据点构成的，每个数据点对应于工作表中的某个单元格内的数据，数据系列对应工作表中的一行或者一列数据。数据系列在绘图区域中表现为彩色的点、线或者面等图形。

数据系列具有以下功能。

- 通过设置数据系列的填充、边框颜色、边框样式、阴影、发光和柔滑边缘、三维格式等项目改变数据系列的外观。
- 单独修改某个数据点的格式。
- 当一个图表含有两个或者两个以上的数据系列时，可以指定数据系列绘制在主坐标轴或者次坐标轴。若有一个数据系列绘制在次坐标轴上，则图表中将显示次坐标轴。
- 设置不同数据系列之间的重叠比例。
- 设置同一数据系列不同数据点之间的间隔大小。
- 为各个数据点添加数据标签。
- 添加趋势线、误差线、涨/跌柱线、垂直线和高低点连线等。
- 调整不同数据系列的排列次序。

5. 坐标轴

坐标轴按位置不同可分为主坐标轴和次坐标轴两类。Excel 默认显示的是绘图区左边的主要纵坐标轴和下边的主要横坐标轴。坐标轴按引用数据不同可分为数值轴、分类轴、时间轴和序列轴 4 种。

坐标轴具有以下功能。

- 通过设置坐标轴的填充、边框颜色、边框样式、阴影、发光和柔滑边缘、三维格式等项目改变坐标轴的外观。
- 设置刻度值、刻度线和交叉点等。
- 设置逆序刻度或者对数刻度。
- 调整坐标轴标签的对齐方式。
- 设置坐标轴标签的数字格式和单位。

6. 图例

图例由图例项和图例标示组成。在默认设置中，包含图例的无边框矩形区域显示在绘图区右侧。

图例具有以下功能。

- 对数据系列的主要内容进行说明。

- 设置图例显示在图表区中的位置。
- 通过设置图例的填充、边框颜色、边框样式、阴影、发光和柔滑边缘等项目改变图例的外观。
- 单独对某个图例项进行格式设置。

7. 模拟运算表

模拟运算表又称数据表，是显示图表中所有数据系列的数据源。对于设置了显示数据表的图表，数据表将固定显示在绘图区的下方。如果图表中已经显示了数据表，则一般不再同时显示图例。

模拟运算表具有以下功能。

- 显示数据系列数据源的列表。
- 可以在一定程度上取代图例和主要横坐标。
- 通过设置模拟运算表的填充、边框颜色、边框样式、阴影、发光和柔滑边缘、三维格式等项目改变模拟运算表的外观。
- 设置显示模拟运算表的边框和图例项标示。

8. 三维背景

三维背景是由基底、背面墙和侧面墙组成的。通过三维视图格式，可以调整三维图表的透视效果，如图 13-2 所示。

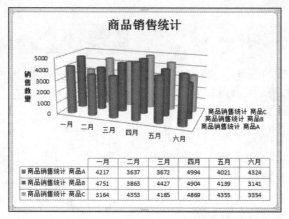

图 13-2

13.2 创建图表

在 Excel 2010 中，创建图表的方法有三种，包括使用图表向导创建图表、使用功能区创建图表和使用快捷键创建图表。本节将详细介绍创建图表的相关知识。

13.2.1　使用图表向导创建图表

在 Excel 2010 工作表中，可以将准备创建图表的数据选中，然后使用图表向导来创建图表，下面详细介绍具体操作方法。

> 素材文件❀第 13 章\素材文件\商品销售统计.xlsx
> 效果文件❀第 13 章\效果文件\商品销售统计 1.xlsx

 ① 打开素材文件，选择准备创建图表的表格数据；② 选择【插入】选项卡；③ 在【图表】组中，单击【启动器】按钮，如图 13-3 所示。

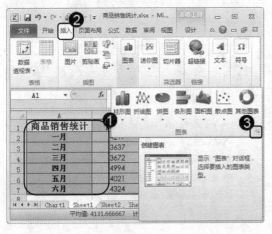

图 13-3

step 3　返回到工作表界面，可以看到已经创建好的图表，如图 13-5 所示，这样即可完成使用图表向导创建图表的操作。

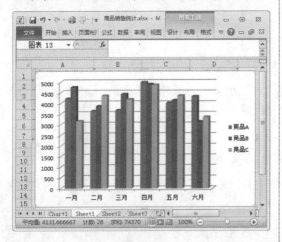

图 13-5

step 2　① 弹出【更改图表类型】对话框，在左侧的图表类型列表框中，选择准备使用的图表类型；② 在右侧的图表样式列表框中，选择准备使用的图表样式；③ 单击【确定】按钮，如图 13-4 所示。

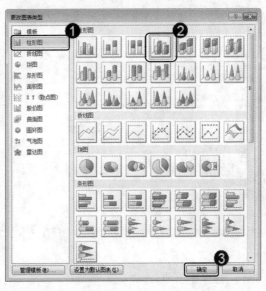

图 13-4

 智慧锦囊

在 Excel 2010 中，用户可还以创建自定义图表类型模板，以方便日后调图。

考考您

请您根据上述方法创建一个图表，测试一下您的学习效果。

第 13 章　使用统计图表分析数据

13.2.2 使用功能区创建图表

在 Excel 2010 工作表中，用户还可以通过功能区来创建图表，下面详细介绍具体操作方法。

素材文件 第 13 章\素材文件\商品销售统计.xlsx

效果文件 第 13 章\效果文件\商品销售统计 2.xlsx

step 1 ① 打开素材文件，选择准备创建图表的表格数据；② 选择【插入】选项卡；③ 在【图表】组中，单击准备使用的图表类型下拉按钮，如【条形图】下拉按钮；④ 在弹出的下拉菜单中，选择准备使用的图表样式，如【簇状水平圆柱图】样式，如图 13-6 所示。

step 2 返回到工作表界面，可以看到已经创建好的图表，如图 13-7 所示，这样即可完成使用功能区创建图表的操作。

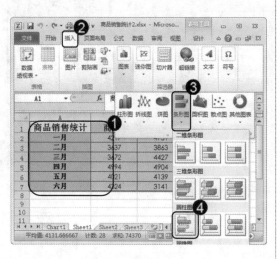

图 13-6

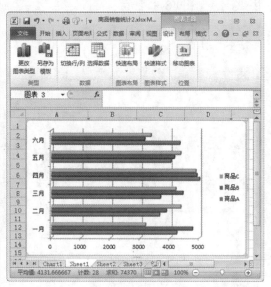

图 13-7

13.2.3 使用快捷键创建图表

在 Excel 2010 工作表中，可以使用快捷键来创建图表，其中包括在原工作表中创建图表和在新建的工作表中创建图表，下面分别予以详细介绍。

1. 在原工作表中创建图表

在原工作表中创建图表，顾名思义，是在原数据所在工作表中创建一个图表，下面详细介绍具体操作方法。

素材文件 第 13 章\素材文件\商品销售统计.xlsx

效果文件 第 13 章\效果文件\商品销售统计 3.xlsx

step 1 打开素材文件,单击工作表中数据区域任意单元格,按 Alt+F1 组合键,如图 13-8 所示。

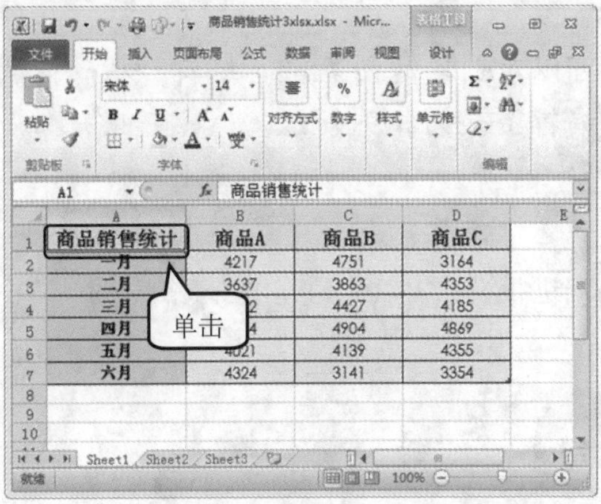

step 2 可以看到已经创建好的图表,如图 13-9 所示,这样即可完成在原工作表中创建图表的操作。

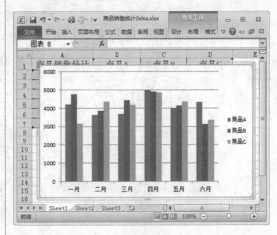

图 13-8

图 13-9

2. 在新建的工作表中创建图表

除了在原工作表中创建图表之外,用户还可以通过快捷键在新建的工作表中创建图表,下面详细介绍具体操作方法。

素材文件✿第 13 章\素材文件\商品销售统计.xlsx

效果文件✿第 13 章\效果文件\商品销售统计 4.xlsx

step 1 打开素材文件,单击工作表中数据区域任意单元格,按 F11 键,如图 13-10 所示。

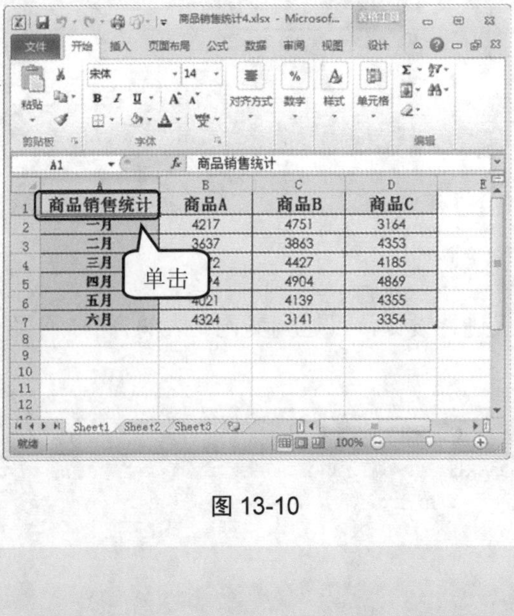

step 2 可以看到,工作簿中新建了一个工作表,并在其中显示出创建好的图表,如图 13-11 所示,这样即可完成在新建的工作表中创建图表的操作。

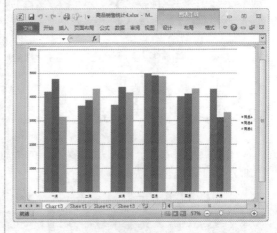

图 13-10

图 13-11

13.3 编辑图表

在图表创建完成之后，用户可以对创建的图表进行编辑，从而能获得满意的效果。本节将详细介绍编辑图表的相关知识。

13.3.1 设计图表布局

在创建完图表之后，用户可以对图表的布局进行设计，以达到美化图表的目的，下面详细介绍具体操作方法。

素材文件 第 13 章\素材文件\公司运动会.xlsx

效果文件 第 13 章\效果文件\公司运动会.xlsx

 ① 打开素材文件，单击图表任意位置；② 选择【设计】选项卡；③ 在【图表布局】组中，单击【快速布局】下拉按钮；④ 在弹出的下拉菜单中，选择准备使用的布局样式，如图 13-12 所示。

 可以看到图表的布局已经发生了改变，如图 13-13 所示，这样即可完成设计图表布局的操作。

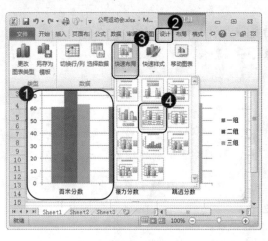

图 13-12

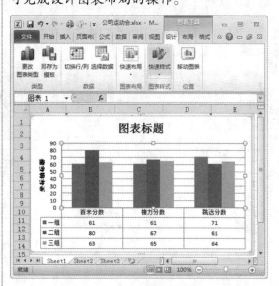

图 13-13

13.3.2 设计图表样式

在创建完图表之后，用户可以对图表的样式进行设计，以达到美化图表的目的，下面详细介绍具体操作方法。

 素材文件 第 13 章\素材文件\公司运动会.xlsx

效果文件 第 13 章\效果文件\公司运动会.xlsx

step 1　① 打开素材文件，单击图表任意位置；② 选择【设计】选项卡；③ 在【图表样式】组中，单击【快速样式】下拉按钮；④ 在弹出的下拉菜单中，选择准备使用的图表样式，如图 13-14 所示。

step 2　可以看到图表的样式已经发生了改变，如图 13-15 所示，这样即可完成设计图表样式的操作。

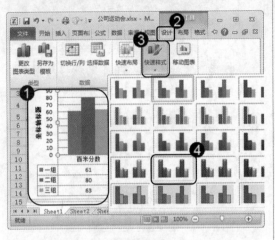

图 13-14

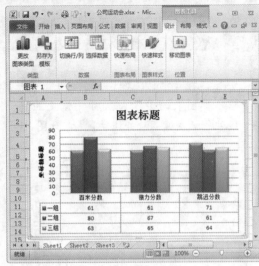

图 13-15

13.3.3　调整图表大小

创建完成的图表在工作表中是按照默认大小显示的，如果用户不满意，可以调整其大小，以达到预期的效果。下面详细介绍调整图表大小的操作方法。

素材文件❀第 13 章\素材文件\公司运动会.xlsx
效果文件❀第 13 章\效果文件\公司运动会.xlsx

step 1　① 打开素材文件，单击图表任意位置；② 选择【格式】选项卡；③ 在【大小】组中，分别设置图表的【高】、【宽】值，如图 13-16 所示。

step 2　通过以上方法，即可完成调整图表大小的操作，结果如图 13-17 所示。

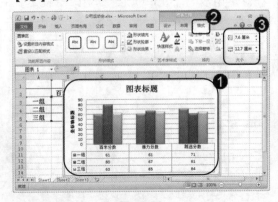

图 13-16

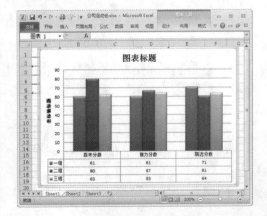

图 13-17

第十三章　使用统计图表分析数据

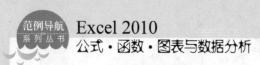
13.3.4 移动图表位置

在工作表中，创建好的图表是按照默认的位置显示的，如果用户不满意其位置，可以选择将其移动至合适的位置。下面详细介绍移动图表位置的操作方法。

素材文件 ❀ 第13章\素材文件\公司运动会.xlsx

效果文件 ❀ 第13章\效果文件\公司运动会.xlsx

 打开素材文件，将鼠标指针停留在图表的边缘，鼠标指针变为 ✛ 形状，按住鼠标左键不放并拖动鼠标，如图13-18所示。

step 2 将图表拖动至目标位置后，释放鼠标左键，即可完成移动图表位置的操作，结果如图13-19所示。

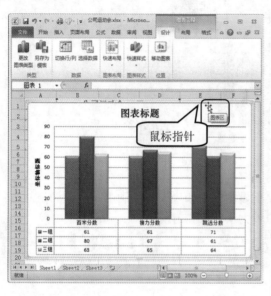

图 13-18

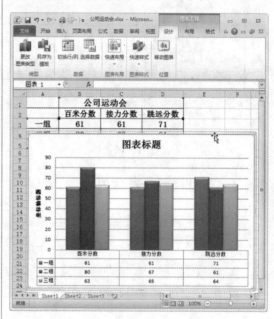

图 13-19

13.3.5 更改图表类型

在 Excel 工作表中，如果当前的图表类型不能满足用户的需要，可以选择更改图表类型。下面详细介绍更改图表类型的操作方法。

素材文件 ❀ 第13章\素材文件\公司运动会.xlsx

效果文件 ❀ 第13章\效果文件\公司运动会.xlsx

 ① 打开素材文件，选择准备更改类型的图表；② 选择【设计】选项卡；③在【类型】组中，单击【更改图表类型】按钮，如图13-20所示。

step 2 ① 弹出【更改图表类型】对话框，在左侧的图表类型列表框中，选择准备使用的图表类型，如【折线图】选项；② 在右侧选择准备使用的图表样式；③ 单击【确定】按钮，如图13-21所示。

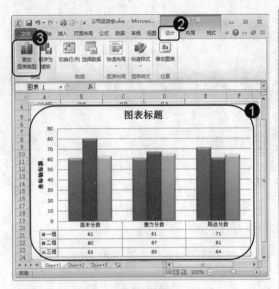

图 13-20

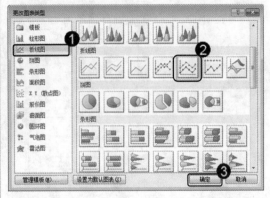

图 13-21

智慧锦囊

在【更改图表类型】对话框中，如果用户准备在以后的图表中都一直使用某一个图表类型，那么可以在选择图表类型之后，单击【设置为默认图表】按钮，这样系统会将选择的图表类型设置为默认类型。

考考您

请您根据上述方法更改图表为其他类型，测试一下您的学习效果。

step 3 返回到工作表界面，可以看到图表类型已经发生改变，如图 13-22 所示，这样即可完成更改图表类型的操作。

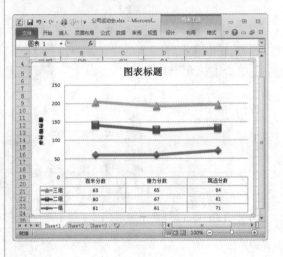

图 13-22

13.3.6　设置图表数据源

在 Excel 中，用户可以对图表的数据源进行选择，从而在图表中显示准备显示的数据信息。下面详细介绍设置图表数据源的操作方法。

素材文件❀第 13 章\素材文件\公司运动会.xlsx
效果文件❀第 13 章\效果文件\公司运动会.xlsx

step 1 ① 打开素材文件，选择准备更改数据源的图表；② 选择【设计】选项卡；③ 在【数据】组中，单击【选择数据】按钮，如图 13-23 所示。

step 2 弹出【选择数据源】对话框，单击【图表数据区域】文本框右侧的【折叠】按钮，如图 13-24 所示。

第13章　使用统计图表分析数据

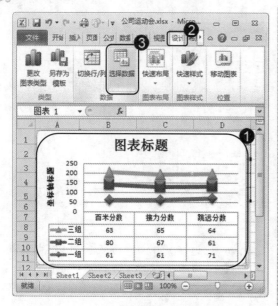

图 13-23

 ① 返回到工作表界面，选择准备
显示的"一组"、"二组"数据；
② 单击【展开】按钮，如图 13-25 所示。

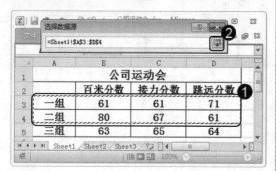

图 13-25

考考您

请您根据上述方法重新选择其他数据
源，测试一下您的学习效果。

图 13-24

 返回到【选择数据源】对话框，
单击【确定】按钮，如图 13-26
所示。

图 13-26

返回到工作表界面，可以看到图
表中的数据显示已经发生了改
变，如图 13-27 所示，这样即可完成设置图
表数据源的操作。

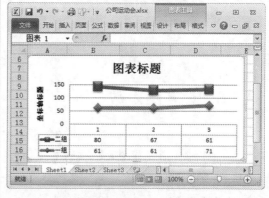

图 13-27

13.3.7　保存图表模板

在图表编辑完成后，如果希望以后继续使用编辑好的图表类型以及样式，用户可以将
其存为模板，以方便再次使用。下面详细介绍保存图表模板的操作方法。

step 1 ① 打开素材文件，选择准备保存模板的图表；② 选择【设计】选项卡；③ 在【类型】组中，单击【另存为模板】按钮，如图 13-28 所示。

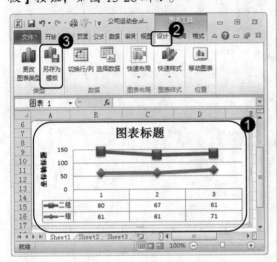

图 13-28

请您根据上述方法将其他图表保存为模板，测试一下您的学习效果。

step 2 ① 弹出【保存图标模板】对话框，选择模板保存的位置；② 在【文件名】文本框中，输入准备使用的名称；③ 单击【保存】按钮，如图 13-29 所示。

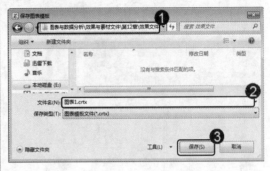

图 13-29

step 3 打开模板保存的位置，可以看到已经保存的图表模板，如图 13-30 所示，这样即可完成保存图表模板的操作。

图 13-30

13.4 设置图表格式

在 Excel 2010 工作表中，设置图表格式包括设置图表标题、设置图表背景、设置图例、设置数据标签、设置坐标轴标题和设置网格线等。本节将详细介绍设置图表格式的相关知识。

13.4.1 设置图表标题

图表的标题一般放置在图表的上方，用来概括图表中的数据内容。下面详细介绍设置图表标题的操作方法。

素材文件❀ 第 13 章\素材文件\公司运动会.xlsx
效果文件❀ 第 13 章\效果文件\公司运动会.xlsx

step 1　① 打开素材文件，选择准备设置标题的图表；② 选择【布局】选项卡；③ 在【标签】组中，单击【图标标题】下拉按钮；④ 在弹出的下拉菜单中，选择【图表上方】菜单项，如图 13-31 所示。

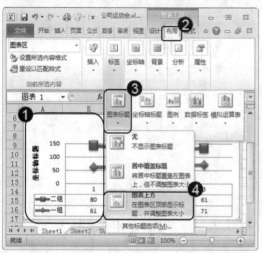

图 13-31

step 3　使用 BackSpace 键将选中的文本删除，并重新输入标题名称，如图 13-33 所示。

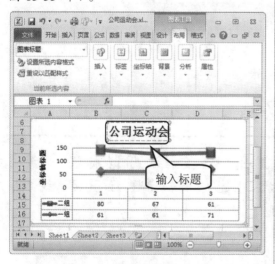

图 13-33

step 2　弹出【图表标题】文本框，将文本框中的文字选中，如图 13-32 所示。

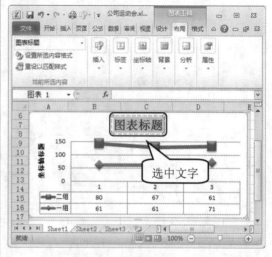

图 13-32

step 4　单击图表除标题外任意区域，可以看到图表标题已经设置完成，如图 13-34 所示，这样即可完成设置图表标题的操作。

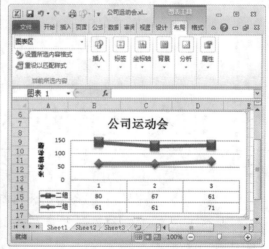

图 13-34

13.4.2 设置图表背景

在 Excel 中，用户可以对创建好的图表背景进行设置，以达到美化图表的效果。下面以图案填充为例，详细介绍设置图表背景的操作方法。

素材文件 ❀ 第 13 章\素材文件\公司运动会.xlsx
效果文件 ❀ 第 13 章\效果文件\公司运动会.xlsx

 ① 打开素材文件，选择准备设置背景的图表；② 选择【布局】选项卡；③ 在【当前所选内容】组中，单击【设置所选内容格式】按钮，如图 13-35 所示。

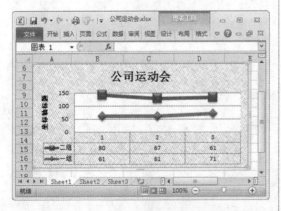

图 13-35

step 3 返回到工作表界面，可以看到图表的背景已经更改，如图 13-37 所示，这样即可完成设置图表背景的操作。

图 13-37

step 2 ① 弹出【设置图表区格式】对话框，选择【填充】选项卡；② 选中【图案填充】单选按钮；③ 在图案列表框中，选择准备应用的背景图案；④ 单击【关闭】按钮，如图 13-36 所示。

图 13-36

 智慧锦囊

在选择了背景图案之后，用户还可以分别单击【前景色】和【背景色】下拉按钮，在弹出的下拉列表中，为背景图案选择"前景"和"背景"颜色。

考考您

请您根据上述方法为图表设置其他的背景图案，测试一下您的学习效果。

第 13 章 使用统计图表分析数据

269

13.4.3 设置图例

图例用于标识为图表中的数据系列或者分类指定的图案或者颜色，图例始终包含一个或多个图例项。下面以顶部显示图例为例，详细介绍设置图例的操作。

素材文件 第 13 章\素材文件\公司运动会.xlsx

效果文件 第 13 章\效果文件\公司运动会.xlsx

step 1 ① 打开素材文件，选择准备设置图例的图表；② 选择【布局】选项卡；③ 单击【标签】组中的【图例】下拉按钮；④ 在弹出的下拉菜单中，选择【在顶部显示图例】菜单项，如图 13-38 所示。

step 2 可以看到，图例显示在图表的上方，如图 13-39 所示，这样即可完成设置顶部显示图例的操作。

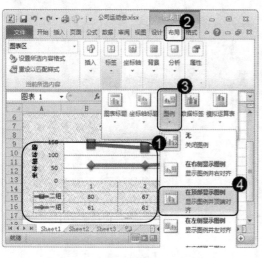

图 13-38

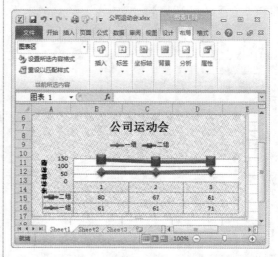

图 13-39

13.4.4 设置数据标签

数据标签是为数据标记提供附加信息的标签，代表源于数据表单元格的单个数据点或值。下面以右显示数据标签为例，详细介绍具体操作方法。

素材文件 第 13 章\素材文件\公司运动会.xlsx
效果文件 第 13 章\效果文件\公司运动会.xlsx

step 1 ① 打开素材文件，选择准备设置数据标签的图表；② 选择【布局】选项卡；③ 在【标签】组中，单击【数据标签】下拉按钮；④ 在弹出的下拉菜单中，选择【右】菜单项，如图 13-40 所示。

step 2 可以看到，在图表中的各个数据点右侧，分别显示相应的数据值，如图 13-41 所示，这样即可完成设置数据标签的操作。

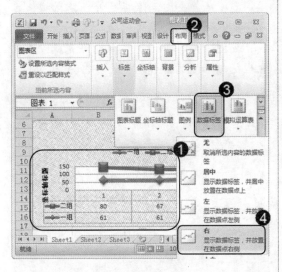

图 13-40

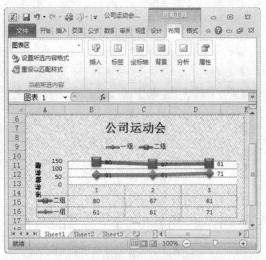

图 13-41

13.4.5　设置坐标轴标题

坐标轴标题分为横坐标轴标题和纵坐标轴标题。下面以横排显示纵坐标轴标题为例，详细介绍设置坐标轴标题的操作方法。

素材文件⚙ 第 13 章\素材文件\公司运动会.xlsx
效果文件⚙ 第 13 章\效果文件\公司运动会.xlsx

 ① 打开素材文件，选择准备设置坐标轴标题的图表；② 选择【布局】选项卡；③ 在【标签】组中，单击【坐标轴标题】下拉按钮；④ 在弹出的下拉菜单中，选择【主要纵坐标轴标题】菜单项；⑤ 在弹出的子菜单中，选择【横排标题】子菜单项，如图 13-42 所示。

step 2　可以看到，纵坐标轴标题以横排的方式显示，同时为可编辑的文本框状态，将文本框中的文本选中，如图 13-43 所示。

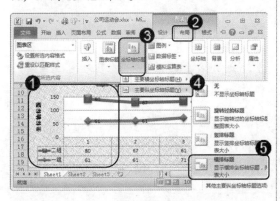

图 13-42

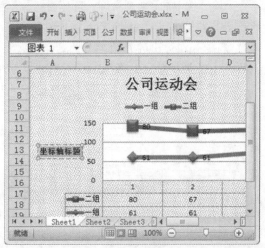

图 13-43

step 3 使用 BackSpace 键将选中的文本删除，并输入纵坐标轴标题名称，如图 13-44 所示。

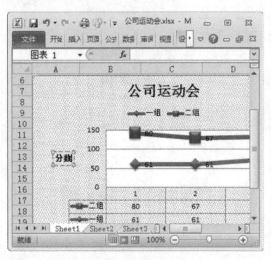

图 13-44

step 4 单击图表除标题外任意区域，可以看到纵坐标轴标题已经设置完成，如图 13-45 所示，这样即可完成设置设置坐标轴标题的操作。

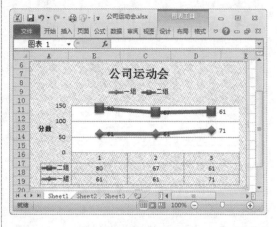

图 13-45

13.4.6 设置网格线

网格线在图表中的作用是显示刻度单位，以方便用户查看图表。下面以显示次要横网格线为例，详细介绍设置网格线的操作方法。

素材文件 ❀ 第 13 章\素材文件\公司运动会.xlsx
效果文件 ❀ 第 13 章\效果文件\公司运动会.xlsx

step 1 ① 选择准备设置网格线的图表；② 选择【布局】选项卡；③ 单击【坐标轴】组中的【网格线】下拉按钮；④ 在弹出的下拉菜单中，选择【主要横网格线】菜单项；⑤ 在弹出的子菜单中，选择【次要网格线】子菜单项，如图 13-46 所示。

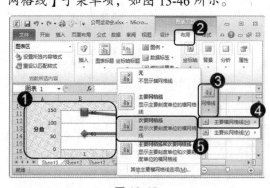

图 13-46

step 2 返回到工作表界面，可以看到图表中已显示出次要的横向网格线，如图 13-47 所示，这样即可完成显示次要横网格线的操作。

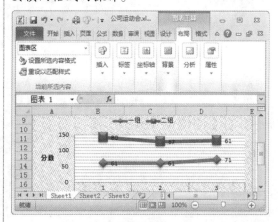

图 13-47

13.5 创建与使用迷你图

　　迷你图是 Microsoft Excel 2010 中的一个新功能，是工作表单元格中的一个微型图表，可提供数据的直观表示。本节将详细介绍迷你图的相关知识。

13.5.1 创建迷你图

　　在 Excel 2010 工作表中，迷你图分为折线图、柱形图和盈亏三种表达形式。下面以插入折线图为例，详细介绍插入迷你图的操作方法。

素材文件 ※ 第 13 章\素材文件\公司运动会.xlsx
效果文件 ※ 第 13 章\效果文件\公司运动会.xlsx

step 1　① 打开素材文件，选择【插入】选项卡；② 单击【迷你图】组中的【折线图】按钮，如图 13-48 所示。

step 2　弹出【创建迷你图】对话框，单击【数据范围】文本框右侧的【折叠】按钮，如图 13-49 所示。

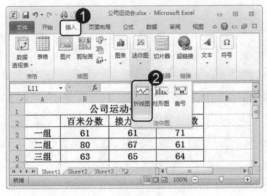

图 13-48

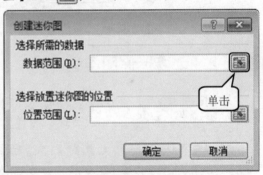

图 13-49

step 3　① 在工作表中选择准备创建迷你图的数据源区域；② 单击【展开】按钮，如图 13-50 所示。

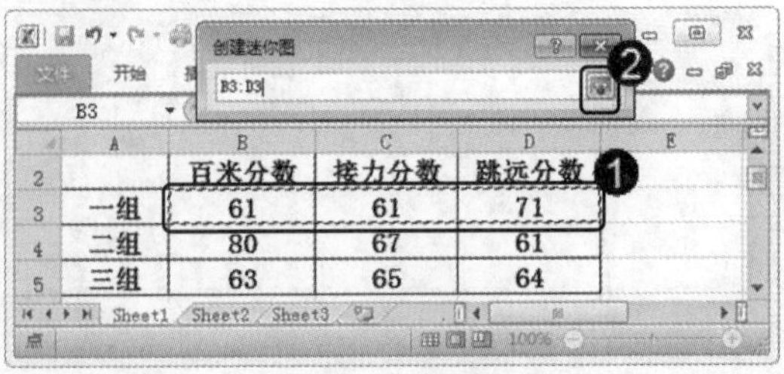

step 4　返回【创建迷你图】对话框，单击【位置范围】文本框右侧的【折叠】按钮，如图 13-51 所示。

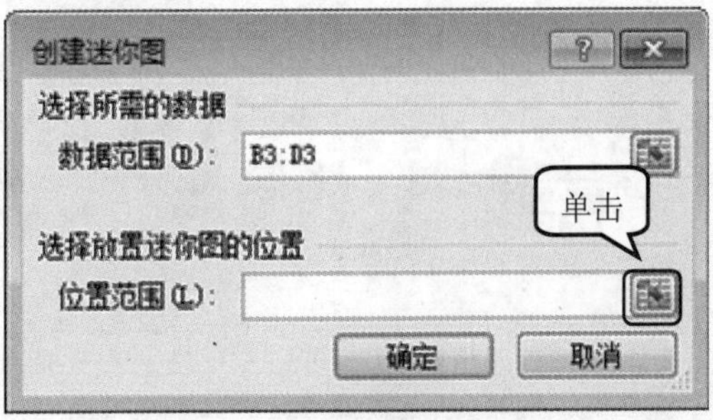

图 13-50

图 13-51

step 5 ① 在工作表中选择准备插入迷你图的单元格；② 单击【展开】按钮，如图 13-52 所示。

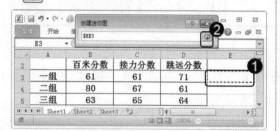

图 13-52

step 7 返回到工作表界面，可以看到已经插入了制作图，如图 13-54 所示，这样即可完成创建迷你图的操作。

图 13-54

step 6 返回【创建迷你图】对话框，单击【确定】按钮，如图 13-53 所示。

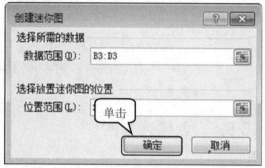

图 13-53

智慧锦囊

用户可以双击迷你图单元格，在单元格进入可编辑状态时，输入迷你图的相关信息，作为迷你图的背景，这样可以帮助用户一目了然地查看迷你图的相关信息。

13.5.2 改变迷你图类型

在创建完迷你图之后，如果当前迷你图的类型不能满足用户的需要，可以选择改变迷你图的类型。下面详细介绍改变迷你图类型的操作方法。

素材文件 第 13 章\素材文件\公司运动会.xlsx
效果文件 第 13 章\效果文件\公司运动会.xlsx

step 1 ① 打开素材文件，选择迷你图单元格；② 选择【设计】选项卡；③ 单击【类型】组中的【柱形图】按钮，如图 13-55 所示。

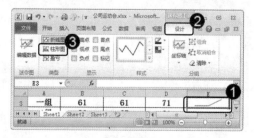

图 13-55

step 2 可以看到迷你图的类型发生了改变，如图 13-56 所示，这样即可完成改变迷你图类型的操作。

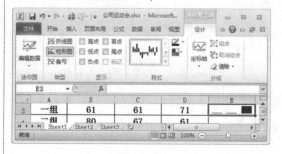

图 13-56

13.5.3 标记与突出显示数据点

在迷你图中，标记与突出显示数据点包括标记高点、低点、首点、尾点和负点五种标记方式。下面以标记尾点为例，详细介绍标记与突出显示数据点的操作方法。

素材文件❀ 第 13 章\素材文件\公司运动会.xlsx
效果文件❀ 第 13 章\效果文件\公司运动会.xlsx

 ① 打开素材文件，选择迷你图单元格；② 选择【设计】选项卡；③ 选中【显示】组中的【尾点】复选框，如图 13-57 所示。

 可以看到迷你图的尾部已经被标记出来，如图 13-58 所示，这样即可完成标记与突出显示数据点的操作。

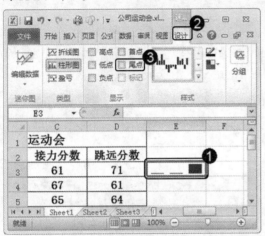

图 13-57

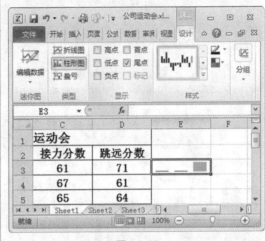

图 13-58

 创建迷你图之后，可以控制显示的值点，如高值、低值、首值、尾值或任何负值，更改迷你图的类型，从一个库中应用样式或设置各个格式选项，设置垂直轴上的选项，以及控制如何在迷你图中显示空值或零值。

13.5.4 改变迷你图样式

在创建迷你图之后，用户可以选择对迷你图的样式进行更改，以达到美化迷你图的目的，下面详细介绍改变迷你图样式的操作方法。

素材文件❀ 第 13 章\素材文件\公司运动会.xlsx
效果文件❀ 第 13 章\效果文件\公司运动会.xlsx

 ① 打开素材文件，选择迷你图单元格；② 选择【设计】选项卡；③ 在【样式】组中，选择准备使用的迷你图样式，如图 13-59 所示。

 可以看到迷你图的样式已经发生改变，如图 13-60 所示，这样即可完成设置迷你图样式的操作。

第一三章 使用统计图表分析数据

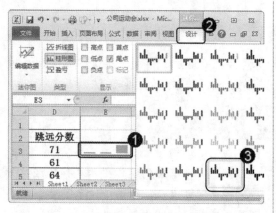

图 13-59

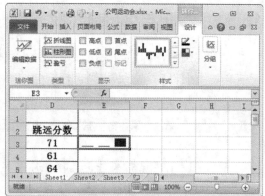

图 13-60

13.5.5 改变迷你图标记颜色

如果用户对迷你图中的标记颜色不满意，可以选择改变迷你图的标记颜色。下面以改变迷你图尾点颜色为例，详细介绍改变迷你图标记颜色的操作方法。

素材文件 第 13 章\素材文件\公司运动会.xlsx
效果文件 第 13 章\效果文件\公司运动会.xlsx

 ① 打开素材文件，选择迷你图单元格；② 选择【设计】选项卡；③ 单击【样式】组中的【标记颜色】下拉按钮 ，④ 弹出的下拉菜单中，选择【尾点】菜单项；⑤ 在弹出的子菜单中，选择准备使用的标记颜色，如图 13-61 所示。

step 2 可以看到，迷你图的尾点颜色已经发生改变，如图 13-62 所示，这样即可完成改变迷你图标记颜色的操作。

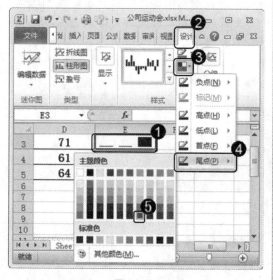

图 13-61

图 13-62

13.5.6 清除迷你图

在 Excel 2010 工作表中，如果准备不再使用迷你图，用户可以选择将其清除。下面详细介绍清除迷你图的操作方法。

 ① 打开素材文件，选择迷你图单元格；② 选择【设计】选项卡；③ 单击【分组】组中的【清除】按钮，如图 13-63 所示。

 可以看到，选择的迷你图已经被删除，如图 13-64 所示，这样即可完成清除迷你图的操作。

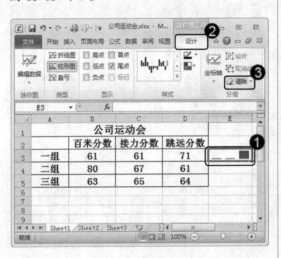

图 13-63

图 13-64

13.6 编辑数据系列

图表中的数据源是由数据系列组成的，数据系列是 Excel 图表的基础。本节将详细介绍编辑数据系列的相关知识。

13.6.1 添加数据系列

在使用 Excel 2010 图表的过程中，如果有新增的数据系列，用户可以选择将其添加至图表中。下面详细介绍添加数据系列的操作方法。

step 1 ① 打开素材文件，右击图表的任意位置；② 在弹出的快捷菜单中，选择【选择数据】菜单项，如图 13-65 所示。

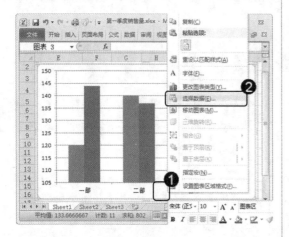

图 13-65

step 3 弹出【编辑数据系列】对话框，单击【系列名称】选项组中的【折叠】按钮，如图 13-67 所示。

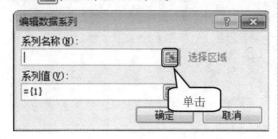

图 13-67

step 5 返回到【编辑数据系列】对话框，单击【系列值】选项组中的【折叠】按钮，如图 13-69 所示。

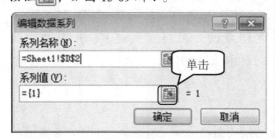

图 13-69

step 7 返回到【编辑数据系列】对话框，单击【确定】按钮，如图 13-71 所示。

step 2 弹出【选择数据源】对话框，单击【图例项】选项组中的【添加】按钮，如图 13-66 所示。

图 13-66

step 4 ①【编辑数据系列】对话框变为折叠状态，选择 D2 单元格；② 单击【编辑数据系列】对话框中的【展开】按钮，如图 13-68 所示。

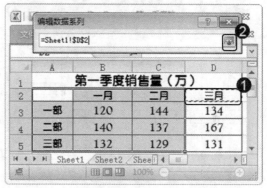

图 13-68

step 6 ①【编辑数据系列】对话框再次变为折叠状态，选择准备添加的数据系列，② 单击【展开】按钮，如图 13-70 所示。

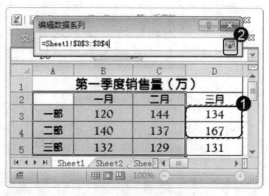

图 13-70

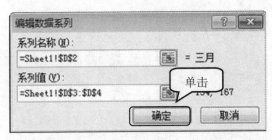

图 13-71

step 9 返回到工作表界面,可以看到已经添加的数据系列,如图 13-73 所示,这样即可完成添加数据系列的操作。

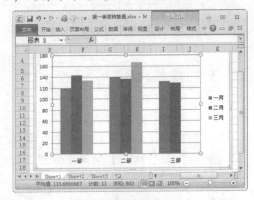

图 13-73

13.6.2 更改数据系列

对于已经添加的数据系列,如果其值是错误的,用户可以选择对其进行编辑。下面详细介绍编辑数据系列的操作方法。

素材文件 第 13 章\素材文件\第一季度销售量.xlsx
效果文件 第 13 章\效果文件\第一季度销售量.xlsx

step 1 ① 打开素材文件,右击图表的任意位置;② 在弹出的快捷菜单中,选择【选择数据】菜单项,如图 13-74 所示。

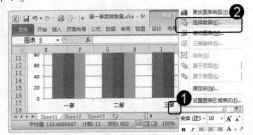

图 13-74

step 8 ① 返回到【选择数据源】对话框,单击【确定】按钮,如图 13-72 所示。

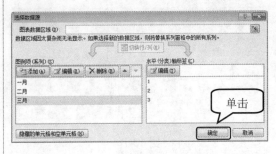

图 13-72

智慧锦囊

以上方法只适用于一次性添加一个数据系列,如果更新的数据系列是多个,用户可以在【选择数据源】对话框中,单击【图表数据区域】文本框右侧的【折叠】按钮 📷,将整张工作表中的数据系列全部选中,然后返回【选择数据源】对话框,单击【确定】按钮,这样即可完成添加多个数据系列的操作。

step 2 ① 弹出【选择数据源】对话框,选择准备编辑的数据系列;② 单击【图例项】选项组中的【编辑】按钮,如图 13-75 所示。

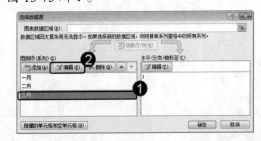

图 13-75

step 3 弹出【编辑数据系列】对话框,单击【系列值】选项组中的【折叠】按钮，如图 13-76 所示。

图 13-76

step 5 返回【编辑数据系列】对话框,单击【确定】按钮,如图 13-78 所示。

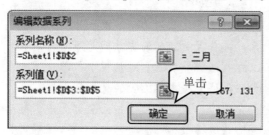

图 13-78

step 7 返回到工作表界面,可以看到已经更新的数据系列,如图 13-80 所示,这样即可完成编辑数据系列的操作。

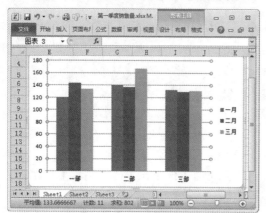

图 13-80

step 4 ①【编辑数据系列】对话框变为折叠状态,重新选择数据系列;
② 单击【编辑数据系列】对话框中的【展开】按钮，如图 13-77 所示。

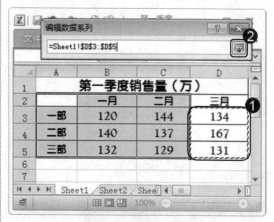

图 13-77

step 6 返回到【选择数据源】对话框,单击【确定】按钮,如图 13-79 所示。

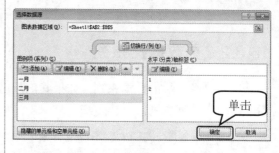

图 13-79

📔 智慧锦囊

在 Excel 2010 工作表中,图表中的数据系列可以是引用工作表中的单元格或者单元格区域;同时,用户也可以直接在【编辑数据系列】对话框的文本框中输入数字,从而构成系列值。

13.6.3 删除数据系列

在图表中，如果用户希望不再显示某组数据系列，可以将其删除。下面详细介绍删除数据系列的操作方法。

素材文件◈ 第 13 章\素材文件\第一季度销售量.xlsx
效果文件◈ 第 13 章\效果文件\第一季度销售量.xlsx

 ① 打开素材文件，右击图表中任意位置；② 在弹出的快捷菜单中，选择【选择数据】菜单项，如图 13-81 所示。

step 2 ① 弹出【选择数据源】对话框，在【图例项】列表框中，选择准备删除的数据系列；② 单击【删除】按钮，如图 13-82 所示。

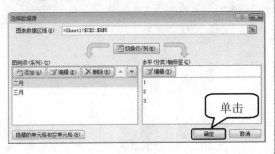

图 13-81

step 3 在数据系列删除完成后，单击【确定】按钮，如图 13-83 所示。

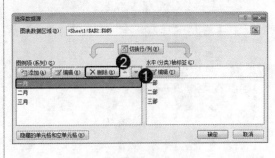

图 13-82

step 4 返回到工作表界面，可以看到图表数据已经发生改变，如图 13-84 所示，这样即可完成删除数据系列的操作。

图 13-83

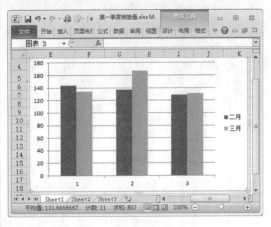

图 13-84

13.6.4 快速添加数据系列

在 Excel 2010 图表中，使用复制粘贴功能，可以快速地将表格中的数据添加至图表中。下面详细介绍快速添加数据系列的操作方法。

素材文件 ► 第 13 章\素材文件\第一季度销售量.xlsx

效果文件 ► 第 13 章\效果文件\第一季度销售量.xlsx

step 1 打开素材文件,选中准备添加的数据系列,如图 13-85 所示。

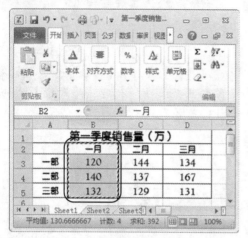

图 13-85

step 3 将准备添加数据系列的图表选中,单击【剪贴板】组中的【粘贴】按钮,如图 13-87 所示。

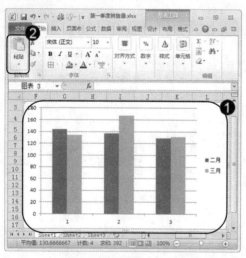

图 13-87

step 2 ① 选择【开始】选项卡;② 单击【剪贴板】组中的【复制】按钮,如图 13-86 所示。

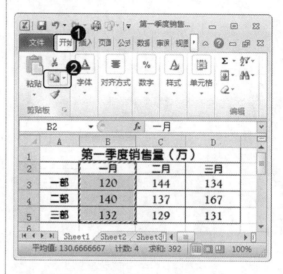

图 13-86

step 4 可以看到,图表显示的数据已经发生改变,如图 13-88 所示,这样即可完成快速添加数据系列的操作。

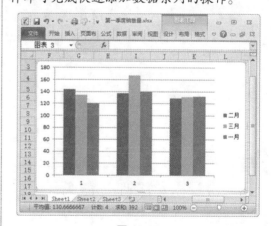

图 13-88

13.7　图表分析

在 Excel 2010 中,可以通过添加趋势线、折线、涨/跌柱线和误差线来对图表进行分析。本节将详细介绍图表分析的相关知识。

13.7.1　添加趋势线

添加趋势线，可以直观地在图表中展示出具有同一属性数据的发展趋势。下面以添加线性预测趋势线为例，详细介绍添加趋势线的操作方法。

 素材文件 ❀ 第 13 章\素材文件\第一季度销售量.xlsx
效果文件 ❀ 第 13 章\效果文件\第一季度销售量.xlsx

step 1 ① 打开素材文件，选中准备添加趋势线的图表；② 选择【布局】选项卡；③ 击【分析】组中的【趋势线】下拉按钮；④ 在弹出的下拉菜单中，选择【线性预测趋势线】菜单项，如图 13-89 所示。

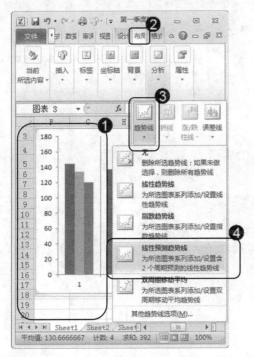

图 13-89

考考您

请您根据上述方法为其他图表添加趋势线，测试一下您的学习效果。

step 2 ① 弹出【添加趋势线】对话框，在【添加基于系列的趋势线】列表框中，选择准备添加趋势线的数据系列；② 单击【确定】按钮，如图 13-90 所示。

图 13-90

step 3 可以看到图表中已经添加了趋势线，如图 13-91 所示，这样即可完成添加趋势线的操作。

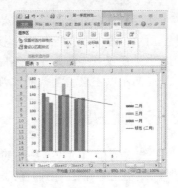

图 13-91

13.7.2　添加折线

不同类型的图表可以添加的折线也不相同。下面以添加垂直线为例，详细介绍添加折线的操作方法。

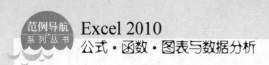

素材文件 第 13 章\素材文件\价格浮动.xlsx

效果文件 第 13 章\效果文件\价格浮动.xlsx

 ① 打开素材文件，选中准备添加折线的图表；② 选择【布局】选项卡；③ 击【分析】组中的【折线】下拉按钮；④ 弹出的下拉菜单中，选择【垂直线】菜单项，如图 13-92 所示。

 可以看到图表中已经添加了折线，如图 13-93 所示，这样即可完成添加折线的操作。

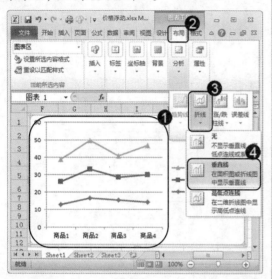

图 13-92

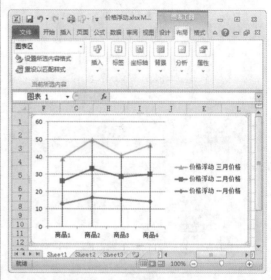

图 13-93

 折线共分为系列线、垂直线和高低点连线。系列线是连接不同数据系列之间的折线，可以用在二维堆积条形图、二维堆积柱形图、复合饼图或复合条饼图中；垂直线是连接水平轴与数据系列之间的折线，可以用在面积图或折线图中；高低点连线是连接不同数据系列的对应数据点之间的折线，可以用在两个或两个以上数据系列的二维折线图中。

13.7.3 添加涨/跌柱线

涨/跌柱线是连接不同数据系列的对应数据点之间的柱形，可以用在两个或者两个以上数据系列的二维折线图中。下面详细介绍添加涨/跌柱线的操作方法。

素材文件 第 13 章\素材文件\价格浮动.xlsx

效果文件 第 13 章\效果文件\价格浮动.xlsx

 ① 打开素材文件，选中准备添加涨/跌柱线的图表；② 选择【布局】选项卡；③ 单击【分析】组中的【涨/跌柱线】下拉按钮；④ 弹出的下拉菜单中，选择

 可以看到图表中已经添加了涨/跌柱线，如图 13-95 所示，这样即可完成添加涨/跌柱线的操作。

【涨/跌柱线】菜单项，如图 13-94 所示。

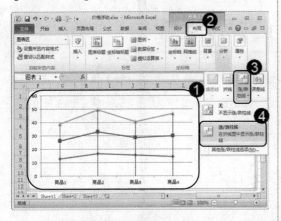

图 13-94

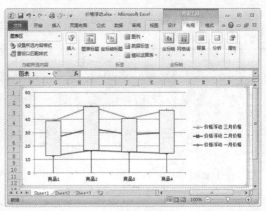

图 13-95

13.7.4　添加误差线

误差线用于以图形形式显示与数据系列中每个数据标志相关的误差值。下面以添加标准误差误差线为例，详细介绍添加误差线的操作方法。

素材文件❀ 第 13 章\素材文件\第一季度销售量.xlsx

效果文件❀ 第 13 章\效果文件\第一季度销售量.xlsx

step 1 ① 打开素材文件，选中准备添加折线的图表；② 选择【布局】选项卡；③ 单击【分析】组中的【误差线】下拉按钮；④ 在弹出的下拉菜单中，选择【标准误差误差线】菜单项，如图 13-96 所示。

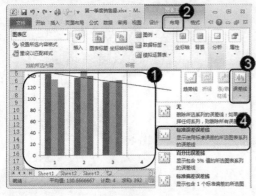

图 13-96

step 2 可以看到图表中已经添加了标准误差误差线，如图 13-97 所示，这样即可完成添加误差线的操作。

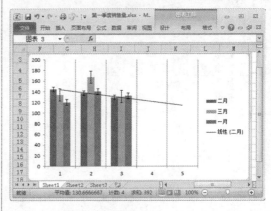

图 13-97

13.8 范例应用与上机操作

通过本章的学习，读者可以掌握使用统计图表分析数据的基础知识与操作技巧。下面通过一些练习，以达到巩固学习、拓展提高的目的。

13.8.1 使用柱形图显示学生成绩差距

在 Excel 2010 工作表中，用户可以使用柱形图直观地显示出学生的成绩差距，下面详细介绍具体操作方法。

素材文件※ 第 13 章\素材文件\学生成绩.xlsx
效果文件※ 第 13 章\效果文件\学生成绩.xlsx

 ① 打开素材文件，单击选择表格中任意单元格；② 选择【插入】选项卡；③ 单击【图表】组中的【柱形图】下拉按钮；④ 在弹出的下拉菜单中，选择准备应用的柱形图样式，如图 13-98 所示。

 通过以上方法，即可完成使用柱形图显示学生成绩差距的操作，结果如图 13-99 所示。

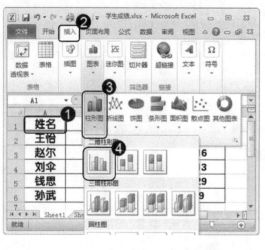

图 13-98

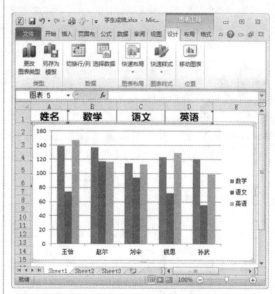

图 13-99

13.8.2 使用折线图显示产品销量

在 Excel 2010 工作表中，用户可以使用折线图直观地显示出产品的销量，下面详细介绍具体操作方法。

 素材文件※ 第 13 章\素材文件\家电销量统计.xlsx
效果文件※ 第 13 章\效果文件\家电销量统计.xlsx

step 1 ① 打开素材文件,单击选择表格中任意单元格;② 选择【插入】选项卡;③ 单击【图表】组中的【折线图】下拉按钮;④ 在弹出的下拉菜单中,选择准备应用的折线图样式,如图 13-100 所示。

step 2 通过以上方法,即可完成使用折线图显示产品销量的操作,结果如图 13-101 所示。

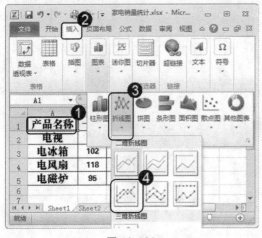

图 13-100

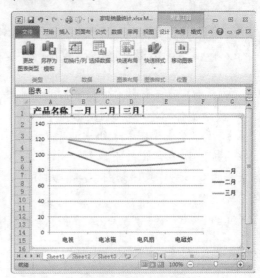

图 13-101

13.8.3 使用饼图显示人口比例

在 Excel 2010 工作表中,用户可以使用饼图直观地显示出人口比例情况,下面详细介绍具体操作方法。

素材文件 第 13 章\素材文件\人口结构 2004.xlsx

效果文件 第 13 章\效果文件\人口结构 2004.xlsx

step 1 ① 打开素材文件,单击选择表格中任意单元格;② 选择【插入】选项卡;③ 单击【图表】组中的【饼图】下拉按钮;④ 在弹出的下拉菜单中,选择准备应用的饼图样式,如图 13-102 所示。

step 2 通过以上方法,即可完成使用饼图显示人口比例的操作,结果如图 13-103 所示。

图 13-102

图 13-103

13.8.4　使用条形图显示工作业绩

在 Excel 2010 工作表中，用户可以使用条形图直观地显示员工的销售业绩，下面详细介绍具体操作方法。

素材文件 ❀ 第 13 章\素材文件\一月销售员业绩.xlsx
效果文件 ❀ 第 13 章\效果文件\一月销售员业绩.xlsx

step 1　① 打开素材文件，单击选择表格中任意单元格；② 选择【插入】选项卡；③ 单击【图表】组中的【条形图】下拉按钮；④ 在弹出的下拉菜单中，选择准备应用的条形图样式，如图 13-104 所示。

step 2　通过以上方法，即可完成使用条形图显示工作业绩的操作，结果如图 13-105 所示。

图 13-104

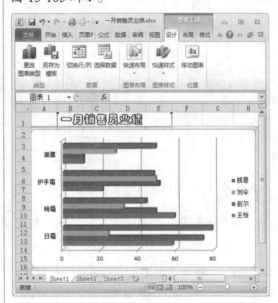

图 13-105

13.8.5　使用面积图显示销售情况

在 Excel 2010 工作表中，用户可以使用面积图直观地显示产品的销售情况，下面详细介绍具体操作方法。

素材文件 ❀ 第 13 章\素材文件\产品销售金额统计.xlsx
效果文件 ❀ 第 13 章\效果文件\产品销售金额统计.xlsx

step 1　① 打开素材文件，单击选择表格中任意单元格；② 选择【插入】选项卡；③ 单击【图表】组中的【面积图】下拉按钮；④ 在弹出的下拉菜单中，选择准备应用的面积图样式，如图 13-106 所示。

step 2　通过以上方法，即可完成使用面积图显示销售情况的操作，结果如图 13-107 所示。

图 13-106

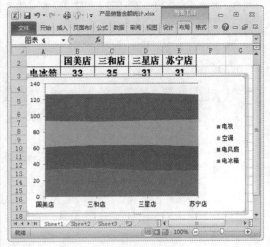

图 13-107

13.8.6 使用散点图显示数据分布

在 Excel 2010 工作表中，用户可以使用散点图直观地显示数据分布情况，下面详细介绍具体操作方法。

素材文件 第 13 章\素材文件\人口分布.xlsx
效果文件 第 13 章\效果文件\人口分布.xlsx

 ① 打开素材文件，单击选择表格中任意单元格；② 选择【插入】选项卡；③ 单击【图表】组中的【散点图】下拉按钮；④ 在弹出的下拉菜单中，选择准备应用的散点图样式，如图 13-108 所示。

step 2 通过以上方法，即可完成使用散点图显示数据分布的操作，结果如图 13-109 所示。

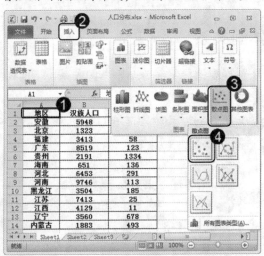

图 13-108

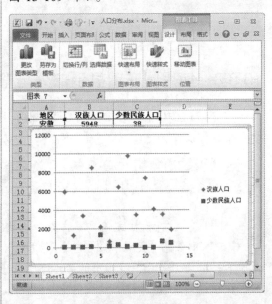

图 13-109

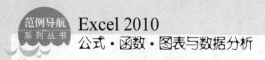
13.8.7 使用股价图显示股价涨跌

在 Excel 2010 工作表中，用户可以使用股价图直观地显示股价的涨跌情况，下面详细介绍具体操作方法。

素材文件※ 第 13 章\素材文件\单股股价.xlsx

效果文件※ 第 13 章\效果文件\单股股价.xlsx

 ① 打开素材文件，单击选择表格中任意单元格；② 选择【插入】选项卡；③ 单击【图表】组中的【其他图表】下拉按钮；④ 在弹出的下拉菜单中，选择准备应用的股价图样式，如图 13-110 所示。

 通过以上方法，即可完成使用股价图显示股价涨跌的操作，结果如图 13-111 所示。

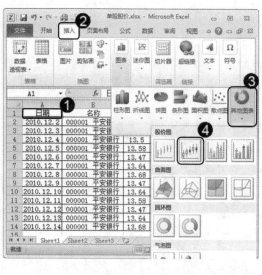

图 13-110

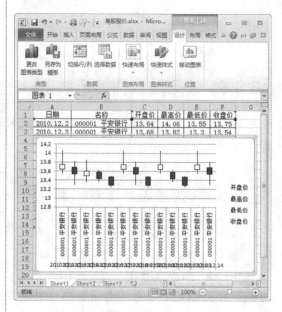

图 13-111

13.8.8 使用圆环图显示部分与整体间关系

在 Excel 2010 工作表中，用户可以使用圆环图直观地显示部分与整体间关系，下面详细介绍具体操作方法。

素材文件※ 第 13 章\素材文件\奖金发放.xlsx

效果文件※ 第 13 章\效果文件\奖金发放.xlsx

 ① 打开素材文件，单击选择表格中任意单元格；② 选择【插入】选项卡；③ 单击【图表】组中的【其他图表】下拉按钮；④ 在弹出的下拉菜单中，选择准备应用的圆环图样式，如图 13-112 所示。

通过以上方法，即可完成使用圆环图显示部分与整体间关系的操作，结果如图 13-113 所示。

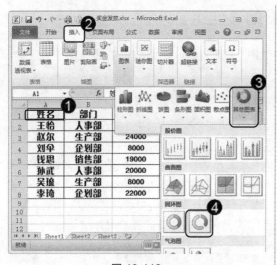

图 13-112

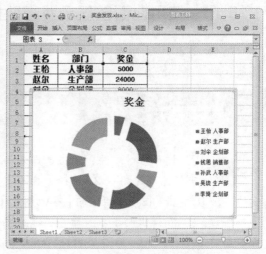

图 13-113

13.8.9　使用气泡图显示数据分布

在 Excel 2010 工作表中，用户同样可以使用气泡图直观地显示数据分布情况，下面详细介绍具体操作方法。

素材文件 第 13 章\素材文件\员工工资.xlsx

效果文件 第 13 章\效果文件\员工工资.xlsx

 ① 打开素材文件，单击选择表格中任意单元格；② 选择【插入】选项卡；③ 单击【图表】组中的【其他图表】下拉按钮；④ 在弹出的下拉菜单中，选择准备应用的气泡图样式，如图 13-114 所示。

step 2　通过以上方法，即可完成使用气泡图显示数据分布的操作，结果如图 13-115 所示。

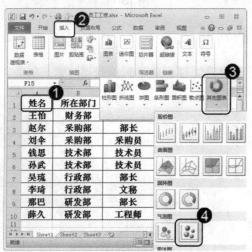

图 13-114

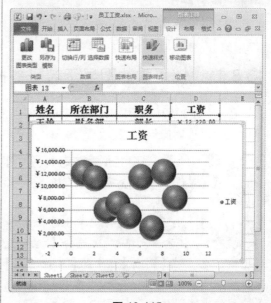

图 13-115

13.8.10 使用曲面图显示两组数据的最佳组合

在 Excel 2010 工作表中，用户可以使用曲面图直观地显示两组数据的最佳组合，下面详细介绍具体操作方法。

素材文件※第 13 章\素材文件\城市天气.xlsx

效果文件※第 13 章\效果文件\城市天气.xlsx

 ① 打开素材文件，单击选择表格中任意单元格；② 选择【插入】选项卡；③ 单击【图表】组中的【其他图表】下拉按钮；④ 在弹出的下拉菜单中，选择准备应用的曲面图样式，如图 13-116 所示。

 通过以上方法，即可完成使用曲面图显示两组数据的最佳组合的操作，结果如图 13-117 所示。

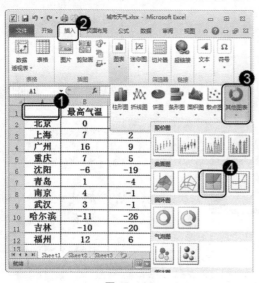

图 13-116

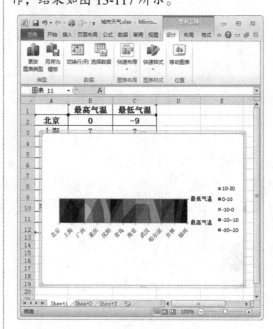

图 13-117

13.8.11 使用雷达图显示若干数据系列的聚合值

在 Excel 2010 工作表中，用户可以使用雷达图直观地显示若干数据系列的聚合值，下面详细介绍具体操作方法。

素材文件※第 13 章\素材文件\警犬考核.xlsx

效果文件※第 13 章\效果文件\警犬考核.xlsx

① 打开素材文件，单击选择表格中任意单元格；② 选择【插入】选项卡；③ 单击【图表】组中的【其他图表】下拉按钮；④ 在弹出的下拉菜单中，选择准备应用的雷达图样式，如图 13-118 所示。

通过以上方法，即可完成使用雷达图显示若干数据系列的聚合值的操作，结果如图 13-119 所示。

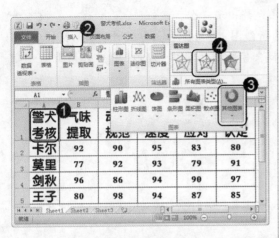

图 13-118

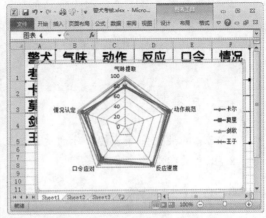

图 13-119

13.9 课后练习

13.9.1 思考与练习

一、填空题

1. _____是针对数据和信息可以直观地展示并起到关键作用的图形结构。

2. 在 Excel 2010 中，创建完成的图表由图表区、_____、标题、_____、坐标轴、图例和模拟运算表等多个部分组成。

3. 在 Excel 2010 中，创建图表的方法有三种，包括_____、使用功能区创建图表和使用快捷键创建图表。

4. 在图表创建完成之后，用户可以对创建的图表进行_____，从而能获得满意的效果。

5. _____是 Microsoft Excel 2010 中的一个新功能，是工作表单元格中的一个微型图表，可提供数据的直观表示。

6. 图表中的数据源是由_____组成的，_____是 Excel 图表的基础。

7. 在 Excel 2010 中，可以通过添加_____、折线、涨/跌柱线和_____来对图表进行分析。

二、判断题

1. 图表区是指图表的全部范围，Excel 默认图表区是由白色填充区域和 50%灰色细实线边框组成的。
( )

2. 图表标题只有 1 个，而坐标轴标题最多允许出现 2 个。　　　　　（　　）

3. 在 Excel 2010 工作表中，迷你图共分为折线图、柱形图和盈亏三种表达形式。（　　）

4. 在使用 Excel 2010 图表的过程中，如果有新增的数据系列，用户必须重新创建图表。　　　　　　　　　　　　　　　　　　　　　　　　（　　）

三、思考题

1. 图表的类型共有几种？分别是什么？

2. 图表的组成部分有哪些？

13.9.2　上机操作

1. 打开"手机品牌市场占有率.xlsx"文档文件，并创建折线图。效果文件可参考"第13章\效果文件\手机品牌市场占有率.xlsx"。

2. 打开"跳水成绩.xlsx"文档文件，并创建迷你图。效果文件可参考"第13章\效果文件\跳水成绩.xlsx"。

第14章

数据分析与处理

本章主要介绍数据分析与处理方面的知识与技巧，包括了解 Excel 数据列表、数据排序、筛选数据、分级显示数据、数据的分类汇总以及合并计算的相关知识。通过本章的学习，读者可以掌握数据分析与处理方面的知识，为深入学习 Excel 2010 公式、函数、图表与数据分析知识奠定基础。

范 例 导 航

1. 了解 Excel 数据列表
2. 数据排序
3. 筛选数据
4. 分级显示数据
5. 数据的分类汇总
6. 合并计算

14.1　了解 Excel 数据列表

　　Excel 数据列表是由多行多列数据组成的有组织的信息集合，通常具有位于顶部的一行字段标题，以及多行数值或者文本作为数据行。本节将详细介绍 Excel 数据列表的相关知识。

14.1.1　数据列表的使用

　　管理一系列的数据列表是 Excel 中最常用的任务之一，如商品名称、人物姓名、历史清单等，这些数据列表都是根据用户需要而命名的。用户可以对数据列表进行以下操作。

- 在数据列表中输入和编辑数据。
- 根据特定的条件对数据列表进行排序和筛选。
- 对数据列表进行分类汇总。
- 在数据列表中使用函数或者公式达到特定目的。
- 在数据列表中创建数据透视表。

14.1.2　创建数据列表

　　在 Excel 2010 工作表中，用户可以根据工作需要创建一张数据列表，来满足存储、分析或者处理数据的要求，创建好的数据列表如图 14-1 所示。

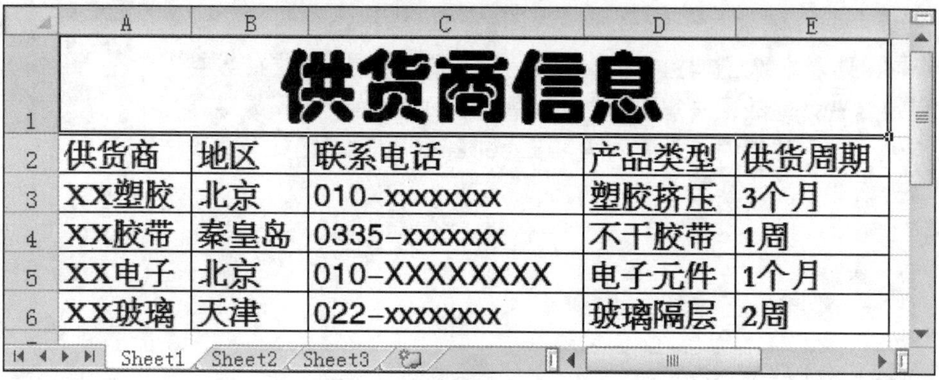

	A	B	C	D	E
1			供货商信息		
2	供货商	地区	联系电话	产品类型	供货周期
3	XX塑胶	北京	010-xxxxxxx	塑胶挤压	3个月
4	XX胶带	秦皇岛	0335-xxxxxxx	不干胶带	1周
5	XX电子	北京	010-XXXXXXXX	电子元件	1个月
6	XX玻璃	天津	022-xxxxxxx	玻璃隔层	2周

Sheet1　Sheet2　Sheet3

图 14-1

14.1.3　使用记录单添加数据

　　用户可以在数据列表的第一个空行内输入数据，来添加新的信息。例如，使用记录单功能，可以方便地添加数据，下面详细介绍操作方法。

素材文件 💠 第 14 章\素材文件\供货商信息.xlsx
效果文件 💠 第 14 章\效果文件\供货商信息.xlsx

step 1 打开素材文件，选中数据列表中任意单元格，并按 Alt+D+O 组合键，如图 14-2 所示。

step 2 弹出 Sheet1 对话框，单击对话框右侧的【新建】按钮，如图 14-3 所示。

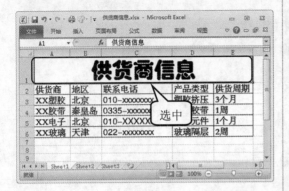

图 14-2

step 3 ① 进入【新建记录】界面，在左侧的文本框中，输入相关的数据信息；② 单击【关闭】按钮，如图 14-4 所示。

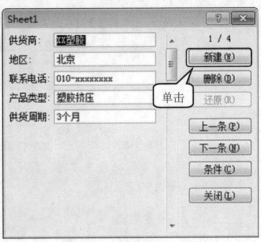

图 14-3

step 4 返回到工作表界面，可以看到已经添加的数据信息，如图 14-5 所示，这样即可完成使用记录单添加数据的操作。

图 14-4

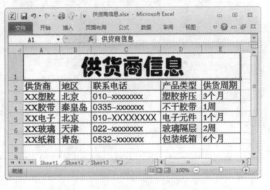

图 14-5

 ## 14.2 数据排序

在 Excel 2010 中，提供了多种方法对数据进行排序，用户可以根据需要对数据按照行或列、升序或者降序进行排序，或者用户还可以通过自定义排序命令对数据进行排序。在 Excel 2010 的【排序】对话框中，最多可指定 64 个排序条件，本节将详细介绍数据排序的相关知识。

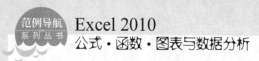
14.2.1 简单排序

创建好的数据列表中的数据看上去杂乱无章，用户可以选中准备排序的一列中的任意单元格，然后将此列排序，下面详细介绍具体操作方法。

> 素材文件 ❀ 第 14 章\素材文件\供货商信息.xlsx
> 效果文件 ❀ 第 14 章\效果文件\供货商信息.xlsx

 ① 打开素材文件，选中准备排序的一列中的任意单元格；② 选择【开始】选项卡；③ 单击【编辑】组中的【筛选和排序】下拉按钮；④ 在弹出的下拉菜单中，选择准备使用的排序方式，如【升序】菜单项，如图 14-6 所示。

可以看到，在工作表中，数据列表已经按照升序的方式进行排序，如图 14-7 所示，这样即可完成简单排序的操作。

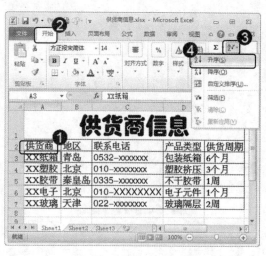

图 14-6

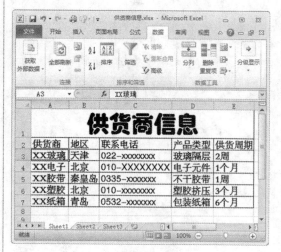

图 14-7

14.2.2 按多个关键字进行排序

在 Excel 2010 工作表中，用户可以按照多个关键字对数据列表进行排序。下面详细介绍按多个关键字进行排序的操作方法。

> 素材文件 ❀ 第 14 章\素材文件\供货商信息.xlsx
> 效果文件 ❀ 第 14 章\效果文件\供货商信息.xlsx

 ① 打开素材文件，选中准备排序的数据列表中的任意单元格；② 选择【数据】选项卡；③ 单击【排序和筛选】组中的【排序】按钮，如图 14-8 所示。

 弹出【排序】对话框，单击【添加条件】按钮，如图 14-9 所示。

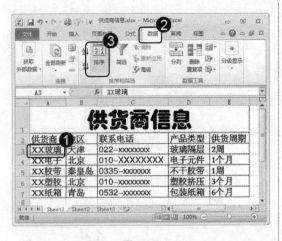

图 14-8

① 系统会自动添加新的条件选项，设置【主要关键字】和【次要关键字】的相关排序条件；② 单击【确定】按钮，如图 14-10 所示。

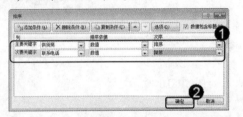

图 14-10

图 14-9

 返回到工作表界面，可以看到数据列表中的数据已经重新排序，如图 14-11 所示，这样即可完成按多个关键字进行排序的操作。

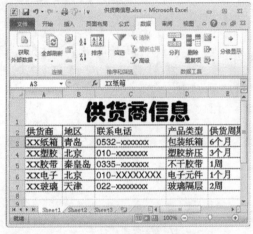

图 14-11

在【排序】对话框中，可同时添加多个条件，从而更细致地对工作表进行排序。如果不需要某个条件，可以单击【删除条件】按钮，将其删除。

14.2.3 按笔画排序

在 Excel 2010 工作表中，用户可以按照文字的笔画对数据列表进行排序。下面详细介绍按笔画排序的操作方法。

 素材文件 第 14 章\素材文件\供货商信息.xlsx
 效果文件 第 14 章\效果文件\供货商信息.xlsx

 ① 打开素材文件，选中准备排序的数据列表中的任意单元格；② 选择【数据】选项卡；③ 单击【排序和筛选】组中的【排序】按钮，如图 14-12 所示。

 弹出【排序】对话框，单击【选项】按钮，如图 14-13 所示。

图 14-12

step 3 ① 弹出【排序选项】对话框，在
【方法】选项组中，选中【笔画排
序】单选按钮；② 单击【确定】按钮，如
图 14-14 所示。

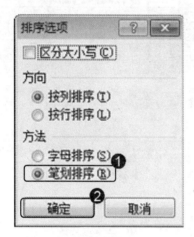

图 14-14

图 14-13

step 4 ① 返回到【排序】对话框界面，
设置【主要关键字】的相关排序条
件；② 单击【确定】按钮，如图 14-15 所示。

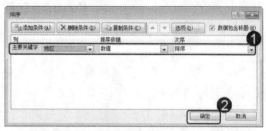

图 14-15

step 5 返回到工作表界面，通过以上方
法，即可完成按笔画排序的操作，
结果如图 14-16 所示。

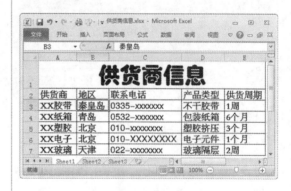

图 14-16

14.2.4　按单元格颜色排序

在 Excel 2010 工作表中，用户可以按照单元格的颜色对数据列表进行排序。下面详细
介绍按单元格颜色排序的操作方法。

素材文件※ 第 14 章\素材文件\学生成绩.xlsx

效果文件※ 第 14 章\效果文件\学生成绩.xlsx

step 1 ① 打开素材文件，单击数据列表中的任意单元格；② 选择【数据】选项卡；③ 单击【排序和筛选】组中的【排序】按钮，如图 14-17 所示。

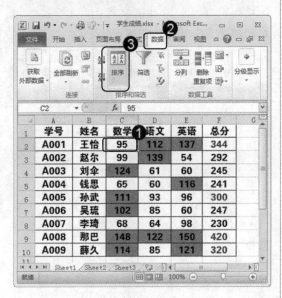

图 14-17

step 3 ① 选择相应的排序方式，例如选择【在顶端】选项；② 单击【确定】按钮，如图 14-19 所示。

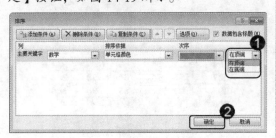

图 14-19

step 2 ① 弹出【排序】对话框，在【主要关键字】下拉列表框中，选择准备排序的选项，如【数学】选项；② 在【排序依据】下拉列表框中，选择【单元格颜色】选项；③ 在【次序】下拉列表框中，选择相应的颜色，如图 14-18 所示。

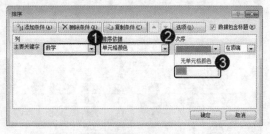

图 14-18

step 4 通过以上方法，即可完成按单元格颜色排序的操作，结果如图 14-20所示。

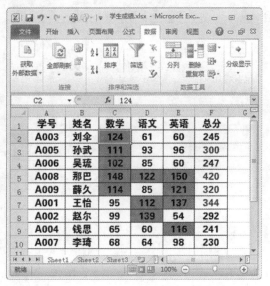

图 14-20

14.2.5 按字体颜色排序

在 Excel 2010 工作表中，除了可以按单元格颜色排序外，还可以按照字体颜色排序。下面详细介绍按字体颜色排序的操作方法。

素材文件 第 14 章\素材文件\学生成绩.xlsx
效果文件 第 14 章\效果文件\学生成绩.xlsx

step 1 ① 打开素材文件，单击数据列表中的任意单元格；② 选择【数据】选项卡；③ 单击【排序和筛选】组中的【排序】按钮，如图 14-21 所示。

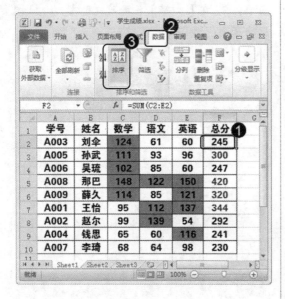

图 14-21

step 3 ① 选择相应的排序方式，例如选择【在底端】选项；② 单击【确定】按钮，如图 14-23 所示。

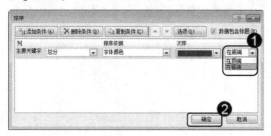

图 14-23

step 2 ① 弹出【排序】对话框，在【主要关键字】下拉列表框中，选择准备排序的选项，如【总分】选项；② 在【排序依据】下拉列表框中，选择【字体颜色】选项；③ 在【次序】下拉列表框中，选择相应的颜色，如图 14-22 所示。

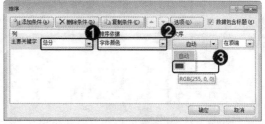

图 14-22

step 4 通过以上方法，即可完成按字体颜色排序的操作，结果如图 14-24 所示。

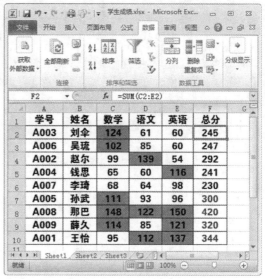

图 14-24

14.2.6 自定义排序

在 Excel 2010 工作表中，用户还可以根据工作需要对数据系列进行自定义排序。下面以不包含标题排序为例，详细介绍自定义排序的操作方法。

素材文件❀第 14 章\素材文件\学生成绩.xlsx

效果文件❀第 14 章\效果文件\学生成绩.xlsx

step 1 打开素材文件，单击数据列表中的任意单元格，如图 14-25 所示。

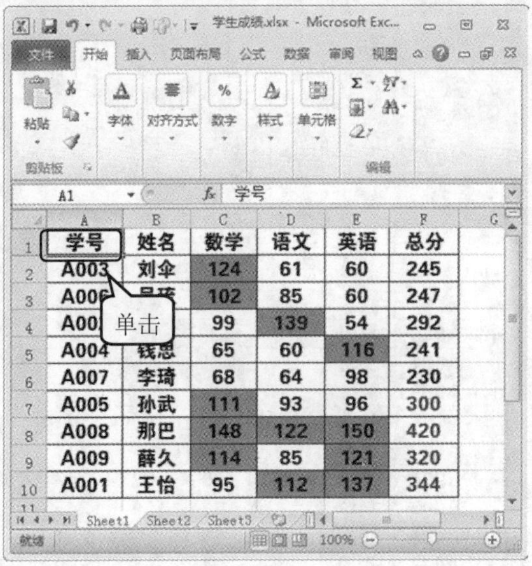

图 14-25

step 3 ① 弹出【排序】对话框，取消选中【数据包含标题】复选框；② 设置【主要关键字】的相关排序条件；③ 单击【确定】按钮，如图 14-27 所示。

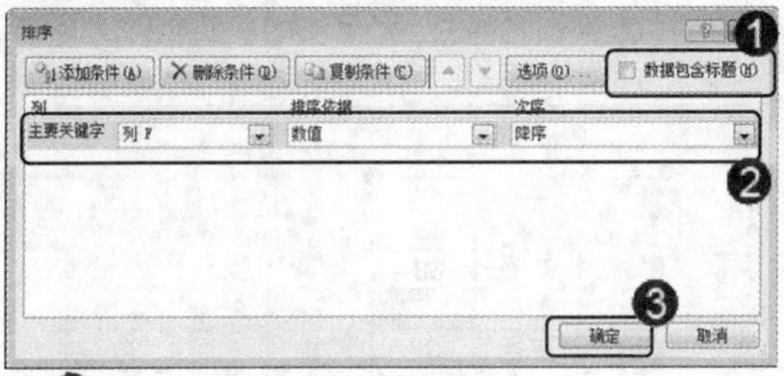

图 14-27

 考考您

请您根据上述方法对其他数据列表进行自定义排序，检验一下您的学习效果。

step 2 ① 择【开始】选项卡；② 在【编辑】组中，单击【排序和筛选】下拉按钮；③ 在弹出的下拉菜单中，选择【自定义排序】菜单项，如图 14-26 所示。

图 14-26

step 4 通过以上方法，即可完成自定义排序的操作，结果如图 14-28 所示。

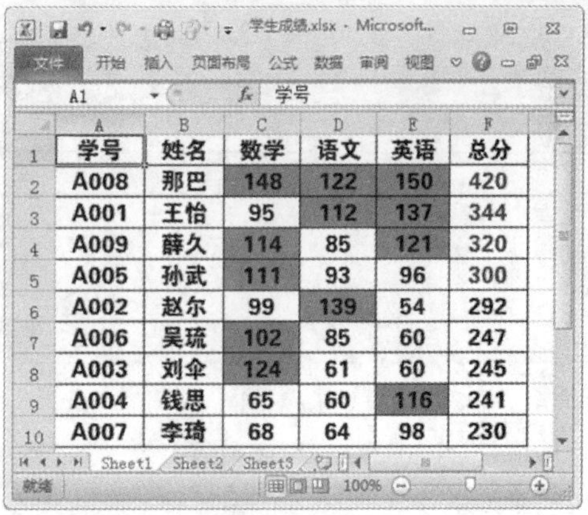

图 14-28

14.2.7 对数据列表中的某部分进行排序

在 Excel 2010 工作表中，用户可以针对数据列表中的某部分数据进行排序。下面详细介绍对数据列表中的某部分进行排序的操作方法。

素材文件 第 14 章\素材文件\学生成绩.xlsx
DVD 效果文件 第 14 章\效果文件\学生成绩.xlsx

step 1 打开素材文件,选中数据列表中准备排序的单元格区域,如图 14-29 所示。

step 2 ① 选择【数据】选项卡;② 在【排序和筛选】组中,单击【排序】按钮,如图 14-30 所示。

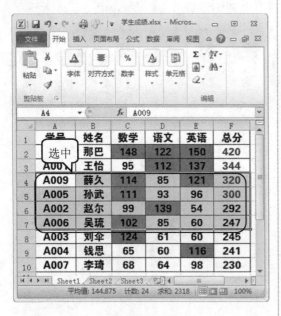

图 14-29

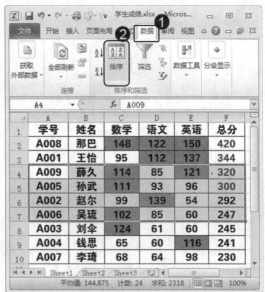

图 14-30

step 3 ① 弹出【排序】对话框,设置【主要关键字】的相关排序条件;② 单击【确定】按钮,如图 14-31 所示。

step 4 通过以上方法,即可完成对数据列表中的某部分进行排序的操作,结果如图 14-32 所示。

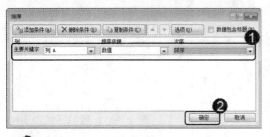

图 14-31

考考您

请您根据上述方法对数据列表中其他部分进行排序,检验一下您的学习效果。

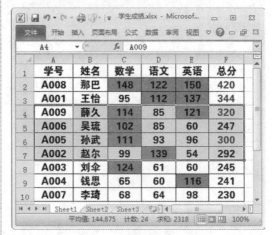

图 14-32

14.2.8 按行排序

在 Excel 2010 工作表中默认是按照列排序,用户也可以按行对数据列表进行排序。下面详细介绍按行排序的操作方法。

素材文件 ❈ 第14章\素材文件\学生成绩.xlsx
效果文件 ❈ 第14章\效果文件\学生成绩.xlsx

step 1 　打开素材文件, 在工作表中, 单击数据列表中任意单元格, 如图14-33所示。

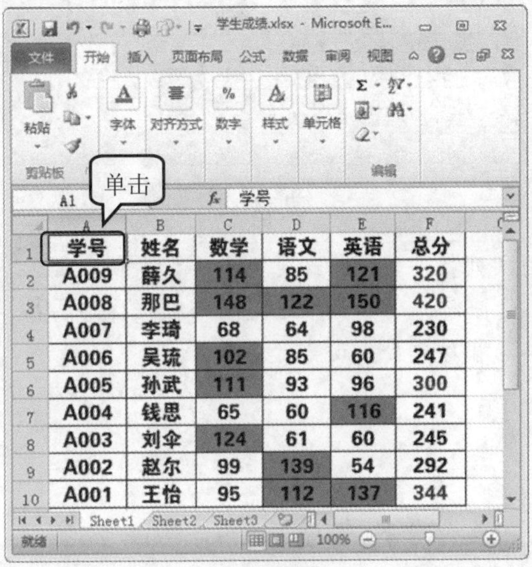

step 2 　① 选择【数据】选项卡;② 在【排序和筛选】组中, 单击【排序】按钮, 如图14-34所示。

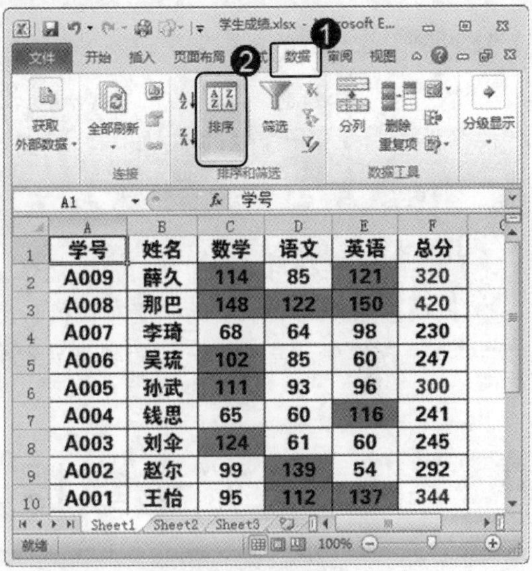

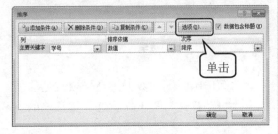

图 14-33

step 3 　弹出【排序】对话框, 单击【选项】按钮, 如图14-35所示。

图 14-34

step 4 　① 弹出【排序选项】对话框, 选中【方向】选项组中的【按行排序】单选按钮;② 单击【确定】按钮, 如图14-36所示。

图 14-35

step 5 　① 返回到【排序】对话框, 设置【主要关键字】的相关排序条件;② 单击【确定】按钮, 如图14-37所示。

图 14-36

step 6 　返回到工作表界面, 可以看到工作表中的内容已经重新排序, 如图14-38所示,, 这样即可完成按行排序的操作。

第 一 十四 章　数据分析与处理

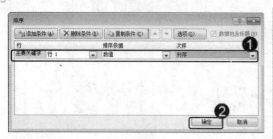

图 14-37

考考您

请您根据上述方法，对其他数据列表进行按行排序，检验一下您的学习效果。

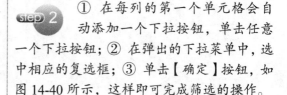

图 14-38

知识精讲

在使用按行排序时，不能像使用按列排序时一样选定整个目标区域，因为 Excel 的排序功能中没有"行标题"的概念，所以如果选定全部数据区域再按行排序，包含行标题的数据列也会参与排序，会出现意外结果。

14.3　筛选数据

筛选数据是指隐藏不符合条件的单元格或者单元格区域，显示符合条件的单元格或者单元格区域。对于筛选得到的数据，不需要重新排列或者移动即可执行复制、查找、编辑和打印等相关操作。本节将详细介绍筛选数据的相关知识。

14.3.1　筛选

筛选是指在管理数据列表的时候，根据某种条件筛选出匹配的数据，是一项常见的需求。在 Excel 2003 或者更早以前的版本中，被称为"自动筛选"。下面详细介绍筛选的具体操作方法。

素材文件 第 14 章\素材文件\收支表.xlsx
效果文件 第 14 章\效果文件\收支表.xlsx

step 1　① 打开素材文件，单击数据列表中任意单元格；② 选择【数据】选项卡；③ 在【排序和筛选】组中，单击【筛选】按钮，如图 14-39 所示。

step 2　① 在每列的第一个单元格会自动添加一个下拉按钮，单击任意一个下拉按钮；② 在弹出的下拉菜单中，选中相应的复选框；③ 单击【确定】按钮，如图 14-40 所示，这样即可完成筛选的操作。

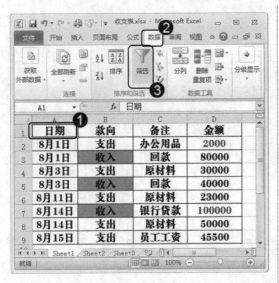

图 14-39

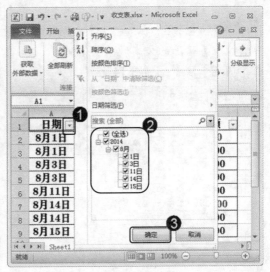

图 14-40

14.3.2 按照文本的特征筛选

在包含文本的工作表中，用户可以通过指定的文本对数据列表进行筛选。下面详细介绍按照文本的特征筛选的操作方法。

> 素材文件 第 14 章\素材文件\收支表.xlsx
> 效果文件 第 14 章\效果文件\收支表.xlsx

 ① 打开素材文件，选中准备筛选文本的单元格区域；② 选择【数据】选项卡；③ 在【排序和筛选】组中，单击【筛选】按钮，如图 14-41 所示。

step 2 ① 单击下拉按钮；② 在弹出的下拉菜单中，选择【文本筛选】菜单项；③ 在弹出的子菜单中，选择【包含】子菜单项，如图 14-42 所示。

图 14-41

图 14-42

step 3 ① 弹出【自定义自动筛选方式】对话框，在【包含】右侧的文本框中输入准备筛选的文本，如"原材料"；② 单击【确定】按钮，如图 14-43 所示。

图 14-43

step 4 返回到工作表界面，可以看到，在工作表中，只显示了包含"原材料"关键字的内容，如图 14-44 所示，这样即可完成按照文本特征筛选的操作。

图 14-44

14.3.3 按照数字的特征筛选

在包含数字的工作表中，用户可以通过指定数字的特征对数据列表进行筛选。下面详细介绍按照数字的特征筛选的操作方法。

 素材文件❀ 第 14 章\素材文件\收支表.xlsx
效果文件❀ 第 14 章\效果文件\收支表.xlsx

step 1 ① 打开素材文件，选中准备筛选数字的单元格区域；② 选择【数据】选项卡；③ 在【排序和筛选】组中，单击【筛选】按钮，如图 14-45 所示。

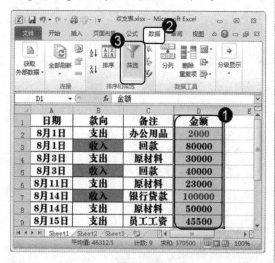

图 14-45

step 2 ① 单击下拉按钮；② 在弹出的下拉菜单中，选择【数字筛选】菜单项；③ 在弹出的子菜单中，选择【大于】子菜单项，如图 14-46 所示。

图 14-46

step 3 ① 弹出【自定义自动筛选方式】对话框，在【大于】右侧的文本框中输入准备筛选的数值大小，如"50000"；② 单击【确定】按钮，如图 14-47 所示。

step 4 返回到工作表界面，可以看到，在工作表中，只显示了数值大于50000 的内容，如图 14-48 所示，这样即可完成按照数字特征筛选的操作。

图 14-47

图 14-48

14.3.4 按照日期的特征筛选

在包含日期的工作表中，用户可以通过指定日期的特征对数据列表进行筛选。下面详细介绍按照日期的特征筛选的操作方法。

素材文件 第 14 章\素材文件\收支表.xlsx
效果文件 第 14 章\效果文件\收支表.xlsx

step 1 ① 打开素材文件，选中准备按日期筛选的单元格区域；② 选择【数据】选项卡；③ 在【排序和筛选】组中，单击【筛选】按钮，如图 14-49 所示。

step 2 ① 单击下拉按钮；② 在弹出的下拉菜单中，选择【日期筛选】菜单项；③ 在弹出的子菜单中，选择【自定义筛选】子菜单项，如图 14-50 所示。

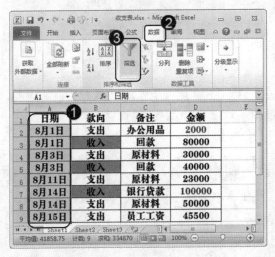

图 14-49

图 14-50

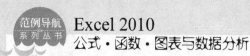
 step 3 ① 弹出【自定义自动筛选方式】对话框，在【日期】下方，在左侧的下拉列表框中，选择【等于】选项；② 在右侧的文本框中输入准备筛选的日期，如"8月14日"；③ 单击【确定】按钮，如图14-51所示。

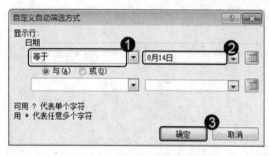

图 14-51

step 4 返回到工作表界面，可以看到，在工作中，只显示了日期为8月14日的所有相关内容，如图14-52所示，这样即可完成按照日期特征筛选的操作。

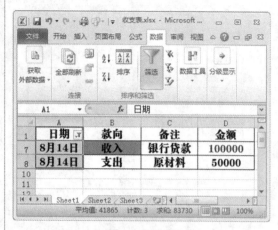

图 14-52

> **知识精讲** Excel 2010中提供了大量有关日期的特征筛选条件，但其仅能用于日期格式，而不能用于时间格式，因此没有提供类似于"前一小时"、"后一小时"、"上午"和"下午"这样的筛选条件。所以，在Excel 2010中，筛选功能是将时间当作数字来处理。

14.3.5 按照字体颜色或单元格颜色筛选

在Excel 2010工作表中，用户还可以通过字体的颜色以及单元格的颜色对工作表内容进行筛选，下面分别予以详细介绍。

1. 按照字体颜色筛选

在Excel 2010工作表中，用户可以对指定的字体颜色进行筛选。下面详细介绍按照字体颜色筛选的操作方法。

 素材文件❀❀ 第14章\素材文件\收支表.xlsx
效果文件❀❀ 第14章\效果文件\收支表.xlsx

 step 1 ① 打开素材文件，选中准备按照字体颜色筛选的单元格区域；② 选择【数据】选项卡；③ 在【排序和筛选】组中，单击【筛选】按钮，如图14-53所示。

 step 2 在选中的单元格区域的第一个单元格中，系统会自动添加一个下拉按钮，单击该下拉按钮，如图14-54所示。

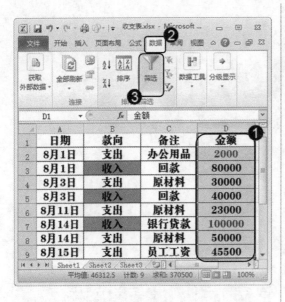

图 14-53

step 3 ① 在弹出的下拉菜单中,选择【按颜色筛选】菜单项;②在弹出的子菜单中,选择准备筛选的字体颜色子菜单项,如图 14-55 所示。

图 14-55

2. 按照单元格颜色筛选

在 Excel 2010 工作表中,用户还可以对指定的单元格颜色进行筛选。下面详细介绍按照单元格颜色筛选的操作方法。

图 14-54

step 4 返回到工作表界面,可以看到,在工作表中,只显示了指定字体颜色的内容,如图 14-56 所示,这样即可完成按照字体颜色筛选的操作。

图 14-56

 考考您

请您根据上述方法,按照字体颜色对其他内容进行筛选,检验一下您的学习效果。

素材文件 第14章\素材文件\收支表.xlsx
效果文件 第14章\效果文件\收支表.xlsx

step 1 ① 打开素材文件，选中准备按照单元格颜色筛选的单元格区域；② 选择【数据】选项卡；③ 在【排序和筛选】组中，单击【筛选】按钮，如图14-57所示。

step 2 在选中的单元格区域的第一个单元格中，系统会自动添加一个下拉按钮，单击该下拉按钮，如图14-58所示。

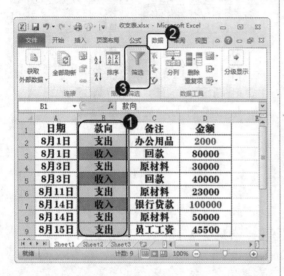

图 14-57

step 3 ① 在弹出的下拉菜单中，选择【按颜色筛选】菜单项；② 在弹出的子菜单中，选择准备筛选的单元格颜色子菜单项，如图14-59所示。

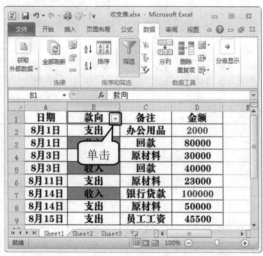

图 14-58

step 4 返回到工作表界面，可以看到，在工作表中，只显示了指定单元格颜色的内容，如图14-60所示，这样即可完成按照单元格颜色筛选的操作。

图 14-60

考考您

请您根据上述方法，按单元格颜色对其他内容进行筛选，检验一下您的学习效果。

图 14-59

14.3.6　使用通配符进行模糊筛选

通配符是一种特殊语句，主要运用星号"*"代表任意多个字符，或问号"?"代替单个字符。下面详细介绍使用通配符进行模糊筛选的操作方法。

素材文件 第 14 章\素材文件\收支表.xlsx
效果文件 第 14 章\效果文件\收支表.xlsx

 ① 打开素材文件，选中准备使用通配符进行模糊筛选的单元格区域；② 选择【数据】选项卡；③ 在【排序和筛选】组中，单击【筛选】按钮，如图 14-61所示。

step 2　① 单击下拉按钮；② 在弹出的下拉菜单中，选择【文本筛选】菜单项；③ 在弹出的子菜单中，选择【包含】子菜单项，如图 14-62 所示。

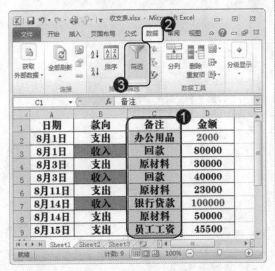

图 14-61

图 14-62

step 3　① 弹出【自定义自动筛选方式】对话框，在【包含】右侧的文本框中，输入"*款"；② 单击【确定】按钮，如图 14-63 所示。

step 4　返回到工作表界面，可以看到，在工作表中，只显示包含"款"的内容，如图 14-64 所示，这样即可完成使用通配符进行模糊筛选的操作。

图 14-63

图 14-64

第一14章　数据分析与处理

14.3.7 筛选多列数据

在 Excel 2010 中，用户可以对数据列表进行多列筛选。下面以筛选大于 30000 的支出为例，详细介绍筛选多列数据的操作方法。

素材文件※ 第 14 章\素材文件\收支表.xlsx
效果文件※ 第 14 章\效果文件\收支表.xlsx

 ① 打开素材文件，单击数据列表中任意单元格；② 选择【数据】选项卡；③ 在【排序和筛选】组中，单击【筛选】按钮，如图 14-65 所示。

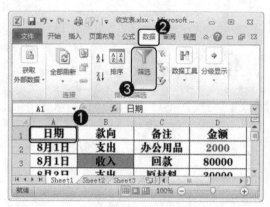

图 14-65

Step 3 ① 单击"金额"单元格中的下拉按钮；② 在弹出的下拉菜单中，选择【数字筛选】菜单项；③ 在弹出的子菜单中，选择【大于】子菜单项，如图 14-67 所示。

图 14-67

Step 2 ① 单击"款向"单元格中的下拉按钮；② 在弹出的下拉菜单中，选中【支出】复选框；③ 单击【确定】按钮，如图 14-66 所示。

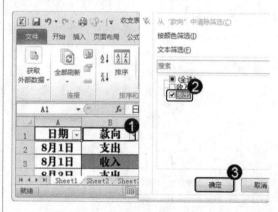

图 14-66

Step 4 ① 弹出【自定义自动筛选方式】对话框，在【大于】右侧的文本框中，输入数值"30000"；② 单击【确定】按钮，如图 14-68 所示。

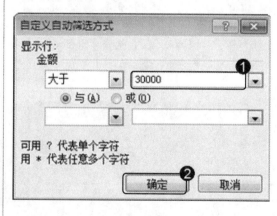

图 14-68

step 5　通过以上方法，即可完成筛选多列数据的操作，结果如图 14-69 所示。

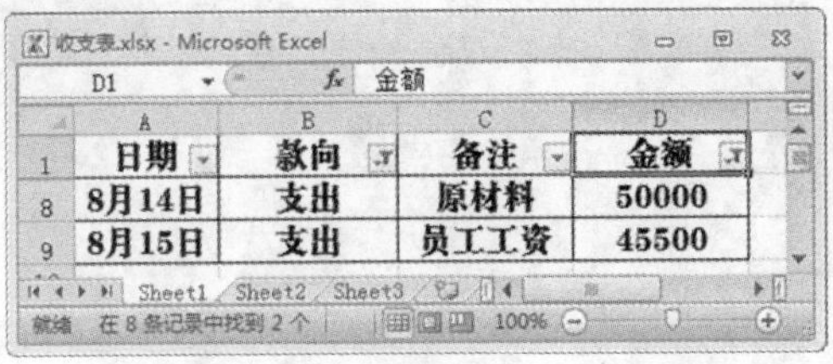

图 14-69

智慧锦囊

用户可以对数据列表中任意多列同时指定筛选条件。即先以数据列表中某一列为条件进行筛选，然后在筛选结果基础上以另一列为条件再进行筛选，以此类推。实际上在对多列同时进行筛选的时候，筛选条件之间是"与"的关系。

14.3.8　取消筛选

取消筛选，顾名思义，即取消当前的条件筛选，使数据列表恢复到最初的显示内容。下面详细介绍取消筛选的操作方法。

 素材文件🌸 第 14 章\素材文件\收支表.xlsx
　　　　效果文件🌸 第 14 章\效果文件\收支表.xlsx

step 1　① 在已经设置筛选条件的数据列表中，选择【数据】选项卡；② 在【排序和筛选】组中，单击【筛选】按钮，如图 14-70 所示。

step 2　可以看到，数据列表已经恢复到最初显示的内容，如图 14-71 所示，这样即可完成取消筛选的操作。

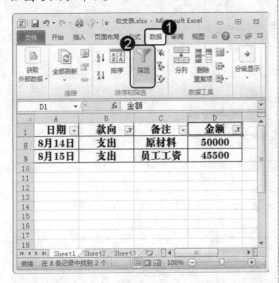

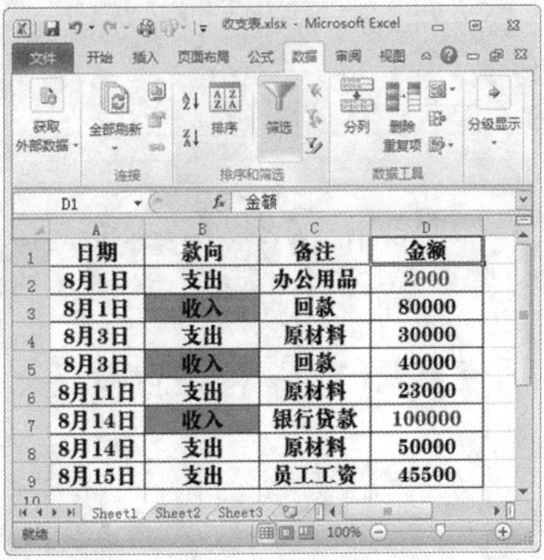

图 14-70

图 14-71

14.3.9　复制和删除筛选后的数据

当复制筛选结果中的数据时，只有可见的数据被复制；同样地，如果准备删除筛选结果，只有可见的数据可以被删除，不会影响其他隐藏数据。

14.3.10 使用高级筛选

如果用户想要通过详细的筛选条件筛选数据列表，可以使用 Excel 中的高级筛选功能。下面详细介绍使用高级筛选的操作方法。

素材文件❀ 第 14 章\素材文件\收支表.xlsx

效果文件❀ 第 14 章\效果文件\收支表.xlsx

step 1 在工作表中的空白区域，输入详细的筛选条件，如图 14-72 所示。

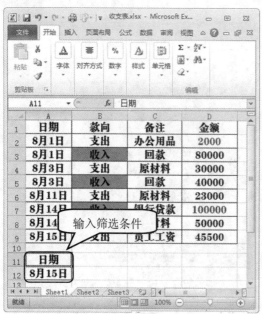

图 14-72

step 2 ① 选择【数据】选项卡；② 单击【排序与筛选】组中的【高级】按钮 ，如图 14-73 所示。

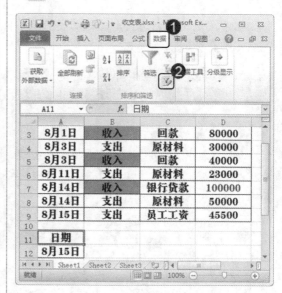

图 14-73

step 3 弹出【高级筛选】对话框，单击【列表区域】文本框右侧的折叠按钮 ，如图 14-74 所示。

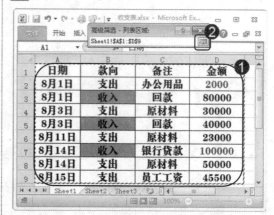

图 14-74

step 4 ① 返回工作表界面，将整个数据列表选中；② 单击【展开】按钮 ，如图 14-75 所示。

图 14-75

5 返回【高级筛选】对话框，单击【条件区域】文本框右侧的折叠按钮 ，如图 14-76 所示。

图 14-76

 7 返回【高级筛选】对话框，单击【确定】按钮，如图 14-78 所示。

单击

图 14-78

 6 ① 返回工作表界面，选中刚刚输入的筛选条件；② 单击【展开】按钮 ，如图 14-77 所示。

图 14-77

 8 通过以上方法，即可完成使用高级筛选的操作，结果如图 14-79 所示。

图 14-79

 知识精讲   在使用高级筛选功能的时候，最重要的是需要设置筛选条件。在筛选条件区域中，首行必须为标题行，内容与数据列表中匹配；条件区域下方为条件值的描述区。

14.4　分级显示数据

    在 Excel 2010 工作表中，用户可以对数据列表进行分级显示，以方便查看数据。本节将详细介绍分级显示数据的相关知识。

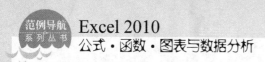

14.4.1 新建分级显示

在 Excel 2010 工作表中，为了方便查看数据信息，用户可以新建分级显示。下面详细介绍新建分级显示的操作方法。

素材文件 第 14 章\素材文件\岗前考核成绩.xlsx
效果文件 第 14 章\效果文件\岗前考核成绩.xlsx

 ① 打开素材文件，单击数据列表中任意单元格；② 选择【数据】选项卡；③ 单击【分级显示】组中的【创建组】下拉按钮；④ 在弹出的下拉菜单中，选择【自动建立分级显示】菜单项，如图 14-80 所示。

step 2 可以看到，系统会自动在数据列表中建立分组，如图 14-81 所示，这样即可完成新建分级显示的操作。

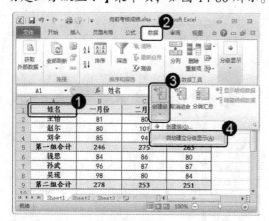

图 14-80　　　　　　　　　　图 14-81

14.4.2 隐藏与显示明细数据

在 Excel 2010 工作表中，用户可以根据实际的工作需要，对分级显示的数据进行隐藏与显示，下面分别予以详细介绍。

1. 隐藏明细数据

在日常工作中，可以根据实际情况对暂时不需要查看的分级显示数据进行隐藏。下面详细介绍隐藏明细数据的操作方法。

素材文件 第 14 章\素材文件\岗前考核成绩.xlsx
效果文件 第 14 章\效果文件\岗前考核成绩.xlsx

  在已经创建分级显示的工作表中，单击左侧窗格中的【折叠】按钮，如图 14-82 所示。

 可以看到数据已经隐藏，如图 14-83 所示，这样即可完成隐藏明细数据的操作。

| | 图 14-82 | | | 图 14-83 | |

2. 显示隐藏明细数据

如果用户准备查看隐藏的明细数据，可以选择将隐藏的数据显示出来。下面详细介绍显示隐藏明细数据的操作方法。

素材文件 ❋ 第 14 章\素材文件\岗前考核成绩.xlsx

效果文件 ❋ 第 14 章\效果文件\岗前考核成绩.xlsx

step 1 在隐藏明细数据的工作表中，单击左侧窗格中的【展开】按钮➕，如图 14-84 所示。

step 2 可以看到隐藏的数据已经显示出来，如图 14-85 所示，这样即可完成显示隐藏明细数据的操作。

| 图 14-84 | 图 14-85 |

14.4.3　清除分级显示

分级显示创建完成后，如果用户希望将数据列表恢复到建立分级显示之前的状态，可以将分级显示清除，下面详细介绍具体操作方法。

素材文件 ❋ 第 14 章\素材文件\岗前考核成绩.xlsx

效果文件 ❋ 第 14 章\效果文件\岗前考核成绩.xlsx

step 1 ① 将整个数据列表选中；② 选择【数据】选项卡；③ 单击【分级显示】组中【取消组合】按钮，如图 14-86 所示。

step 2 ① 弹出【取消组合】对话框，在【取消组合】选项组中，选中【行】单选按钮；② 单击【确定】按钮，如图 14-87 所示。

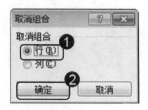

图 14-87

step 3 通过以上方法，即可完成清除分级显示的操作，结果如图 14-88 所示。

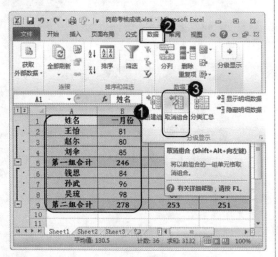

图 14-86

考考您

请您根据上述方法，清除其他数据列表中的分级显示，检验一下您的学习效果。

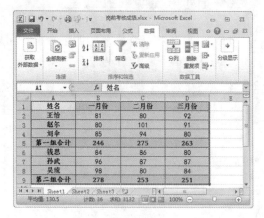

图 14-88

14.5 数据的分类汇总

数据的分类汇总是对 Excel 工作表中的同一类字段进行汇总，同时会将该类字段组合为一组。本节将详细介绍数据分类汇总的相关知识。

14.5.1 简单分类汇总

在 Excel 2010 工作表中，使用 Excel 的分类汇总功能，可以快速地对工作表进行分级显示。下面详细介绍简单分类汇总的操作方法。

素材文件❀第 14 章\素材文件\费用统计.xlsx
效果文件❀第 14 章\效果文件\费用统计.xlsx

step 1 ① 打开素材文件，单击数据列表中任意单元格；② 选择【数据】选项卡；③ 单击【分级显示】组中的【分类汇总】按钮，如图 14-89 所示。

图 14-89

step 3 通过以上方法，即可完成简单分类汇总的操作，结果如图 14-91 所示。

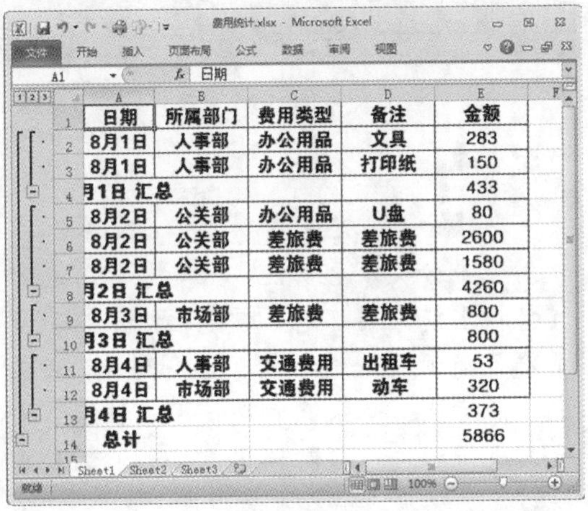

图 14-91

14.5.2 多重分类汇总

如果一种汇总方式不能满足工作需求，用户可以选择多重分类汇总的方式。下面详细介绍多重分类汇总的操作方法。

素材文件 ✿ 第 14 章\素材文件\费用统计.xlsx
效果文件 ✿ 第 14 章\效果文件\费用统计.xlsx

step 2 ① 弹出【分类汇总】对话框，在【汇总方式】下拉列表框中，选择相应的汇总方式，如选择【求和】选项；② 在【选定汇总项】列表框中，选择准备求和的项，如【金额】复选框；③ 单击【确定】按钮，如图 14-90 所示。

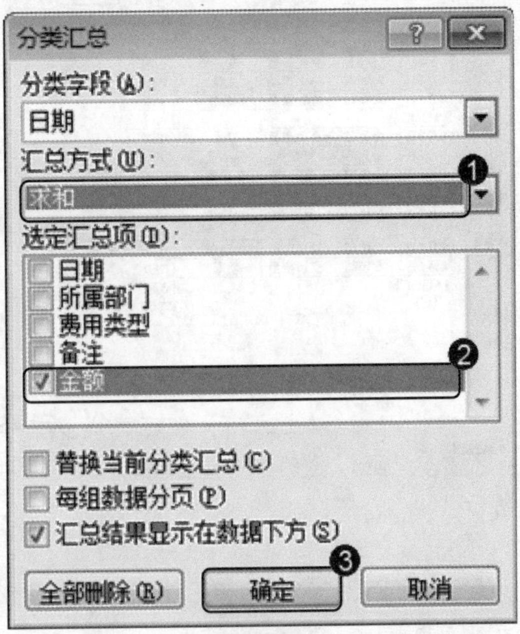

图 14-90

> 智慧锦囊
>
> 在【分类汇总】对话框的【汇总方式】下拉列表框中，有多种汇总方式供用户选择，如求和、计数、平均值、最大值、最小值、乘积、数值计算、标准偏差、总体标准偏差、方差和总体方差。

第 14 章 数据分析与处理

321

① 单击数据列表中任意单元格；② 选择【数据】选项卡；③ 单击【分级显示】组中的【分类汇总】按钮，如图 14-92 所示。

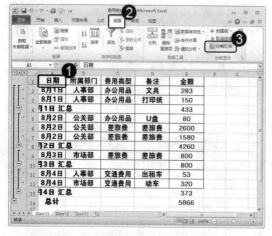

图 14-92

 通过以上方法，即可完成多重分类汇总的操作，结果如图 14-94 所示。

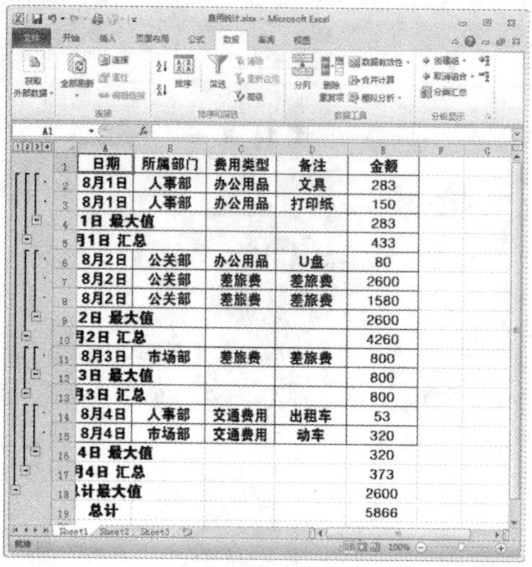

图 14-94

Step 2 ① 弹出【分类汇总】对话框，在【汇总方式】下拉列表框中，选择相应的汇总方式，如选择【最大值】选项；② 在【选定汇总项】列表框中，选择准备求最大值的项，如选中【金额】复选框；③ 单击【确定】按钮，如图 14-93 所示。

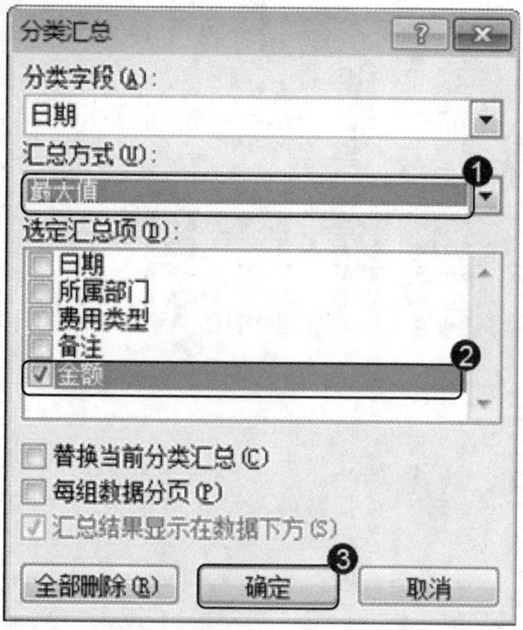

图 14-93

智慧锦囊

在【分类汇总】对话框中，如果准备使用多重分类汇总功能，一定要取消选中【替换当前分类汇总】复选框，不然，当前准备使用的汇总方式，会替换之前存在的汇总方式；如果只希望使用一种汇总方式，也可以选中【替换当前分类汇总】复选框，来替换之前存在的汇总方式。

14.5.3 隐藏与显示汇总结果

隐藏与显示汇总结果的操作方法，与隐藏与显示明细数据大致相同，用户可以根据工作需要，自行选择汇总结果的隐藏与显示。下面分别详细介绍隐藏与显示汇总结果的操作方法。

1. 隐藏汇总结果

在日常工作中，可以根据实际情况对暂时不需要查看的汇总结果进行隐藏。下面详细介绍隐藏汇总结果的操作方法。

素材文件❀ 第14章\素材文件\费用统计.xlsx
效果文件❀ 第14章\效果文件\费用统计.xlsx

 在已经创建分类汇总的工作表中，单击左侧窗格中的【折叠】按钮■，如图 14-95 所示。

 可以看到数据已经隐藏，如图 14-96 所示，这样即可完成隐藏汇总结果的操作。

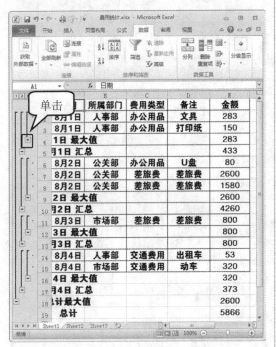

图 14-95

图 14-96

2. 显示隐藏的汇总结果

如果用户准备查看隐藏的分类汇总结果，可以选择将隐藏的汇总结果显示出来。下面详细介绍显示隐藏的汇总结果的操作方法。

素材文件❀ 第14章\素材文件\费用统计.xlsx
效果文件❀ 第14章\效果文件\费用统计.xlsx

 在隐藏汇总结果的工作表中，单击左侧窗格中的【展开】按钮❖，

 可以看到隐藏的数据已经显示出来，如图 14-98 所示，这样即可

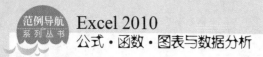

如图 14-97 所示。

完成显示隐藏的汇总结果的操作。

图 14-97

图 14-98

14.5.4 删除分类汇总

如果用户准备不再使用分类汇总功能，可以选择将其删除。下面详细介绍删除分类汇总的操作方法。

 素材文件※ 第14章\素材文件\费用统计.xlsx
效果文件※ 第14章\效果文件\费用统计.xlsx

 ① 选中整个准备删除分类汇总的数据列表；② 选择【数据】选项卡；③ 单击【分级显示】组中的【分类汇总】按钮，如图 14-99 所示。

 弹出【分类汇总】对话框，单击【全部删除】按钮，如图 14-100 所示。

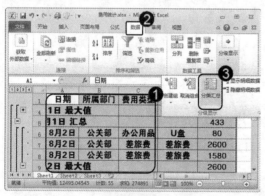

图 14-99

图 14-100

 返回到工作表界面，可以看到已经将分类汇总结果删除，如图 14-101 所示，这样即可完成删除分类汇总的操作。

图 14-101

考考您

请您根据上述方法，对其他数据列表使用分类汇总功能，并将其删除，测试一下您的学习效果。

14.6　合并计算

在 Excel 2010 工作表中，合并计算是指把指定数据列表中的数据合并计算到另一个数据列表中。本节将详细介绍合并计算的相关知识。

14.6.1　按位置合并计算

按位置合并计算是指，在 Excel 中不会核对数据列表的行、列标题是否相同，只是将数据列表中相同位置的数据合并。下面详细介绍按位置合并计算的操作方法。

素材文件❀ 第 14 章\素材文件\手工艺品计件统计.xlsx

效果文件❀ 第 14 章\效果文件\手工艺品计件统计.xlsx

step 1　打开素材文件，选中 J3～L3 单元格区域，如图 14-102 所示。

step 2　① 选择【数据】选项卡；② 单击【数据工具】组中的【合并计算】按钮，如图 14-103 所示。

图 14-102

图 14-103

step 3 弹出【合并计算】对话框，单击【引用位置】文本框右侧的【折叠】按钮，如图 14-104 所示。

图 14-104

step 5 ① 返回【合并计算】对话框，单击【添加】按钮；② 单击【折叠】按钮，如图 14-106 所示。

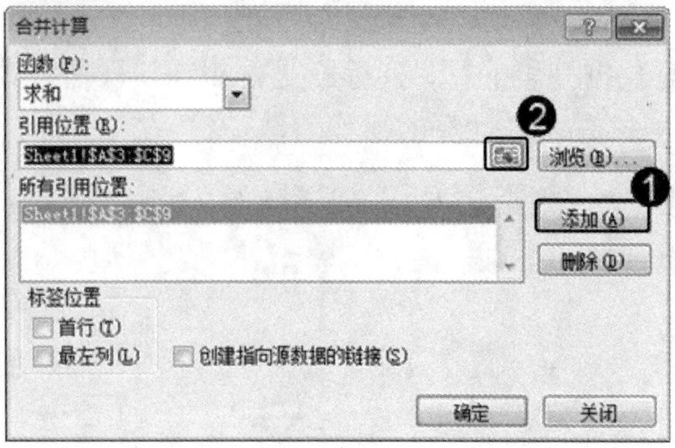

图 14-106

step 7 ① 返回【合并计算】对话框，单击【添加】按钮；② 单击【确定】按钮，如图 14-108 所示。

图 14-108

step 4 ① 进入工作表界面，选择第一个需要引用的位置；② 单击【展开】按钮，如图 14-105 所示。

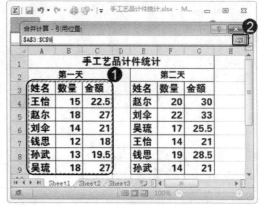

图 14-105

step 6 ① 进入工作表界面，选择第二个需要引用的位置；② 单击【展开】按钮，如图 14-107 所示。

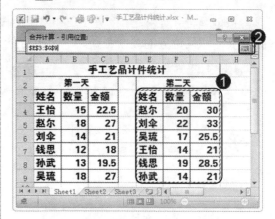

图 14-107

step 8 通过以上方法，即可完成按位置合并计算的操作，结果如图 14-109 所示。

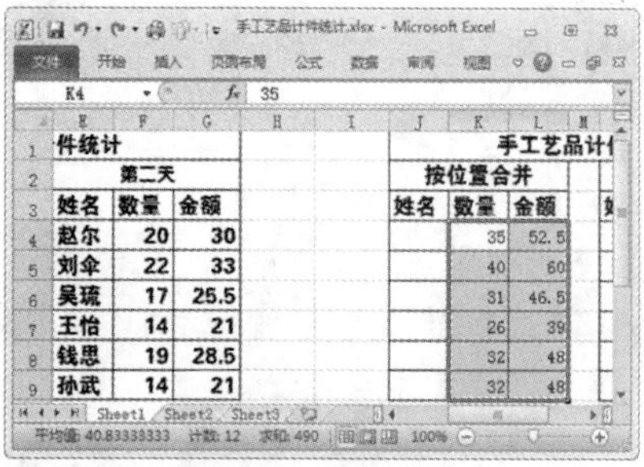

图 14-109

14.6.2 按分类合并计算

按分类合并计算是指，在 Excel 中系统会核对数据列表的行、列标题是否相同，然后将数据列表中具有相同行或列标题的数据合并。下面详细介绍按分类合并计算的操作方法。

素材文件❀ 第 14 章\素材文件\手工艺品计件统计.xlsx
效果文件❀ 第 14 章\效果文件\手工艺品计件统计.xlsx

1 打开素材文件，选中 N3～P3 单元格区域，如图 14-110 所示。

图 14-110

3 弹出【合并计算】对话框，单击【引用位置】文本框右侧的【折叠】按钮，如图 14-112 所示。

图 14-112

5 ① 返回【合并计算】对话框，单击【添加】按钮；② 单击【折叠】按钮，如图 14-114 所示。

2 ① 选择【数据】选项卡；② 单击【数据工具】组中的【合并计算】按钮，如图 14-111 所示。

图 14-111

4 ① 进入工作表界面，选择第一个需要引用的位置；② 单击【展开】按钮，如图 14-113 所示。

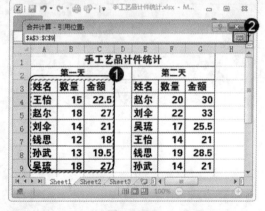

图 14-113

6 ① 进入工作表界面，选择第二个需要引用的位置；② 单击【展开】按钮，如图 14-115 所示。

图 14-114

 step 7 ① 返回【合并计算】对话框，单击【添加】按钮；② 在【标签位置】选项组中，选中【首行】和【最左列】复选框；③ 单击【确定】按钮，如图 14-116 所示。

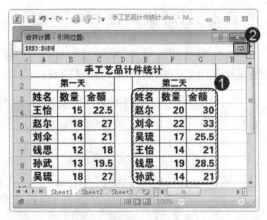

图 14-115

step 8 通过以上方法，即可完成按分类合并计算的操作，结果如图 14-117 所示。

图 14-116

 考考您

请您根据上述方法，对其他数据列表进行合并计算，测试一下您的学习效果。

图 14-117

14.7 范例应用与上机操作

通过本章的学习，读者可以掌握数据分析与处理方面的知识与技巧。下面通过一些练习，以达到巩固学习、拓展提高的目的。

14.7.1 按考试成绩筛选符合要求的应聘人员

使用 Excel 2010 的筛选功能，可以快速地查找出符合要求的应聘人员的资料，下面详细介绍具体操作方法。

素材文件❀ 第 14 章\素材文件\应聘人员考核成绩.xlsx
效果文件❀ 第 14 章\效果文件\应聘人员考核成绩.xlsx

 打开素材文件，选中 B1～E5 单元格区域，如图 14-118 所示。

图 14-118

Step 3 在选中的单元格区域中，系统会自动在每一列的第一个单元格中添加下拉按钮，如图 14-120 所示。

图 14-120

Step 5 此时工作表中只显示专业学历为"大学本科"的应聘人员的资料，如图 14-122 所示。

Step 2 选择【数据】选项卡，单击【排序和筛选】组中的【筛选】按钮，如图 114-119 所示。

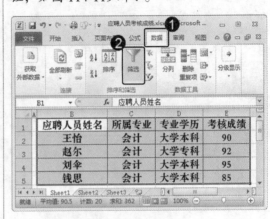

图 14-119

Step 4 ① 单击"专业学历"单元格中的下拉按钮；② 在弹出的下拉菜单中，选择准备筛选的专业学历，如【大学本科】复选框；③ 单击【确定】按钮，如图 14-121 所示。

图 14-121

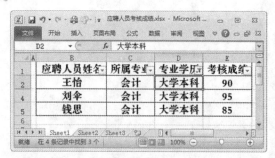

图 14-122

step 7 ① 弹出【自定义自动筛选方式】对话框，在【大于】右侧的文本框中，输入数值，如"90"；② 单击【确定】按钮，如图 14-124 所示。

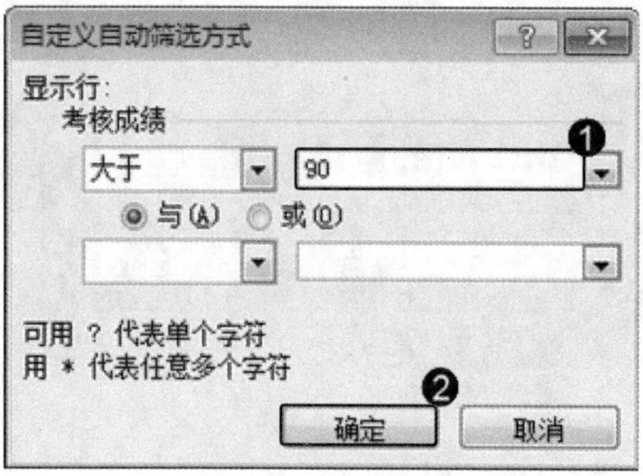

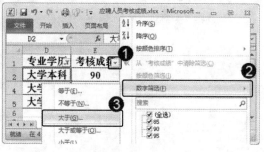

step 6 ① 单击"考核成绩"单元格中的下拉按钮；② 在弹出的下拉菜单中，选择【数字筛选】菜单项；③ 在弹出的子菜单中，选择【大于】子菜单项，如图 14-123 所示。

图 4-123

step 8 通过以上方法，即可完成筛选符合要求的应聘人员的操作，结果如图 14-125 所示。

图 14-124

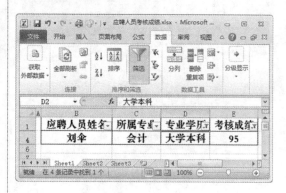

图 14-125

14.7.2 合并计算两组两个月销量总和

使用合并计算功能，可以将多个工作表中的数据合并计算在另一张工作表中。下面通过合并计算功能，计算出两组两个月的销量总和。

 素材文件 ❀ 第 14 章\素材文件\塑料袋产量.xlsx
 效果文件 ❀ 第 14 章\效果文件\塑料袋产量.xlsx

step 1 ① 打开素材文件，单击"SUM"工作表标签；② 选中 A3～E3 单元格区域；③ 选择【数据】选项卡；④ 单击【数据工具】组中的【合并计算】按钮，如图 14-126 所示。

step 2 弹出【合并计算】对话框，单击【引用位置】文本框右侧的【折叠】按钮，如图 14-127 所示。

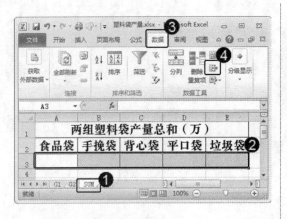

图 14-126

图 14-127

step 3　① 返回工作表界面，单击【G1】工作表标签；② 选择 A3～E3 单元格区域；③ 单击【展开】按钮 ，如图 14-128 所示。

step 4　① 返回【合并计算】对话框，单击【添加】按钮；② 单击【引用位置】文本框右侧的【折叠】按钮，如图 14-129 所示。

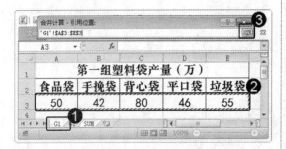

图 14-128

step 5　① 返回工作表界面，单击 G2 工作表标签；② 选择 A3～E3 单元格区域；③ 单击【展开】按钮，如图 14-130 所示。

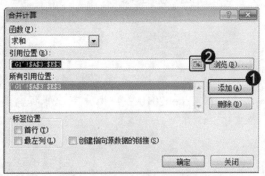

图 14-129

step 6　① 返回【合并计算】对话框，单击【添加】按钮；② 单击【确定】按钮，如图 14-131 所示。

图 14-130

step 7　通过以上方法，即可完成合并计算两组两个月销量总和的操作，结果如图 14-132 所示。

图 14-131

图 14-132

14.8 课后练习

14.8.1 思考与练习

一、填空题

1. _____是由多行多列数据组成的有组织的信息集合。

2. 在 Excel 2010 中，用户可以根据需要对数据按照_____或列、升序或者_____对数据进行排序。

二、判断题

1. 筛选数据是指隐藏符合条件的单元格或者单元格区域。　　　　　　　　　（　　）

2. 数据的分类汇总是对 Excel 工作表中的同一类字段进行汇总。　　　　　　（　　）

三、思考题

1. 如何对数据列表进行简单排序？

2. 如何新建分级显示？

14.8.2 上机操作

1. 打开"员工资料.xlsx"文档文件，并按笔画排序员工姓名。效果文件可参考"第14章\效果文件\员工资料.xlsx"。

2. 打开"学生用品销量.xlsx"文档文件，并按分类合并计算。效果文件可参考"第14章\效果文件\学生用品销量.xlsx"。

第 **15** 章

使用数据透视表与透视图分析数据

本章主要介绍使用数据透视表与透视图分析数据方面的知识与技巧，包括了创建、编辑与美化数据透视表，以及创建和美化数据透视图方面的知识。通过本章的学习，读者可以掌握数据透视表与透视图操作方面的知识，为深入学习 Excel 2010 公式、函数、图表与数据分析知训奠定基础。

范 例 导 航

1. 数据透视表与数据透视图
2. 创建与编辑数据透视表
3. 操作数据透视表中的数据
4. 美化数据透视表
5. 创建动态的数据透视表
6. 创建数据透视图
7. 编辑数据透视图
8. 美化数据透视图

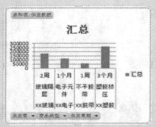

15.1 数据透视表与数据透视图

在 Excel 2010 中，数据透视表是一种交互式报表，可以根据不同的分析目的组织和汇总数据；数据透视图是以图形形式表示的数据透视表，和图表与数据区域之间的关系相同，各数据透视表之间的字段相互对应。本节将详细介绍数据透视表与数据透视图的相关知识。

15.1.1 数据透视表介绍

数据透视表是一种交互式报表，可以进行计算，如求和与计数等。所进行的计算与数据与数据透视表中的排列有关。使用数据透视表可以深入分析数值数据，并且可以解决一些预计不到的数据问题。数据透视表有以下特点。

- 能以多种方式查询大量数据。
- 可以对数值数据进行分类汇总和聚合，按分类和子分类对数据进行汇总，创建自定义计算和公式。
- 展开或折叠要关注结果的数据级别，查看感兴趣区域的明细数据。
- 将行移动到列或将列移动到行(或"透视")，以查看源数据的不同汇总结果。
- 对最有用和最关注的数据子集进行筛选、排序、分组和有条件地设置格式。
- 提供简明、有吸引力并且带有批注的联机报表或打印表。

15.1.2 数据透视图介绍

数据透视图是以图形形式表示的数据透视表，和图表与数据区域之间的关系相同，各数据透视表之间的字段相互对应，如果更改了某一报表的某个字段位置，则另一报表中的相应字段位置也会改变。

首次创建数据透视图时，可以自动创建，也可以通过数据透视表中现有的数据创建。

在数据透视图中，除具有标准图表的系列、分类、数据标记和坐标轴以外，还有一些特殊的元素，如报表筛选字段、值字段、系列字段、项、分类字段等。

- 报表筛选字段是用来根据特定项筛选数据的字段。使用报表筛选字段是在不修改系列和分类信息的情况下，汇总并快速集中处理数据子集的捷径。
- 值字段是来自基本源数据的字段，提供进行比较或计算的数据。
- 系列字段是数据透视图中为系列方向指定的字段。字段中的项提供单个数据系列。
- 项代表一个列或行字段中的唯一条目，且出现在报表筛选字段、分类字段和系列字段的下拉列表中。
- 分类字段是分配到数据透视图分类方向上的源数据中的字段。分类字段为那些用来绘图的数据点提供单一分类。

15.1.3 数据透视图与标准图表的区别

数据透视图中的大多数操作和标准图表一样，但是二者之间也存在差别。下面详细介绍数据透视表与数据透视图的区别。

1. 交互

对于标准图表，需要为查看的每个数据视图创建一张图表；而对于数据透视图，只要创建单张图就可以通过更改报表布局或显示的明细数据以不同的方式交互查看数据。

2. 图表类型

标准图表的默认图表类型为簇状柱形图，按分类比较时；数据透视图的默认图表类型为堆积柱形图，比较各个值在整体分类总计中所占有的比例，可以将数据透视图类型更改为除 XY 散点图、股价图和气泡图之外的其他任何图表类型。

3. 图表位置

默认情况下，标准图表是嵌入在工作表中的；而数据透视图默认情况下是创建在图表工作表上的，数据透视图创建后，还可以将其重新定位在工作表上。

4. 源数据

标准图表可直接链接到工作表单元格中；数据透视图可以基于相关联的数据透视表中的几种不同数据类型。

5. 图表元素

数据透视图除包含与标准图表相同的元素外，还包括字段和项，可以通过添加、旋转或删除字段和项来显示数据的不同视图。标准图表中的分类、系列和数据分别对应于数据透视图中的分类字段、系列字段和值字段。数据透视图中还可包含报表筛选，而这些字段中都包含项，这些项在标准图表中显示为图例中的分类标签或系列名称。

6. 格式

刷新数据透视图时，会保留大多数格式，但是不保留趋势线、数据标签、误差线及对数据系列的其他更改；而标准图表只要应用了这些格式，就不会将其丢失。

7. 移动或调整项的大小

在数据透视图中，即使可为图例选择一个预设位置并可更改标题的字体大小，但是无

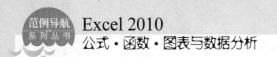

法移动或重新调整绘图区、图例、图表标题或坐标轴标题的大小，而在标准图表中，可移动和重新调整这些元素的大小。

15.2 创建与编辑数据透视表

在使用数据透视表之前，首先要了解如何创建与编辑数据透视表不仅可以转换行和列查看源数据的不同汇总结果，而且还可以显示不同页面以筛选数据。本节将详细介绍创建与编辑数据透视表的相关知识。

15.2.1 创建数据透视表

创建数据透视表，首先要保证工作表中数据的正确性；其次要具有列标签；最后工作表中必须含有数字文本。下面详细介绍创建数据透视表的操作方法。

素材文件❀ 第 15 章\素材文件\产量统计表.xlsx
效果文件❀ 第 15 章\效果文件\产量统计表.xlsx

step 1 ① 打开素材文件，选择 A1~G11 单元格区域；② 选择【插入】选项卡；③ 单击【表格】组中的【数据透视表】按钮，如图 15-1 所示。

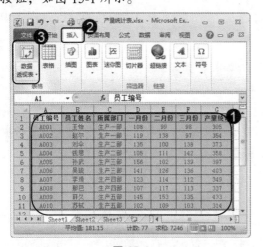

图 15-1

step 3 系统会新建一个工作表，并弹出【数据透视表字段列表】任务窗格，在【选择要添加到报表的字段】列表框中，选中相应的复选框，如图 15-3 所示。

step 2 ① 弹出【创建数据透视表】对话框，在【选择放置数据透视表的位置】选项组中，选中【新工作表】单选按钮；② 单击【确定】按钮，如图 15-2 所示。

图 15-2

step 4 在新建的工作表中，会显示相应的数据，如图 15-4 所示，这样即可完成创建数据透视表的操作。

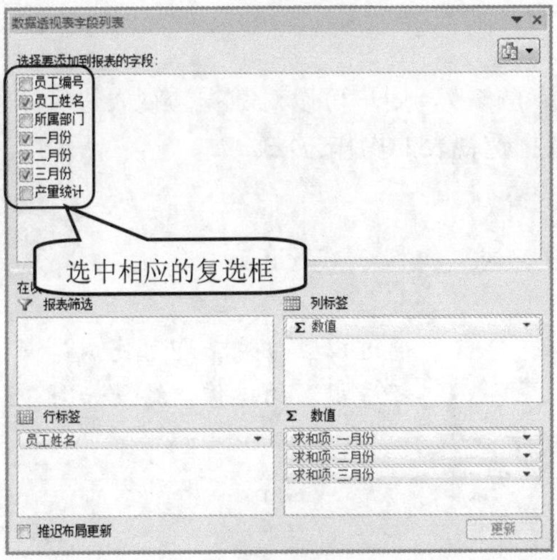

图 15-3

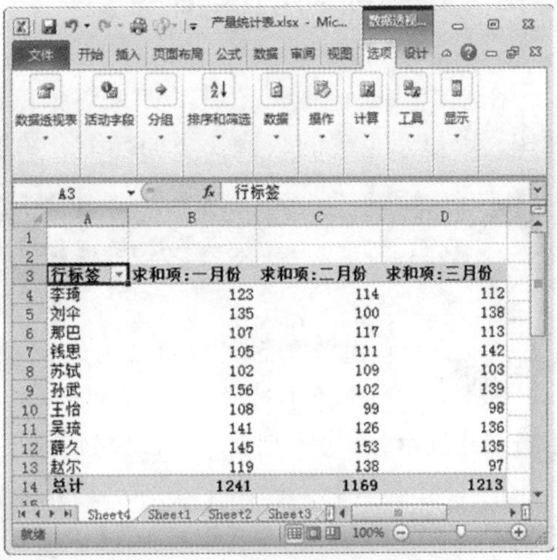

图 15-4

15.2.2 设置数据透视表中的字段

在创建好数据透视表之后，对数据透视表中的字段进行相应的设置，可以显示相应的数据。下面详细介绍设置数据透视表中的字段的操作方法。

素材文件 第 15 章\素材文件\产量统计表.xlsx
效果文件 第 15 章\效果文件\产量统计表.xlsx

step 1 ① 在【数据透视表字段列表】任务窗格中，在【选择要添加到报表的字段】列表框中，使用鼠标左键拖动相应的字段复选框，如【所属部门】复选框；② 拖动至【在以下区域间拖动字段】选项组中的【报表筛选】列表框中释放鼠标左键，如图 15-5 所示。

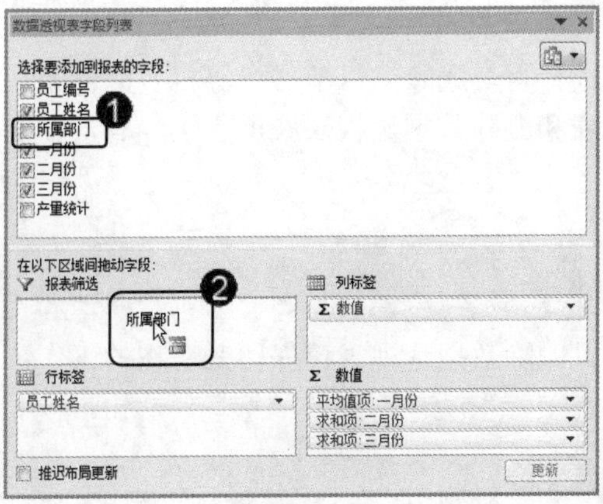

图 15-5

step 2 返回到工作表界面，可以看到新添加的字段，单击下拉按钮即可查看相应的字段信息，如图 15-6 所示，这样即可完成设置数据透视表中的字段的操作。

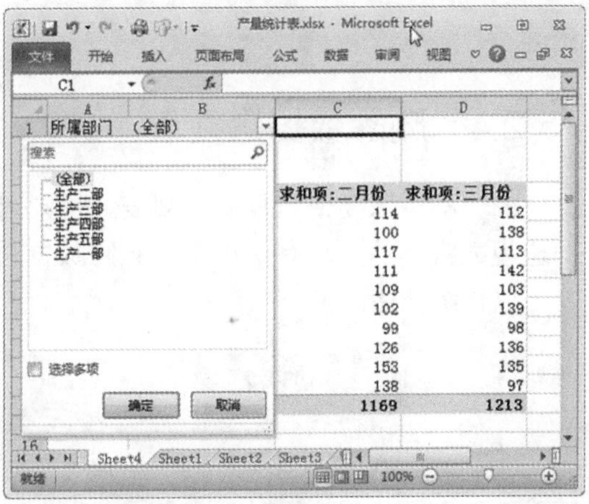

图 15-6

15.2.3 刷新数据透视表

在创建数据透视表之后，如果对数据源进行了修改，用户可以对数据透视表进行刷新操作，以显示正确的数值。下面详细介绍刷新数据透视表的操作方法。

素材文件 第 15 章\素材文件\产量统计表.xlsx
效果文件 第 15 章\效果文件\产量统计表.xlsx

 step 1 ① 选择准备刷新的数据透视表；② 选择【选项】选项卡；③ 在【数据】组中，单击【刷新】下拉按钮；④ 在弹出的下拉菜单中，选择【全部刷新】菜单项，如图 15-7 所示。

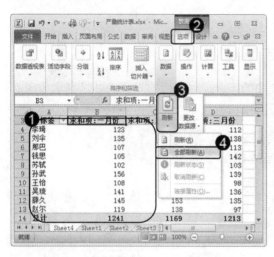

图 15-7

 step 2 通过以上方法，即可完成刷新数据透视表的操作，结果如图 15-8 所示。

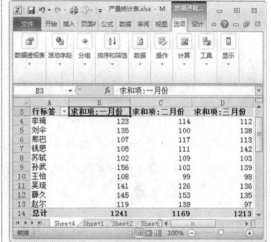

图 15-8

 考考您

请您根据上述方法，刷新其他数据透视表，测试一下您的学习效果。

15.2.4 删除数据透视表

如果不再需要使用数据透视表，用户可以选择将其删除，以节省计算机资源。删除数据透视表常见的方法有两种，只删除数据透视表和删除数据透视表及所在工作表，下面分别予以详细介绍。

1. 只删除数据透视表

在删除数据透视表的时候，用户可以选择只删除数据透视表，保留其所在的工作表。下面详细介绍只删除数据透视表的操作方法。

素材文件 第 15 章\素材文件\产量统计表.xlsx
效果文件 第 15 章\效果文件\产量统计表.xlsx

step 1 ① 单击数据透视表中任意单元格；② 选择【选项】选项卡；③ 在【操作】组中，单击【选择】下拉按钮；④ 在弹出的下拉菜单中，选择【整个数据透视表】菜单项，如图 15-9 所示。

step 2 按 Delete 键，即可完成删除数据透视表并保存其所在工作表的操作，结果如图 15-10 所示。

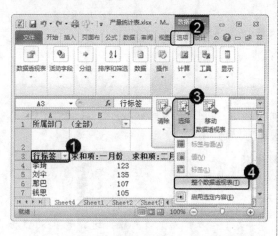

图 15-9

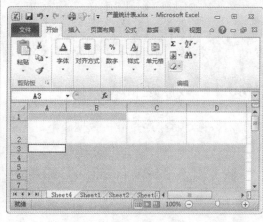

图 15-10

2. 删除数据透视表及所在工作表

如果准备不再使用数据透视表，用户也可以选择将数据透视表及所在工作表一同删除。下面详细介绍删除数据透视表及所在工作表的操作方法。

素材文件 ※ 第 15 章\素材文件\产量统计表.xlsx
效果文件 ※ 第 15 章\效果文件\产量统计表.xlsx

step 1 ① 选择准备删除数据透视表的工作表标签，并右击；② 在弹出的快捷菜单中，选择【删除】菜单项，如图 15-11 所示。

step 2 弹出 Microsoft Excel 对话框，单击【删除】按钮，如图 15-12 所示，这样即可完成删除数据透视表及所在工作表的操作。

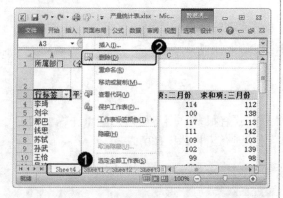

图 15-11

图 15-12

考考您

请您根据上述方法删除其他工作表中的数据透视表，测试一下您的学习效果。

15.3   操作数据透视表中的数据

在 Excel 2010 工作表中，可以对数据透视表中的数据进行操作，如数据透视表的排序、更改字段名称和汇总方式以及筛选数据透视表中的数据，本节将详细介绍操作数据透视表中的数据的相关知识。

15.3.1   数据透视表的排序

对数据进行排序是分析数据必不可少的一种操作，可以快速直观地显示数据。下面以降序排序为例，详细介绍数据透视表排序的操作方法。

素材文件❀ 第 15 章\素材文件\产量统计表.xlsx

效果文件❀ 第 15 章\效果文件\产量统计表.xlsx

step 1 ① 在数据透视表中，单击【行标签】单元格中的下拉按钮；② 在弹出的下拉菜单中，选择【降序】菜单项，如图 15-13 所示。

图 15-13

step 2 可以看到，数据透视表中的数据已按照降序排列，如图 15-14 所示，这样即可完成数据透视表排序的操作。

图 15-14

对值区域中的数据进行排序，可以选择数据透视表中的值字段，然后选择【数据】选项卡，在【排序和筛选】组中，单击【升序】或者【降序】按钮即可。

15.3.2   更改字段名称和汇总方式

在 Excel 2010 工作表中，数据透视表的汇总方式有很多，用户可以选择工作需要的汇总方式，同时也可以使用自定义字段名称，下面详细介绍具体操作方法。

素材文件❀ 第 15 章\素材文件\产量统计表.xlsx

效果文件❀ 第 15 章\效果文件\产量统计表.xlsx

step 1 ① 右击准备更改汇总方式的单元格；② 在弹出的快捷菜单中，选择【值字段设置】菜单项，如图 15-15 所示。

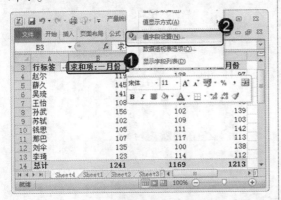

图 15-15

step 3 返回到工作表界面，可以看到一月份的汇总方式以及字段名称发生了改变，如图 15-17 所示，这样即可完成更改字段名称和汇总方式的操作。

图 15-17

step 2 ① 弹出【值字段设置】对话框，选择【值汇总方式】选项卡；② 在【计算类型】列表框中，选择准备使用的汇总方式，如选择【平均值】选项；③ 在【自定义名称】文本框中，输入准备使用的汇总方式名称，如"一月平均值汇总"；④ 单击【确定】按钮，如图 15-16 所示。

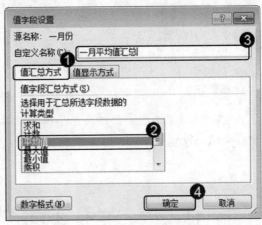

图 15-16

🗒️ **智慧锦囊**

在【值字段设置】对话框中，选择【值显示方式】选项卡，在【值显示方式】下拉列表框中，用户可以根据实际工作需要，选择数字文本的显示方式，如【全部汇总百分比】、【列汇总的百分比】、【行汇总的百分比】以及【百分比】等。

15.3.3 筛选数据透视表中的数据

在 Excel 2010 数据透视表中，用户可以根据实际工作需要，筛选符合要求的数据。下面详细介绍筛选数据透视表中数据的操作方法。

 素材文件 第 15 章\素材文件\产量统计表.xlsx
效果文件 第 15 章\效果文件\产量统计表.xlsx

step 1 ① 单击"行标签"单元格中的下拉按钮；② 在弹出的下拉菜单中，选择【值筛选】菜单项；③ 在弹出的子菜单中，选择【大于】子菜单项，如图 15-18

step 2 ① 弹出【值筛选】对话框，设置准备筛选的字段；② 在文本框中输入数值，如"140"；③ 单击【确定】按钮，如图 15-19 所示。

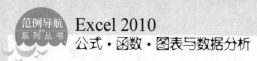

所示。

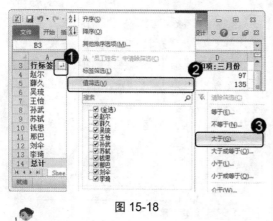

图 15-18

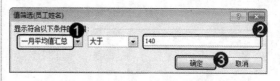

图 15-19

step 3 通过以上方法，即可完成筛选数据透视表中的数据的操作，结果如图 15-20 所示。

图 15-20

考考您

请您根据上述方法，对其他字段的数据进行筛选，测试一下您的学习效果。

15.4　美化数据透视表

在创建数据透视表之后，用户可以应用数据透视表布局以及数据透视表样式，以达到美化数据透视表的目的。本节将详细介绍美化数据透视表的相关知识。

15.4.1　应用数据透视表布局

创建好数据透视表之后，用户可以通过应用数据透视表布局达到美化数据透视表的效果。数据透视表的布局包括分类汇总、总计、报表布局以及空行。下面以总计为例，详细介绍应用数据透视表布局的操作方法。

 第 15 章\素材文件\产量统计表.xlsx

第 15 章\效果文件\产量统计表.xlsx

step 1 ① 单击数据透视表中任意单元格；② 选择【设计】选项卡；③ 在【布局】组中，单击【总计】下拉按钮；④ 在弹出的下拉菜单中，选择【对行和列禁用】菜单项，如图 15-21 所示。

step 2 通过以上方法，即可完成应用数据透视表布局的操作，结果如图 15-22 所示。

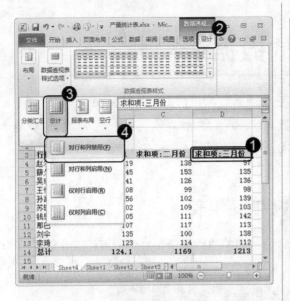

图 15-21

图 15-22

15.4.2　应用数据透视表样式

在 Excel 2010 工作表中，用户还可以通过应用数据透视表的样式，来达到美化数据透视表的效果。下面详细介绍应用数据透视表样式的操作方法。

step 1　① 单击数据透视表中任意单元格；② 选择【设计】选项卡；③ 在【数据透视表样式】组中，选择准备使用的数据透视表样式，如图 15-23 所示。

step 2　通过以上方法，即可完成应用数据透视表样式的操作，结果如图 15-24 所示。

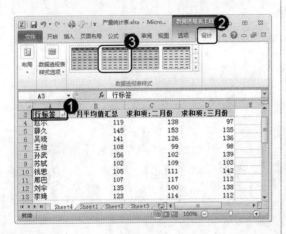

图 15-23

图 15-24

15.5 创建动态的数据透视表

在 Excel 2010 中，如果数据源增加了新的行或者列，每次都需要重新制作数据透视表以正常显示数据，为了方便工作，用户可以创建动态的数据透视表，以节省操作时间。本节将详细介绍创建动态数据透视表的相关知识。

15.5.1 通过定义名称创建动态的数据透视表

在 Excel 2010 中，用户可以通过定义名称创建动态的数据透视表。下面详细介绍通过定义名称创建动态数据透视表的操作方法。

 素材文件 第 15 章\素材文件\销售明细.xlsx

效果文件 第 15 章\效果文件\销售明细.xlsx

step 1 ① 打开素材文件，选择【公式】选项卡；② 单击【定义的名称】组中的【名称管理器】按钮，如图 15-25 所示。

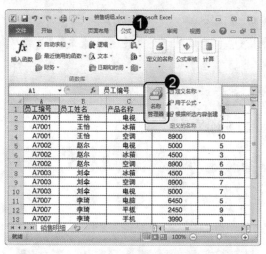

图 15-25

step 3 ① 弹出【新建名称】对话框，在【名称】文本框中，输入准备使用的名称；② 在【引用位置】文本框中，输入公式 "=OFFSET(销售明细!\$A\$1,0,0,COUNTA(销售明细!\$A:\$A),COUNTA(销售明细!\$1:\$1))"；③ 单击【确定】按钮，如图 15-27 所示。

step 2 弹出【名称管理器】对话框，单击【新建】按钮，如图 15-26 所示。

图 15-26

step 4 返回【名称管理器】对话框，可以看到已经定义的名称，单击【关闭】按钮，如图 15-28 所示。

图 15-27

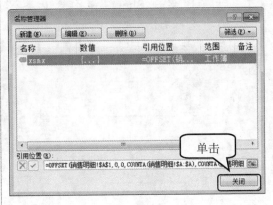

图 15-28

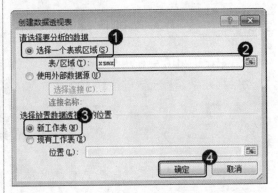

step 5　① 返回到工作表界面，选择【插入】选项卡；② 单击【表格】组中的【数据透视表】按钮，如图 15-29 所示。

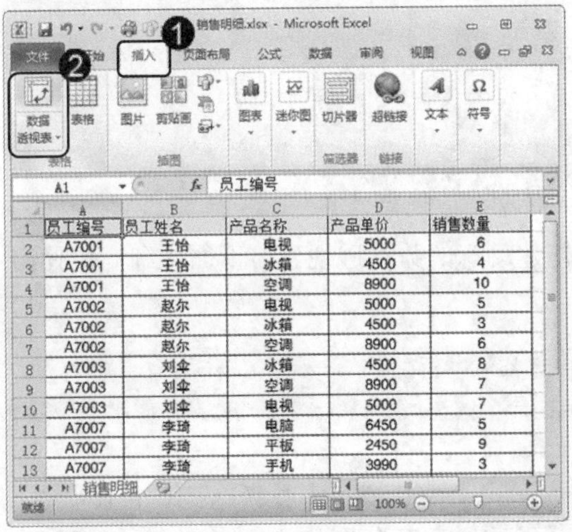

图 15-29

step 6　① 弹出【创建数据透视表】对话框，选中【选择一个表或区域】单选按钮；② 在【表/区域】文本框中，输入刚刚定义的名称"xsmx"；③ 选中【新工作表】单选按钮；④ 单击【确定】按钮，如图 15-30 所示。

图 15-30

step 7　① 系统会新建一个工作表，并弹出【数据透视表字段列表】任务窗格；② 在【选择要添加到报表的字段】列表框中，选中相应的复选框，如图 15-31 所示。

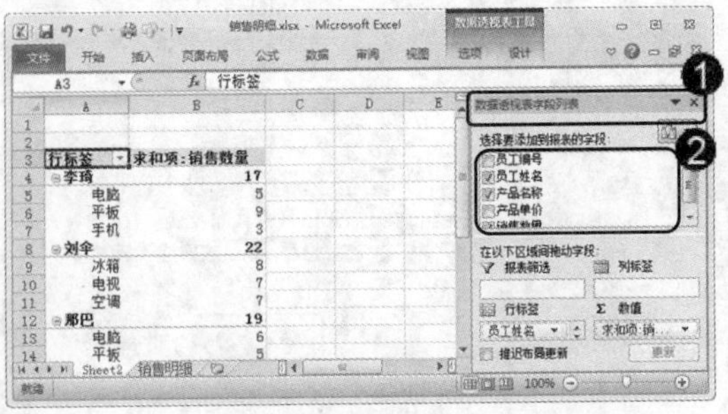

图 15-31

step 8　① 单击【销售明细】工作表标签；② 在数据源区域中，添加新的数据，如图 15-32 所示。

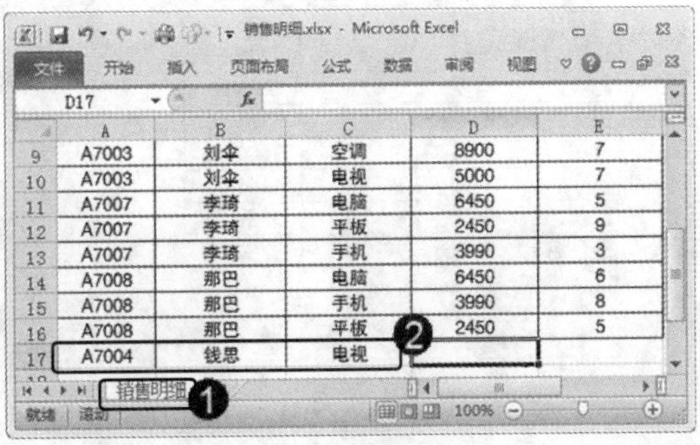

图 15-32

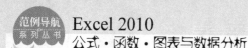

step 9　① 单击 Sheet2 工作表标签；
② 右击数据透视表任意位置；
③ 在弹出的快捷菜单中，选择【刷新】菜单项，如图 15-33 所示。

step 10　可以看到，新添加的数据显示在数据透视表中，如图 15-34 所示，这样即可完成通过定义名称创建动态数据透视表的操作。

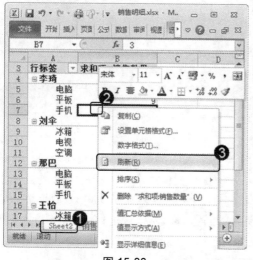

图 15-33

图 15-34

15.5.2 使用表功能创建动态的数据透视表

在 Excel 2010 中，用户还可以使用表功能创建动态的数据透视表。下面详细介绍使用表功能创建动态透视表的操作方法。

　素材文件 ※ 第 15 章\素材文件\一季度销售统计.xlsx

　效果文件 ※ 第 15 章\效果文件\一季度销售统计.xlsx

step 1　打开素材文件，按 Alt+D+P 组合键，如图 15-35 所示。

图 15-35

step 2　① 弹出【数据透视表和数据透视图向导】对话框，选中【多重合并计算数据区域】单选按钮；② 选中【数据透视表】单选按钮；③ 单击【下一步】按钮，如图 15-36 所示。

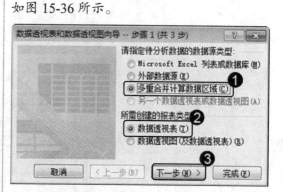

图 15-36

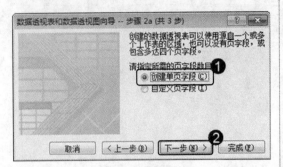

step 3 ① 进入下一界面，选中【创建单页字段】单选按钮；② 单击【下一步】按钮，如图 15-37 所示。

图 15-37

step 5 ① 返回到工作表界面，单击"一月"工作表标签；② 选择数据源区域；③ 单击【展开】按钮，如图 15-39 所示。

图 15-39

step 7 ① 返回到工作表界面，单击"二月"工作表标签；② 选择数据源区域；③ 单击【展开】按钮，如图 15-41 所示。

图 15-41

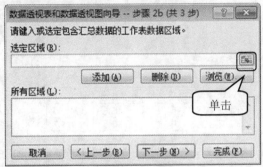

step 4 进入下一界面，单击【选定区域】文本框右侧的【折叠】按钮，如图 15-38 所示。

图 15-38

step 6 ① 返回到对话框界面，单击【添加】按钮；② 单击【选定区域】文本框右侧的【折叠】按钮，如图 15-40 所示。

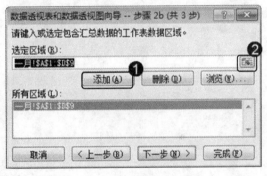

图 15-40

step 8 ① 返回到对话框界面，单击【添加】按钮；② 单击【选定区域】文本框右侧的【折叠】按钮，如图 15-42 所示。

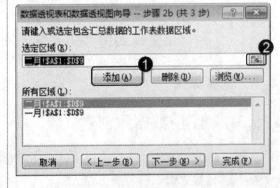

图 15-42

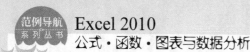
step 9 ① 返回到工作表界面，单击"三月"工作表标签；② 选择数据源区域；③ 单击【展开】按钮 ，如图 15-43 所示。

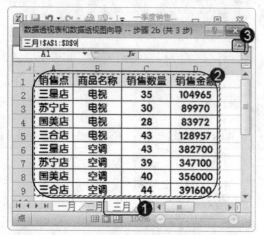

图 15-43

step 11 ① 进入下一界面，选中【新工作表】单选按钮；② 单击【完成】按钮，如图 15-45 所示。

图 15-45

step 10 ① 返回到对话框界面，单击【添加】按钮；② 单击【下一步】按钮，如图 15-44 所示。

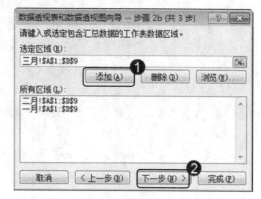

图 15-44

step 12 通过以上方法，即可完成使用表功能创建动态数据透视表的操作，结果如图 15-46 所示。

图 15-46

15.6 创建数据透视图

在 Excel 2010 工作表中，用户可以通过插入数据透视图，来方便清晰地展示各数据键的关系和变化。本节将详细介绍创建数据透视图的相关知识。

15.6.1 使用数据源创建

在 Excel 2010 工作表中，用户可以使用数据源来创建数据透视图。下面详细介绍使用数据源创建数据透视图的操作方法。

① 打开素材文件，单击数据源中任意单元格；② 选择【插入】选项卡；③ 单击【表格】组中的【数据透视表】下拉按钮；④ 在弹出的下拉菜单中，选择【数据透视图】菜单项，如图15-47所示。

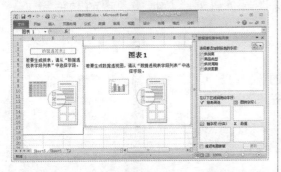

图 15-47

step 3 系统会自动新建一个工作表，在工作表内会有【数据透视表】、【数据透视图】以及【数据透视表字段列表】任务窗格，如图15-49所示。

图 15-49

step 2 ① 弹出【创建数据透视表及数据透视图】对话框，选中【新工作表】单选按钮；② 单击【确定】按钮，如图15-48所示。

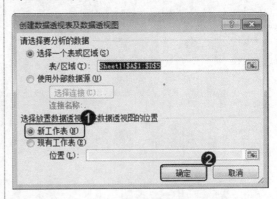

图 15-48

step 4 在【数据透视表字段列表】任务窗格中，选中准备使用的字段复选框，即可完成使用数据源创建数据透视图的操作，结果如图15-50所示。

图 15-50

15.6.2 使用数据透视表创建

在 Excel 2010 工作表中，用户还可以使用已经创建好的数据透视表来创建数据透视图。下面详细介绍使用数据透视表创建数据透视图的操作方法。

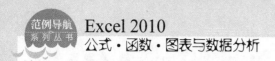
素材文件 第 15 章\素材文件\生产部一季度统计.xlsx

效果文件 第 15 章\效果文件\生产部一季度统计.xlsx

 ① 打开素材文件，单击透视表中任意单元格；② 选择【插入】选项卡；③ 单击【图表】组中的【柱形图】下拉按钮；④ 在弹出的下拉菜单中，选择准备使用的柱形图，如图 15-51 所示。

 系统会自动弹出刚刚选择样式的图表，并显示选中数据透视表中的数据信息内容，如图 15-52 所示，这样即可完成使用数据透视表创建数据透视图的操作。

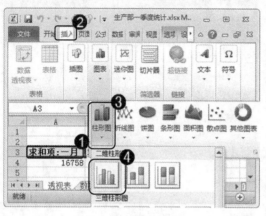

图 15-51

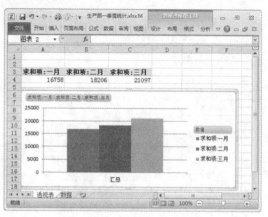

图 15-52

15.7　编辑数据透视图

在创建好数据透视图之后，用户可以对创建好的数据透视图进行编辑，以达到满意的效果。本节将详细介绍编辑数据透视图的相关知识。

15.7.1　更改数据透视图类型

在分析对比数据的时候，根据不同类型的数据用户可以选择不同的数据透视图类型。下面详细介绍更改数据透视图类型的操作方法。

素材文件 第 15 章\素材文件\生产部一季度统计.xlsx

效果文件 第 15 章\效果文件\生产部一季度统计.xlsx

 ① 打开素材文件，右击准备更改类型的透视图；② 在弹出的快捷菜单中，选择【更改图表类型】菜单项，如图 15-53 所示。

① 弹出【更改图表类型】对话框，选择准备更改的图表类型选项卡；② 选择准备应用的图表样式；③ 单击【确定】按钮，如图 15-54 所示。

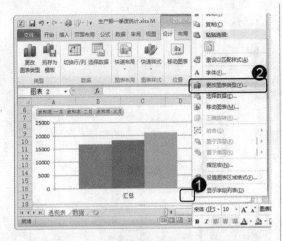

图 15-53

图 15-54

step 3 返回到工作表界面，可以看到图表的类型以及样式已发生改变，如图 15-55 所示，这样即可完成更改数据透视图类型的操作。

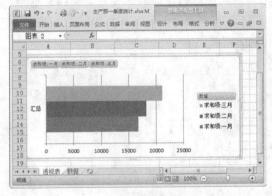

图 15-55

15.7.2 设置图表样式

在 Excel 2010 中，用户可以通过设置图表的样式达到美化数据透视图的目的。下面详细介绍设置图表样式的操作方法。

素材文件 第 15 章\素材文件\生产部一季度统计.xlsx

效果文件 第 15 章\效果文件\生产部一季度统计.xlsx

step 1 ① 打开素材文件，选择数据透视图；② 选择【设计】选项卡；③ 单击【图表样式】组中的【快速样式】下拉按钮；④ 在弹出的下拉菜单中，选择准备使用的图表样式，如图 15-56 所示。

 智慧锦囊

除了将图表更改为其他类型，为了美观，用户还可以选择同一类型中不同的图表样式。在执行更改图表类型的操作时，应该注意选择适合数据展示的图表类型，这样能更加清晰地、直观地表现表格中的数据，便于工作中对数据进行分析比对。

考考您

请您根据上述方法将数据透视图更改为其他类型，测试一下您的学习效果。

step 2 返回到工作表界面，可以看到数据透视图的样式已经发生改变，如图 15-57 所示，这样即可完成设置图表样式的操作。

第 15 章 使用数据透视表与透视图分析数据

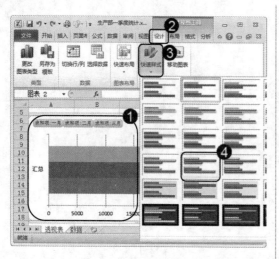

图 15-56

图 15-57

15.7.3 分析数据透视图

在 Excel 2010 工作表中，可以使用切片器对透视图中的数据进行分析，下面以查看"二月"数据为例，详细介绍分析数据透视图的操作方法。

素材文件❀ 第 15 章\素材文件\生产部一季度统计.xlsx
效果文件❀ 第 15 章\效果文件\生产部一季度统计.xlsx

 ① 打开素材文件，选择数据透视图；② 选择【分析】选项卡；③ 单击【数据】组中的【插入切片器】下拉按钮；④ 在弹出的下拉菜单中，选择【插入切片器】菜单项，如图 15-58 所示。

 ① 弹出【插入切片器】对话框，选中【二月】复选框；② 单击【确定】按钮，如图 15-59 所示。

图 15-59

 系统会弹出【二月】窗格，单击相应的数据，即可对数据透视图进行相应的分析，如图 15-60 所示。

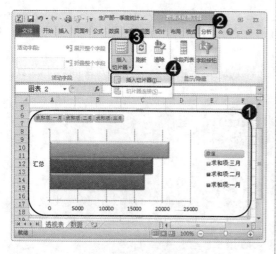

图 15-58

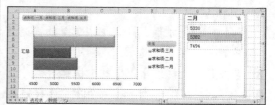

图 15-60

15.7.4　筛选数据

在数据透视图中包含了很多筛选器，用户可以利用这些筛选器筛选出不同的数据。下面以筛选生产三部产量为例，详细介绍筛选数据的操作。

素材文件❀ 第 15 章\素材文件\产量统计表.xlsx
效果文件❀ 第 15 章\效果文件\产量统计表.xlsx

　① 打开素材文件，单击 Sheet3 工作表标签；② 在准备筛选的图表中，单击准备筛选数据的下拉按钮；③ 在弹出的下拉菜单中，选择【生产三部】选项；④ 单击【确定】按钮，如图 15-61 所示。

　可以看到，生产三部的产量数据已经被筛选出来，如图 15-62 所示，这样即可完成筛选数据的操作。

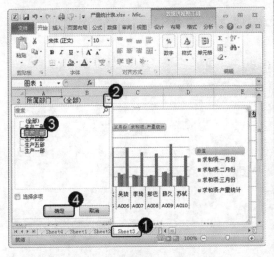

图 15-61

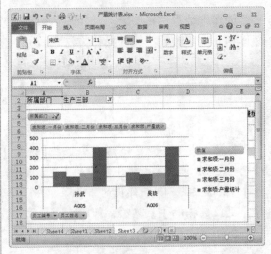

图 15-62

15.7.5　清除筛选

如果用户不再需要显示当前筛选的数据，可以选择清除筛选，重新显示数据源中的所有数据内容，下面详细介绍清除筛选的操作方法。

素材文件❀ 第 15 章\素材文件\产量统计表.xlsx
效果文件❀ 第 15 章\效果文件\产量统计表.xlsx

　① 打开素材文件，选择数据透视图；② 选择【分析】选项卡；③ 单击【数据】组中的【清除】下拉按钮；④ 在弹出的下拉菜单中，选择【清除筛选】菜单项，如图 15-63 所示。

　通过以上方法，即可完成清除筛选的操作，结果如图 15-64 所示。

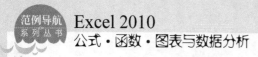
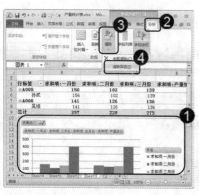

图 15-63

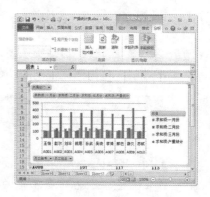

图 15-64

15.7.6　更改数据源

创建好数据透视图之后，用户可以通过更改数据源来达到只显示选定数据的效果。下面详细介绍更改数据源的操作方法。

素材文件※第 15 章\素材文件\产量统计表.xlsx
效果文件※第 15 章\效果文件\产量统计表.xlsx

step 1　① 打开素材文件，单击数据透视表中任意单元格；② 选择【选项】选项卡；③ 单击【数据】组中的【更改数据源】下拉按钮；④ 在弹出的下拉菜单中，选择【更改数据源】菜单项，如图 15-65 所示。

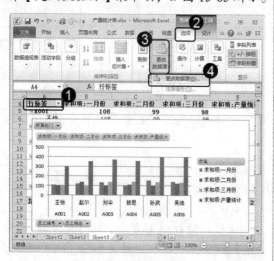

图 15-65

step 2　弹出【更改数据透视表数据源】对话框，单击【折叠】按钮，如图 15-66 所示。

图 15-66

step 3　① 系统自动跳转至数据源工作表，选择准备更改的数据源；② 单击【展开】按钮，如图 15-67 所示。

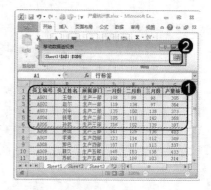

图 15-67

step 4 弹出【移动数据透视表】对话框，单击【确定】按钮，如图 15-68 所示。

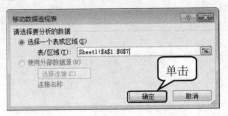

图 15-68

 step 5 返回到数据透视图工作表界面，可以看到，数据透视图和数据透视表中显示出刚刚选择的数据源，如图 15-69 所示，这样即可完成更改数据源的操作。

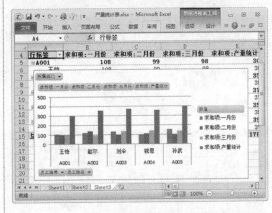

图 15-69

15.7.7　手动刷新数据

当数据源中的数据发生改变时，用户可以通过手动刷新来更新数据透视图中的数据显示，下面详细介绍具体操作方法。

 素材文件 第 15 章\素材文件\产量统计表.xlsx
效果文件 第 15 章\效果文件\产量统计表.xlsx

step 1 ① 打开素材文件，在数据源工作表中，选中准备更新数据的单元格；② 单击窗口编辑栏文本框，使其变为可编辑状态，如图 15-70 所示。

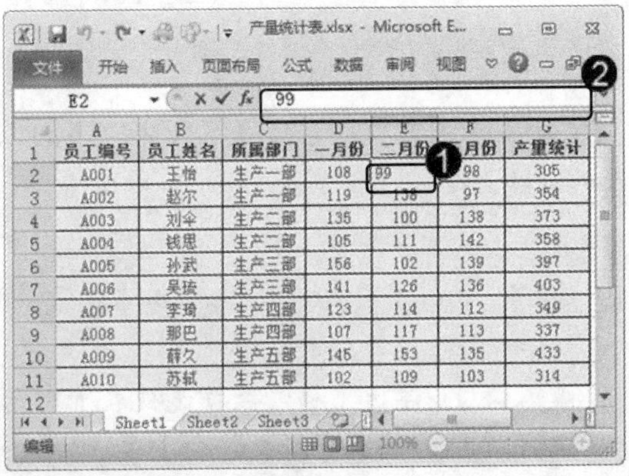

step 2 ① 在窗口编辑栏文本框中，使用退格键删除原有的数据，并输入准备更新的数据；② 单击【输入】按钮，如图 15-71 所示。

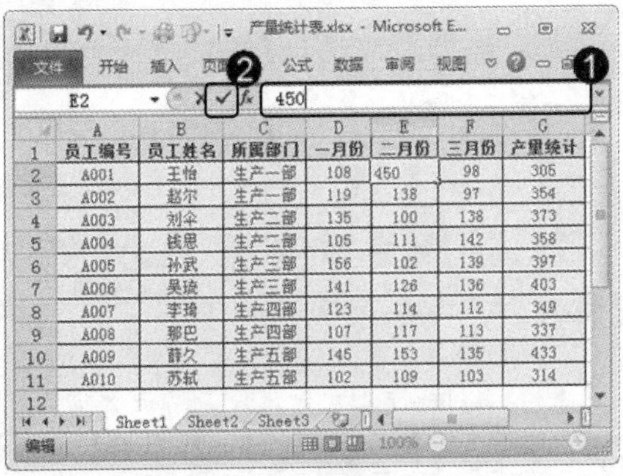

图 15-70

图 15-71

① 单击 Sheet3 工作表标签；② 选择【选项】选项卡；③ 单击【数据】组中的【刷新】下拉按钮；④ 在弹出的下拉菜单中，选择【全部刷新】菜单项，如图 15-72 所示。

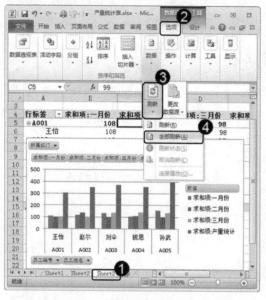

图 15-72

 可以看到，数据透视表和数据透视图中的数据显示已经发生改变，如图 15-73 所示，这样即可完成手动刷新数据的操作。

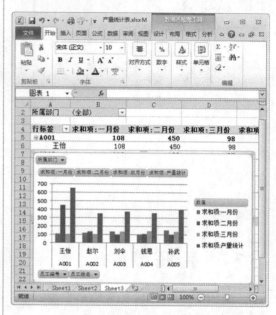

图 15-73

 如果用户希望刷新数据，还可以右击数据透视表任意单元格，在弹出的快捷菜单中选择【刷新】菜单项，同样可以刷新数据。

15.7.8 移动数据透视表和数据透视图

在 Excel 2010 工作表中，用户可以对数据透视表和数据透视图进行移动，以满足工作需要，下面分别予以详细介绍。

1. 移动数据透视表

移动数据透视表的方法有两种，分别是移动至新工作表和移动至现有工作表。下面以移动至新工作表为例，详细介绍移动数据透视表的操作方法。

素材文件 第 15 章\素材文件\产量统计表.xlsx
效果文件 第 15 章\效果文件\产量统计表.xlsx

 ① 打开素材文件，单击数据透视表中任意单元格；② 选择【选项】选项卡；③ 在【操作】组中，单击【移动数据透视表】按钮，如图 15-74 所示。

② ① 弹出【移动数据透视表】对话框，选中【新工作表】单选按钮；② 单击【确定】按钮，如图 15-75 所示。

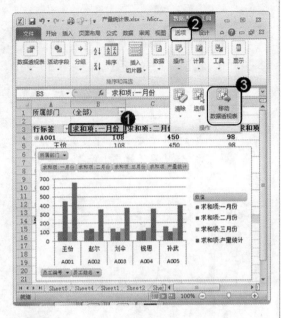

图 15-74

考考您

请您根据上述方法移动数据透视表至新建工作表，测试一下您的学习效果。

图 15-75

 step 3　通过以上方法，即可完成移动数据透视表的操作，结果如图 15-76所示。

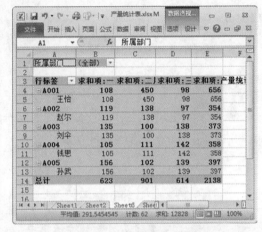

图 15-76

知识精讲　在【移动数据透视表】对话框中，如果用户希望将数据透视表移动至现有的工作表，可以选中【现有工作表】单选按钮，然后【位置】文本框变为可编辑状态，单击其右侧的【折叠】按钮，即可选择数据透视表的移动位置，包括当前工作表和其他工作表。

2．移动数据透视图

在 Excel 中不仅可以移动数据透视表，还可以移动数据透视图。下面详细介绍移动数据透视图的操作方法。

素材文件❀第 15 章\素材文件\产量统计表.xlsx
DVD 效果文件❀第 15 章\效果文件\产量统计表.xlsx

step 1　① 打开素材文件，单击选择数据透视图；② 选择【设计】选项卡；③ 在【位置】组中，单击【移动图表】按钮，如图 15-77 所示。

step 2　① 弹出【移动图表】对话框，选中【新工作表】单选按钮；② 单击【确定】按钮，如图 15-78 所示。

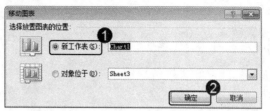

图 15-77

考考您

请您根据上述方法移动数据透视图至新建工作表，测试一下您的学习效果。

图 15-78

step 3 通过以上方法，即可完成移动数据透视图的操作，结果如图 15-79所示。

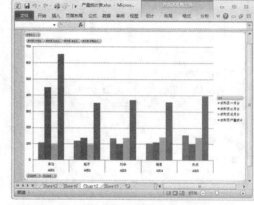

图 15-79

知识精讲

在【移动图表】对话框中，如果用户希望将数据透视图移动至现有的工作表，可以选中【对象位于】单选按钮，然后在其右侧的下拉列表框中，选择相应的工作表名称，即可选择数据透视图的移动位置。

15.8 美化数据透视图

创建数据透视图之后，用户可以更改数据透视图布局及应用数据透视图样式，以达到美化数据透视图的目的。本节将详细介绍美化数据透视图的相关知识。

15.8.1 更改数据透视图布局

创建好数据透视图之后，用户可以通过更改数据透视图的布局，来达到美化数据透视图的效果。下面详细介绍更改数据透视图布局的操作方法。

素材文件❀ 第 15 章\素材文件\产量统计表.xlsx
效果文件❀ 第 15 章\效果文件\产量统计表.xlsx

step 1 ① 打开素材文件，选择准备更改布局的透视图；② 选择【设计】选项卡；③ 单击【图表布局】组中的【快速布局】下拉按钮；④ 在弹出的下拉菜单中，选择准备更改的透视图布局，如图 15-80 所示。

step 2 返回到工作表界面，可以看到，工作表中的透视图布局已经发生改变，如图 15-81 所示，这样即可完成更改数据透视图布局的操作。

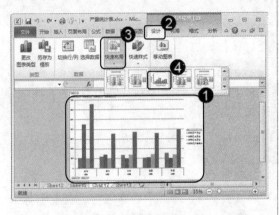

图 15-80

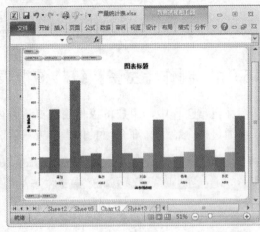

图 15-81

15.8.2 应用数据透视图样式

在 Excel 2010 工作表中，用户还可以通过应用数据透视图样式，来达到美化数据透视图的效果。下面详细介绍应用数据透视图样式的操作方法。

素材文件※ 第 15 章\素材文件\产量统计表.xlsx
效果文件※ 第 15 章\效果文件\产量统计表.xlsx

step 1 ① 打开素材文件，选择准备应用样式的透视图；② 选择【设计】选项卡；③ 单击【图表样式】组中的【快速样式】下拉按钮；④ 在弹出的下拉菜单中，选择准备更改的透视图样式，如图 15-82 所示。

step 2 返回到工作表界面，可以看到，工作表中的透视图样式已经发生改变，如图 15-83 所示，这样即可完成应用数据透视图样式的操作。

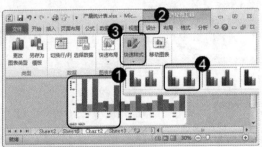

图 15-82

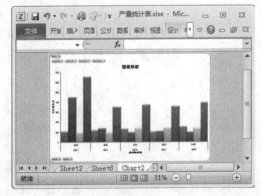

图 15-83

第 15 章 使用数据透视表与透视图分析数据

359

15.9 范例应用与上机操作

通过本章的学习，读者可以掌握使用数据透视表与透视图分析数据的基础知识与操作技巧。下面通过一些练习，以达到巩固学习、拓展提高的目的。

15.9.1 制作考生资料统计透视表

在日常工作中，用户可以使用数据透视表来显示考生资料，使数据看起来更加直观，下面通过一个范例详细介绍具体操作方法。

素材文件❀ 第 15 章\素材文件\考生资料.xlsx
效果文件❀ 第 15 章\效果文件\考生资料.xlsx

 step 1 ① 打开素材文件，单击数据源任意单元格；② 选择【插入】选项卡；③ 单击【表格】组中的【数据透视表】按钮，如图 15-84 所示。

图 15-84

step 3 系统会自动新建一个工作表，并弹出【数据透视表字段列表】任务窗格，如图 15-86 所示。

step 2 ① 弹出【创建数据透视表】对话框，在【选择放置数据透视表的位置】选项组中，选中【新工作表】单选按钮；② 单击【确定】按钮，如图 15-85 所示。

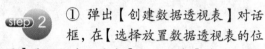

图 15-85

step 4 在【选择要添加到报表的字段区域】中，选中相应的复选框，即可完成制作考生资料统计透视表的操作，结果如图 15-87 所示。

图 15-86

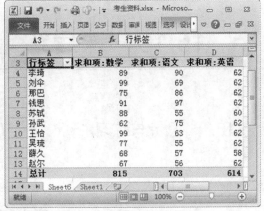

图 15-87

15.9.2 制作工资明细统计透视图

在日常工作中,可以根据已经创建好的透视表来创建透视图,使数据看起来更加美观。下面通过一个范例详细介绍具体操作方法。

素材文件 第 15 章\素材文件\工资明细表.xlsx
效果文件 第 15 章\效果文件\工资明细表.xlsx

 ① 打开素材文件,单击 Sheet2 工作表标签;② 单击数据透视表任意单元格;③ 选择【插入】选项卡;④ 单击【图表】组中的【条形图】下拉按钮;⑤ 在弹出的下拉菜单中,选择准备应用的图表样式,如图 15-88 所示。

step 2 系统会自动弹出刚刚选择样式的图表,并显示数据透视表中的数据内容,如图 15-89 所示,这样即可完成制作工资明细统计透视图的操作。

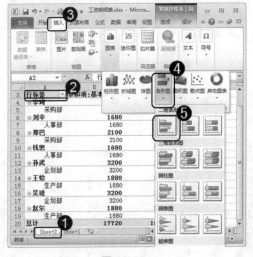

图 15-88

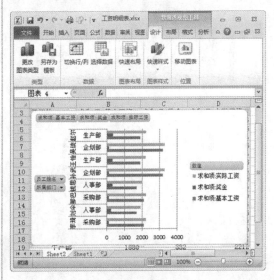

图 15-89

15.10　课后练习

15.10.1　思考与练习

一、填空题

1. ＿＿＿＿＿是一种交互式报表，可以根据不同的分析目的组织和汇总＿＿＿＿＿。
2. 首次创建数据透视图时，可以＿＿＿＿＿，也可以通过数据透视表中现有的数据创建。

二、判断题

1. 数据透视图中的大多数操作和标准图表一样，所以二者之间没有差别。　　　（　　）
2. 数据透视表不仅可以转换行和列查看源数据的不同汇总结果，而且还可以显示不同页面以筛选数据。　　　　　　　　　　　　　　　　　　　　　　　　　　（　　）

三、思考题

1. 什么是数据透视表？
2. 什么是数据透视图？

15.10.2　上机操作

1. 打开"业务考核成绩.xlsx"文档文件，并对姓名进行升序排序。效果文件可参考"第15章\效果文件\业务考核成绩.xlsx"。
2. 打开"销售部统计.xlsx"文档文件，更改数据透视图类型为折线图。效果文件可参考"第15章\效果文件\销售部统计.xlsx"。

第 16 章

使用模拟分析与规划分析

本章主要介绍模拟分析与规划分析方面的知识与技巧，同时还介绍如何使用模拟分析与规划分析。通过本章的学习，读者可以掌握模拟分析与规划分析方面的知识，为深入学习 Excel 2010 公式、函数、图表与数据分析知识奠定基础。

1. 手动模拟运算
2. 使用模拟运算表
3. 使用方案
4. 借助单变量求解进行逆向模拟分析
5. 规划模型
6. 规划模型求解
7. 分析求解结果

16.1　手动模拟运算

在计算模型非常简单、模拟目标变化较小且分析要求不复杂的情况下，可以使用手动模拟运算，本节将详细介绍手动模拟运算的相关知识。

模拟运算是指在一个单元格区域内，在一个或者多个公式中替换不同的值而显示不同的结果。在面对一些分析需求的时候，最简单的处理方法是直接将假设的值填入其中，然后利用公式自动重算的特性，观察值的变化结果。

在一个模拟运算模型中，如果任意改动其中某个值，都会对计算结果产生影响。图 16-1 所示为计算每年年末应支付金额，用户可以选择更改 B2、B3、B4 任意单元格中的值来计算出每年年末应该支付的金额。

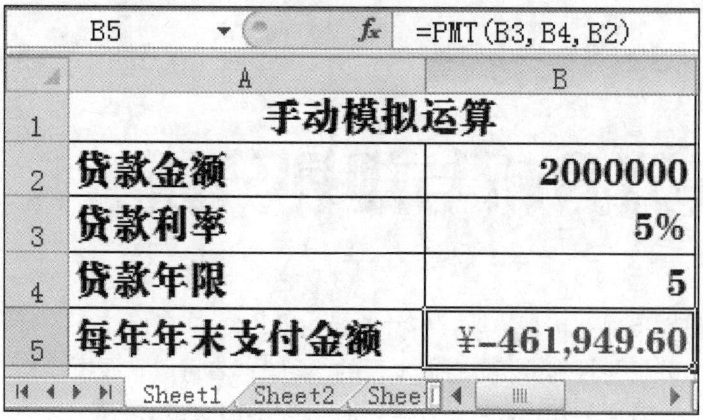

B5	▼	f_x	=PMT(B3,B4,B2)
	A		B
1	**手动模拟运算**		
2	**贷款金额**		**2000000**
3	**贷款利率**		**5%**
4	**贷款年限**		**5**
5	**每年年末支付金额**		**¥-461,949.60**

图 16-1

16.2　使用模拟运算表

如果需要处理大量或者复杂的模拟分析要求，那么就要创建新的运算表格来进行分析。本节将详细介绍使用模拟运算表的相关知识。

16.2.1　使用公式进行模拟运算

模拟运算表实际上是一个单元格区域，生成的值所需要的若干公式被简化成了一个公式，它可以利用列表的形式显示计算模型中某些参数的变化对计算结果的影响。下面详细介绍使用公式进行模拟运算的操作方法。

step 1 ① 打开素材文件，选中 E3 单元格；② 在窗口编辑栏文本框中，输入公式"=D3*$B$5*$B$4"，并按 Enter 键，如图 16-2 所示。

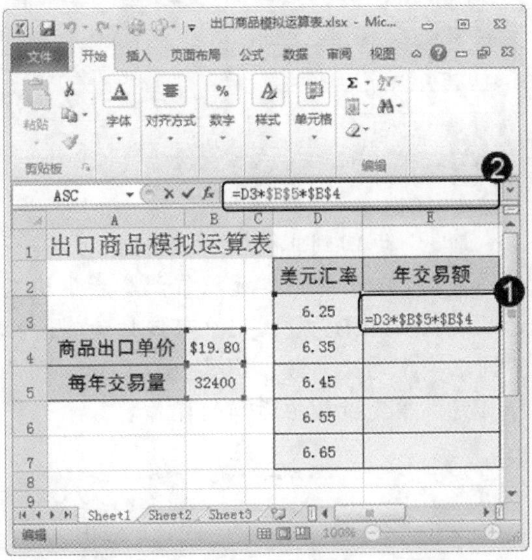

step 2 系统会自动计算出结果，向下填充公式至其他单元格，通即可完成使用公式进行模拟运算的操作，结果如图 16-3 所示。

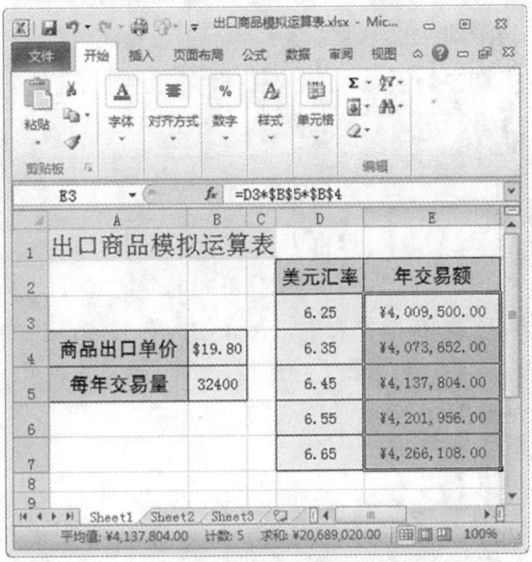

图 16-2

图 16-3

知识精讲 通过以上方法可以看出，通过对不同的汇率进行计算，对不同汇率下的计算结果可以一目了然，省去了一次次计算结果的烦琐操作，在"美元汇率"列中，用户可以对当前汇率以及预期汇率进行调整，以达到满意的效果。

16.2.2 单变量模拟运算

单变量模拟运算，顾名思义，用户可以对一个变量设置不同的值，从而查看其对一个或者多个公式的影响。下面详细介绍单变量模拟运算的操作方法。

step 1 ① 打开素材文件，选择 E2 单元格；② 在窗口编辑栏文本框中，输入公式"=B9"，并按 Enter 键，如图 16-4 所示。

step 2 ① 选择 D2~E10 单元格区域；② 选择【数据】选项卡；③ 在【数据工具】组中，单击【模拟分析】下拉按钮；④ 在弹出的下拉菜单中，选择【模拟运算表】菜单项，如图 16-5 所示。

图 16-4

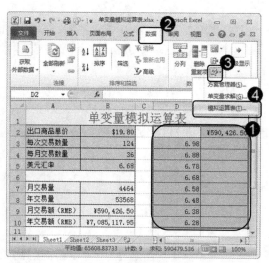

图 16-5

step 3 ① 弹出【模拟运算表】对话框，单击【输入引用列的单元格】文本框；② 在工作表中，单击 B5 单元格；③单击【模拟运算表】对话框中的【确定】按钮，如图 16-6 所示。

step 4 返回到工作表，可以看到 E3～E10 任意单元格在编辑栏中均显示 "=TABLE(,B5)"，用户可以快速查看在不同汇率下的交易额，如图 16-7 所示，这样即可完成单变量模拟运算的操作。

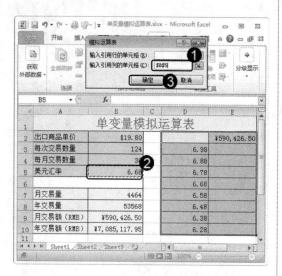

图 16-6

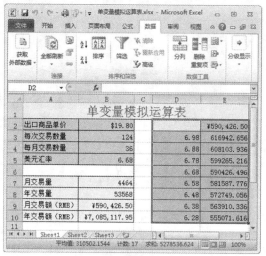

图 16-7

16.2.3 双变量模拟运算

双变量模拟运算可以帮助用户同时分析两个因素对最终结果的影响。下面详细介绍双变量模拟运算的操作方法。

素材文件❀ 第 16 章\素材文件\双变量模拟运算表.xlsx

效果文件❀ 第 16 章\效果文件\双变量模拟运算表.xlsx

step 1 ① 打开素材文件，选择 D2 单元格；② 在窗口编辑栏文本框中，输入公式"=B9"，并按 Enter 键，如图 16-8 所示。

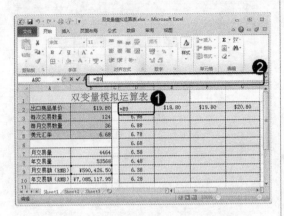

图 16-8

step 3 ① 弹出【模拟运算表】对话框，在【输入引用行的单元格】文本框中输入"$B$2"；② 在【输入引用列的单元格】文本框中输入"$B$5"；③ 单击【确定】按钮，如图 16-10 所示。

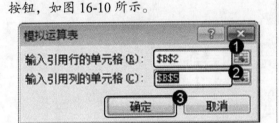

图 16-10

step 2 ① 选择 D2～G10 单元格区域；② 选择【数据】选项卡；③ 在【数据工具】组中，单击【模拟分析】下拉按钮；④ 在弹出的下拉菜单中，选择【模拟运算表】菜单项，如图 16-9 所示。

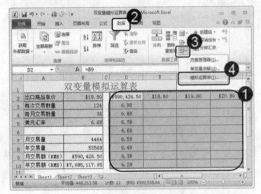

图 16-9

step 4 通过以上方法，即可完成双变量模拟运算的操作，结果如图 16-11 所示。

图 16-11

16.2.4 模拟运算表的纯计算用法

利用模拟运算表的特性，在某些情况下用户可以将其作为辅助工具来使用，从而大范围地快速建立数组公式。下面详细介绍模拟运算表的纯计算用法。

 素材文件 ※ 第 16 章\素材文件\九九乘法表.xlsx
效果文件 ※ 第 16 章\效果文件\九九乘法表.xlsx

 step 1 ① 打开素材文件，选择 A1 单元格；② 在窗口编辑栏文本框中，输入公式"=A11&"x"&A12&"="&A11*A12"，并按 Enter 键，如图 16-12 所示。

step 2 ① 选择 A1～J10 单元格区域；② 选择【数据】选项卡；③ 在【数据工具】组中，单击【模拟分析】下拉按钮；④ 在弹出的下拉菜单中，选择【模拟运算表】菜单项，如图 16-13 所示。

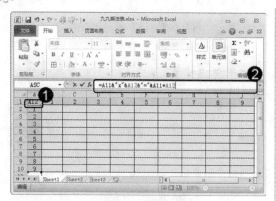

图 16-12

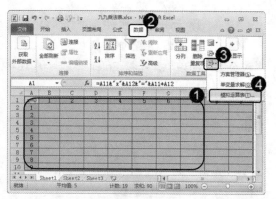

图 16-13

step 3　① 弹出【模拟运算表】对话框，在【输入引用行的单元格】文本框中输入"$A$12"；② 在【输入引用列的单元格】文本框中输入"$A$11"；③ 单击【确定】按钮，如图 16-14 所示。

step 4　可以看到九九乘法表已经创建完成，如图 16-15 所示。

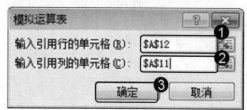

图 16-14

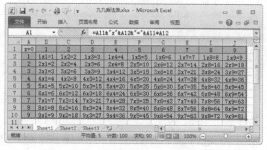

图 16-15

16.2.5　模拟运算表与普通的运算方式的差别

模拟运算表与普通的运算方式(即输入公式，再复制到各个单元格区域)有一定的差别，具体如下。

(1) 模拟运算表。

■ 一次性输入公式，如果有更改也只需更改一个位置。

■ 不用过多考虑在公式中使用绝对引用还是相对引用。

■ 表格中的数据无法单独修改。

■ 公式中引用的参数必须引用"输入引用行的单元格"和"输入引用列的单元格"指向的单元格。

(2) 普通的运算方式。

■ 公式需要复制到每个对应的单元格或者单元格区域。

■ 需要详细考虑每个参数在复制过程中，单元格引用是否发生变化，以决定使用绝对引用、混合引用或者相对引用。

■ 每次如果需要更改公式，则必须将所有公式再重新输入或者复制。

■ 表中的公式可以单独修改(多单元格数组公式除外)。

■ 公式中引用的参数直接指向数据的行或者列。

16.3 使用方案

在需要同时考虑多个因素进行分析时，使用模拟运算表会十分不方便，在这种情况下使用方案可以快速、方便地解决问题。本节将详细介绍使用方案的相关知识。

16.3.1 创建方案

在准备使用方案进行数据分析之前，首先要创建一个方案。下面详细介绍创建方案的操作方法。

素材文件 第16章\素材文件\外贸方案.xlsx
效果文件 第16章\效果文件\外贸方案.xlsx

 ① 打开素材文件，选择 A2～B10 单元格区域；② 选择【公式】选项卡；③ 单击【定义的名称】组中的【根据所选内容创建】按钮，如图 16-16 所示。

图 16-16

 ① 选择【数据】选项卡；② 单击【数据工具】组中的【模拟分析】下拉按钮；③ 在弹出的下拉菜单中，选择【方案管理器】菜单项，如图 16-18 所示。

 ① 弹出【以选定区域创建名称】对话框，选中【最左列】复选框；② 单击【确定】按钮，如图 16-17 所示。

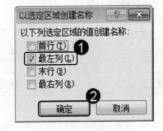

图 16-17

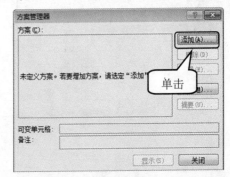 弹出【方案管理器】对话框，单击【添加】按钮，如图 16-19 所示。

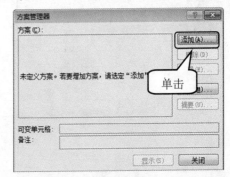

图 16-19

图 16-18

step 6 弹出【方案变量值】对话框，单击【确定】按钮，如图 16-21 所示。

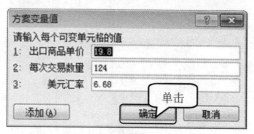

图 16-21

step 8 使用同样方法，可以添加几套方案，如图 16-23 所示，这样即可完成创建方案的操作。

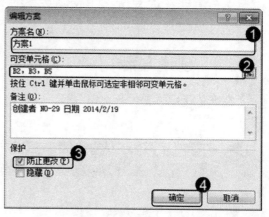

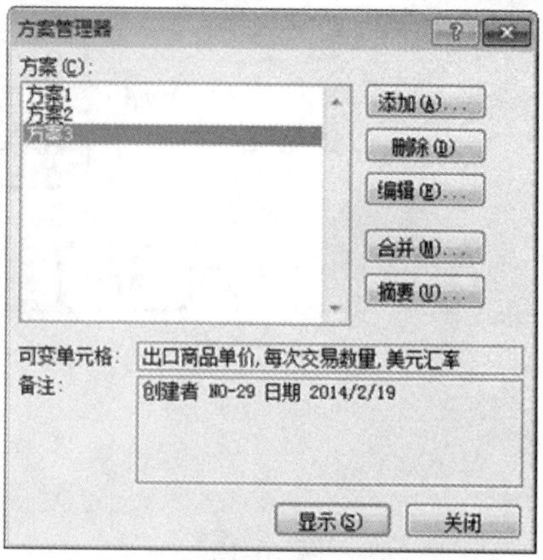

图 16-23

step 5 ① 弹出【编辑方案】对话框，在【方案名】文本框中，输入准备使用的方案名称；② 在【可变单元格】文本框中，输入"B2，B3，B5"；③ 选中【防止更改】复选框；④ 单击【确定】按钮，如图 16-20 所示。

图 16-20

step 7 返回到【方案管理器】对话框界面，在【方案】列表框中，可以看到已经创建好的方案，如图 16-22 所示。

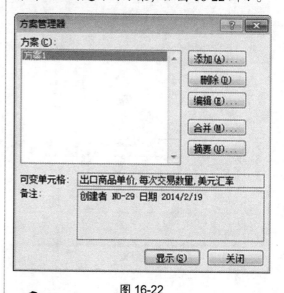

图 16-22

考考您

请您根据上述方法创建一个方案，测试一下您的学习效果。

16.3.2 显示方案

在创建好方案之后，用户可以使用显示方案功能，查看这些方案的计算结果。下面详细介绍显示方案的操作方法。

素材文件❀ 第 16 章\素材文件\外贸方案.xlsx

效果文件❀ 第 16 章\效果文件\外贸方案.xlsx

 ① 打开素材文件，选择【数据】选项卡；② 单击【数据工具】组中的【模拟分析】下拉按钮；③ 在弹出的下拉菜单中，选择【方案管理器】菜单项，如图 16-24 所示。

step 2 ① 弹出【方案管理器】对话框，在【方案】列表框中，选择准备显示的方案名称，如"方案2"；② 单击【显示】按钮，如图 16-25 所示。

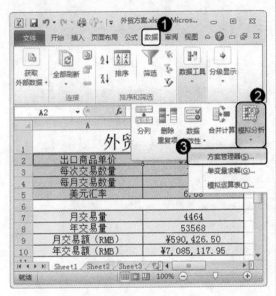

图 16-24

step 3 返回到工作表界面，可以看到表格中的数据按照"方案2"显示并计算结果，如图 16-26 所示，这样即可完成显示方案的操作。

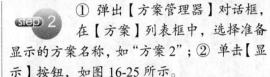

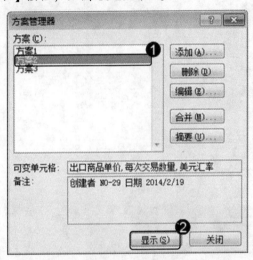

图 16-25

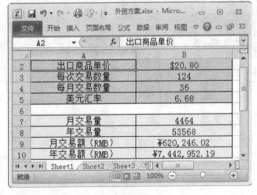

图 16-26

16.3.3 修改方案

如果用户对某个创建好的方案不满意，可以对其进行修改，以达到满意的结果。下面详细介绍修改方案的操作方法。

第十六章 使用模拟分析与规划分析

素材文件 第 16 章\素材文件\外贸方案.xlsx

效果文件 第 16 章\效果文件\外贸方案.xlsx

step 1 ① 打开【方案管理器】对话框，选择准备修改的方案；② 单击【编辑】按钮，如图 16-27 所示。

图 16-27

step 3 ① 弹出【方案变量值】对话框，在【请输入每个可变单元格的值】选项组中，输入准备修改的值；② 单击【确定】按钮，如图 16-29 所示。

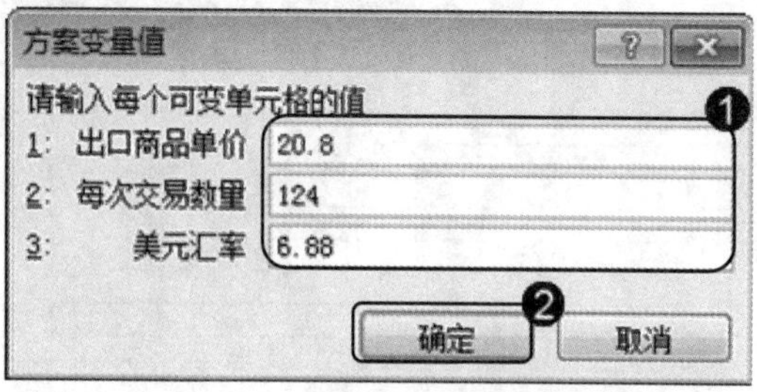

图 16-29

step 2 ① 弹出【编辑方案】对话框，对"方案 2"进行修改，如修改方案名为"方案2修改"；② 单击【确定】按钮，如图 16-28 所示。

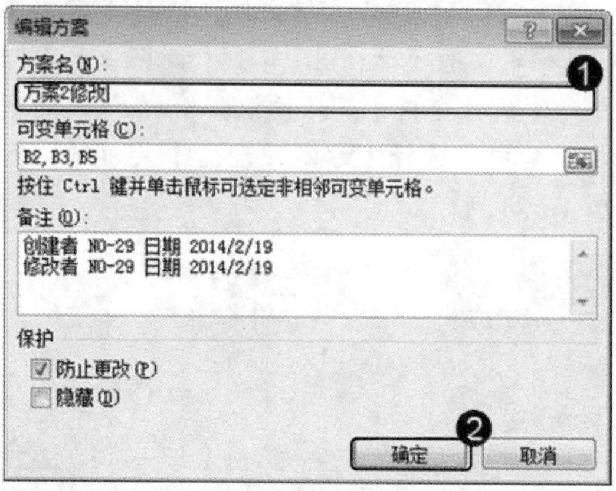

图 16-28

step 4 返回到【方案管理器】对话框界面，即可完成修改方案的操作，结果如图 16-30 所示。

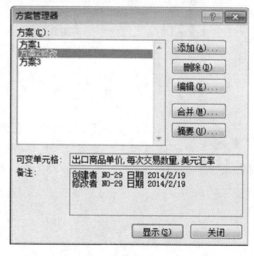

图 16-30

16.3.4 删除方案

如果准备不再使用某个方案，用户可以选择将此方案删除。下面详细介绍删除方案的操作方法。

素材文件 ❅ 第 16 章\素材文件\外贸方案.xlsx

效果文件 ❅ 第 16 章\效果文件\外贸方案.xlsx

 ① 打开【方案管理器】对话框，选择准备删除的方案；② 单击【删除】按钮，如图 16-31 所示。

 可以看到，"方案 3"已经被删除，如图 16-32 所示，这样即可完成删除方案的操作。

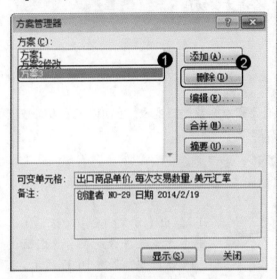

图 16-31

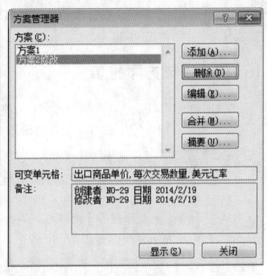

图 16-32

16.3.5 合并方案

如果计算模型由多人定义了多个不同的方案，或者在同一工作簿的不同工作表中针对相同的计算模型定义了不同的方案，可以使用合并方案功能，将多个方案集中到一起使用。下面详细介绍合并方案的操作方法。

素材文件 ❅ 第 16 章\素材文件\外贸方案.xlsx

效果文件 ❅ 第 16 章\效果文件\外贸方案.xlsx

 打开【方案管理器】对话框，单击【合并】按钮，如图 16-33 所示。

 ① 弹出【合并方案】对话框，选择准备合并方案的工作表名称；② 单击【确定】按钮，如图 16-34 所示。

图 16-33

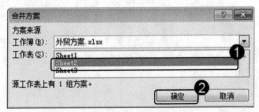

图 16-34

返回【方案管理器】对话框界面，可以看到合并后的方案，如图 16-35 所示，这样即可完成合并方案的操作。

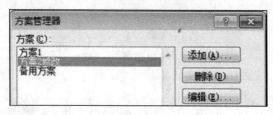

图 16-35

智慧锦囊

用户在合并方案的时候，首先要确定其他工作表中是否存在方案可以合并，在【合并方案】对话框中，每当选择一个工作表的时候，在列表框下方会出现该工作表中的方案数量，如果为"0"则不能使用合并方案功能。

16.3.6　生成方案报告

在 Excel 中可以生成两种方案报告，方案摘要和方案数据透视表。下面以生成方案数据透视表为例，详细介绍生成方案报告的操作方法。

素材文件 ※ 第 16 章\素材文件\外贸方案.xlsx
效果文件 ※ 第 16 章\效果文件\外贸方案.xlsx

 打开【方案管理器】对话框，单击【摘要】按钮，如图 16-36 所示。

图 16-36

 ① 弹出【方案摘要】对话框，选中【方案数据透视表】复选框；② 单击【确定】按钮，如图 16-37 所示。

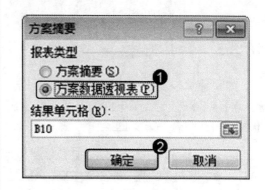

图 16-37

 系统会新建一个工作表，并在其中显示生成的方案数据透视表，如图 16-38 所示，这样即可完成生成方案报告的操作。

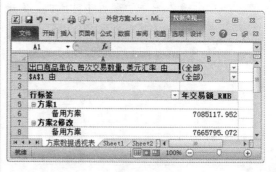

图 16-38

16.4 借助单变量求解进行逆向模拟分析

在 Excel 2010 工作表中，用户可以借助单变量求解进行逆向模拟分析，本节将详细介绍单变量逆向模拟分析的相关知识。

16.4.1 在表格中进行单变量求解

利用 Excel 中的单变量求解功能，用户可以计算出指定交易额所必须采用的价格。下面详细介绍在表格中进行单变量求解的操作方法。

素材文件 第 16 章\素材文件\外贸方案.xlsx
效果文件 第 16 章\效果文件\外贸方案.xlsx

step 1 ① 打开素材文件，选择【数据】选项卡；② 单击【数据工具】组中的【模拟与分析】下拉按钮；③ 在弹出的下拉菜单中，选择【单变量求解】菜单项，如图 16-39 所示。

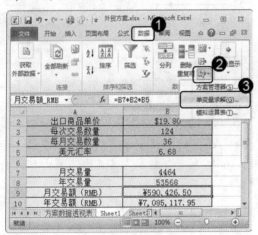

图 16-39

step 2 ① 弹出【单变量求解】对话框，在【目标单元格】文本框中输入“B9”；② 在【目标值】文本框中输入指定的交易额，如“700000”；③ 在【可变单元格】文本框中输入“$B$2”；④ 单击【确定】按钮，如图 16-40 所示。

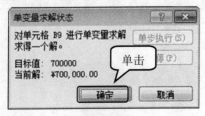

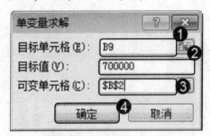

图 16-40

step 3 弹出【单变量求解状态】对话框，单击【确定】按钮，如图 16-41 所示。

图 16-41

step 4 通过以上方法，即可完成在表格中进行单变量求解的操作，结果如图 16-42 所示。

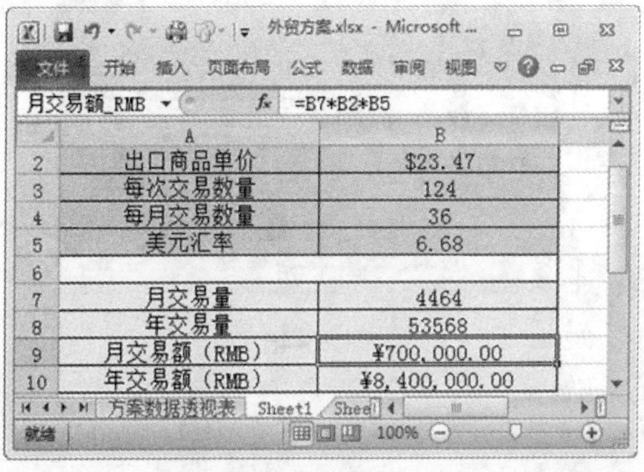

图 16-42

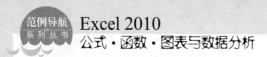
16.4.2 求解方程式

利用单变量求解可以快速地对方程式进行求解，特别是求非线性方程的根。下面以求方程式 $3Y^2+3Y^3+6Y=14$ 的根为例，详细介绍求解方程式的操作方法。

素材文件◈无

效果文件◈第 16 章\效果文件\求解方程式 xlsx

 ① 启动 Excel 2010 程序，选择 A1 单元格，并命名为"Y"；② 选择 A2 单元格；③ 在窗口编辑栏文本框中，输入公式"=3*Y^2+3*Y^3+6*Y-14"，并按 Enter 键，如图 16-43 所示。

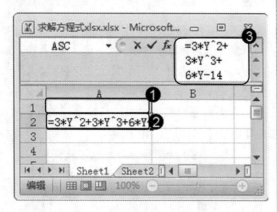

图 16-43

step 3 ① 弹出【单变量求解】对话框，在【目标值】文本框中输入数值"0"；② 在【可变单元格】文本框中输入"$A$1"；③ 单击【确定】按钮，如图 16-45 所示。

图 16-45

step 2 ① 选择【数据】选项卡；② 单击【数据工具】组中的【模拟分析】下拉按钮；③ 在弹出的下拉菜单中，选择【单变量求解】菜单项，如图 16-44 所示。

图 16-44

step 4 弹出【单变量求解状态】对话框，显示已经求得一个解，此时在工作表的 A1 单元格中显示方程式的一个根，如图 16-46 所示，这样即可完成求解方程式的操作。

图 16-46

16.4.3 使用单变量求解的注意事项

在使用单变量求解的时候，需要注意当前方程式是否可以求解，以及为了精准计算而调整迭代计算次数，下面分别予以详细介绍。

1. 单变量求解状态

在使用单变量求解的时候，用户需要注意的是，不是所有的方程式都有解。例如，方程式 $X^2=-1$ 是没有根的。当出现这种情况时，在【单变量求解状态】对话框中，系统会告知"不能获得满足条件的解"，如图 16-47 所示。

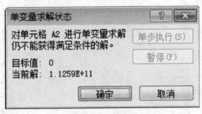

图 16-47

2. 增加迭代计算次数

在根据用户的设置进行单变量求解计算时，在【单变量求解状态】对话框中，会动态显示"在进行第 N 次迭代计算"信息。这是因为，单变量求解是由反复的迭代计算来得到结果的，所以如果增加 Excel 运行的最大迭代计算次数，可以进行更多次的计算，以获得更多的机会求出精准结果。下面详细介绍增加迭代计算次数的操作方法。

素材文件❖ 无
效果文件❖ 无

 ① 启动 Excel 2010 程序，选择【文件】选项卡；② 选择【选项】选项，如图 16-48 所示。

① 弹出【Excel 选项】对话框，选择【公式】选项卡；② 在【计算选项】选项组中，在【最多迭代计算】微调框中输入一个介于 1~32767 之间的数值，如"100"；③ 单击【确定】按钮，如图 16-49 所示，这样即可完成增加迭代计算次数的操作。

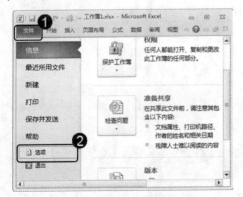

图 16-48

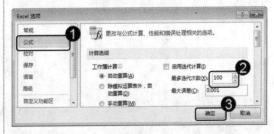

图 16-49

16.5　规划模型

　　利用规划模型，用户可以正确地应用函数和公式描述数据间的关系，同时可以理解和分析规划求解工具生成的各种运算报告。本节将详细介绍规划模型方面的相关知识。

16.5.1　认识规划模型

　　规划问题的种类繁多，根据所要解决的问题可以分为两类：决策角度和数学角度，下面分别予以详细介绍。

　　从决策角度来看，规划问题具有以下特征。

- ■　确定了某个任务，研究如何使用最少的人力、物力和财力去完成。
- ■　已经共有了一定数量的人力、物力和财力，研究如何获得最大的收益。

　　从数学角度来看，规划问题具有以下特征。

- ■　决策变量：每个规划问题都有一组需要求解的未知数，称作决策变量。这组决策变量的一组确定值代表一个具体的规划方案。
- ■　约束条件：对于规划问题的决策变量通常都有一定的限制条件，称作约束条件。约束条件可以用与决策变量有关的不等式或者等式来表示。
- ■　目标：每个规划问题都有一个明确的目标，如利润最大或成本最小。目标通常可用与决策变量有关的函数表示。

　　如果约束条件和目标函数都是线性函数，则被称作线性规划；否则被称作非线性规划。如果要求决策变量的值必须为整数，则被称为整数规划。

　　解决规划分析问题的首要任务和关键是必须将实际问题数学化、模型化，即将实际问题通过一组决策变量、一组不等式或者等式表示的约束条件以及目标函数来表示。在 Excel 中，这些变量、等式或者函数，其实都是利用单元格中的数值、公式以及规划求解工具中的参数来构成的。因此，只要能在工作表中将决策变量、约束条件和目标函数的相互关系清晰地用有关公式描述清楚，用户不需要掌握高深的数学知识和复制的计算方法即可方便地应用 Excel 的规划求解工具进行求解。

16.5.2　创建规划模型

　　在使用规划模型之前，首先要学会如何创建规划模型。下面详细介绍创建规划模型的具体操作方法。

1. 手动加载规划求解工具

　　在默认情况下，Excel 并不加载规划求解工具，因此在创建规划模型之前，需要手动加载规划求解工具。下面详细介绍手动加载规划求解工具的操作方法。

素材文件❄无

效果文件❄无

step 1 ① 启动 Excel 2010 程序,选择【文件】选项卡;② 选择【选项】选项,如图 16-50 所示。

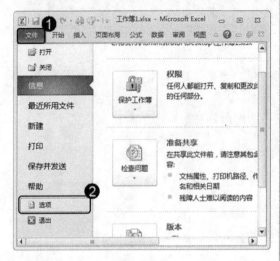

图 16-50

step 3 ① 弹出【加载宏】对话框,选中【规划求解加载项】复选项;② 单击【确定】按钮,如图 16-52 所示。

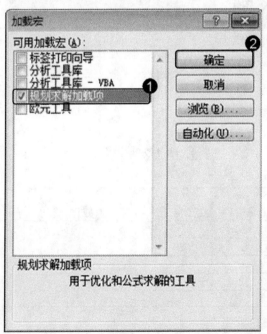

图 16-52

step 2 ① 弹出【Excel 选项】对话框,选择【加载项】选项卡;② 在【管理】下拉列表框中,选择【Excel 加载项】选项;③ 单击【转到】按钮,如图 16-51 所示。

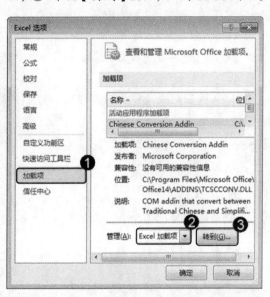

图 16-51

step 4 返回到工作表界面,在【数据】选项卡中,会出现【规划求解】按钮,如图 16-53 所示,这样即可完成手动加载规划求解工具的操作。

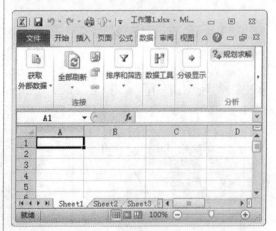

图 16-53

第16章 使用模拟分析与规划分析

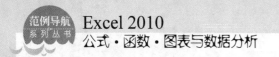

2. 创建规划模型

已知某大型企业需要加工 S1 和 S2 两种产品,其中生产一件 S1 产品需要 X 原材料 3kg、Y 原材料 5kg 和 Z 原材料 5kg;生产一件 S2 产品需要 X 原材料 3kg、Y 原材料 6kg、Z 原材料 3kg。已知每天各种原材料的使用限额为:X 原材料 150kg、Y 原材料 300kg、Z 原材料 180kg。根据预测,每销售一件 S1 产品可获利 1.4 万元,S2 产品可获利 1.1 万元。

以上为一个典型的规划问题案例,在使用规划工具求解之前,首先要将其模型化,分别确定决策变量、设置约束条件和制定目标。

(1) 决策变量。

此案例的决策变量为 S1 和 S2 产品的生产数量,分别设置为 X_1、X_2。

(2) 约束条件。

此案例的约束条件为生产过程中使用的原料的限额数量,即

$$X_1 \times 3 + X_2 \times 3 \leqslant 150$$
$$X_1 \times 5 + X_2 \times 6 \leqslant 300$$
$$X_1 \times 5 + X_2 \times 3 \leqslant 180$$

(3) 目标。

此案例的目标为企业生产的利润最大,使用的公式为

$$\max P = X_1 \times 1.4 + X_2 \times 1.1$$

16.6 规划模型求解

在创建好规划模型之后,用户即可使用规划求解工具进行求解了。本节将详细介绍规划模型求解的相关知识。

16.6.1 建立工作表

在进行规划求解之前,首先要建立一张工作表,并将有关的数据以及公式等关系输入到工作表中,如图 16-54 所示。

明细	X原材料	Y原材料	Z原材料	生产数量		目标函数	3.9
原材料限额	150	300	180				
产品S1	3	5	5	2			
产品S2	3	6	3	1			
合计	9	16	13				

图 16-54

因为刚刚输入数据,还没有开始求解,所以暂时将产品 S1 和 S2 分别随机设置为 2 和 1。B5 单元格为 X 原材料的总消耗,其计算公式为"=B3*$E$3+B4*$E$4",C5、D5 单元格中的公式以此类推。H1 单元格为计算利润额的目标单元格,其计算公式为"=E3*1.4+E4*1.1"。图 16-54 的 H1 单元格中为当前计算出的利润额(万元)。

16.6.2 规划求解

在数据输入完成后,用户即可对工作表中的数据进行计算。下面详细介绍规划求解的操作方法。

素材文件 ※ 第 16 章\素材文件\产品利润计算.xlsx
效果文件 ※ 第 16 章\效果文件\产品利润最大化.xlsx

step 1 ① 打开素材文件,选择 H1 单元格;② 选择【数据】选项卡;③ 单击【分析】组中的【规划求解】按钮,如图 16-55 所示。

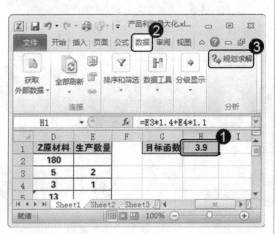

图 16-55

step 3 ① 弹出【添加约束】对话框,在【单元格引用】文本框中输入"$B$5";② 选择小于等于运算符;③ 在【约束】文本框中输入"=$B$2";④ 单击【添加】按钮,如图 16-57 所示。

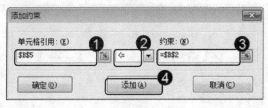

图 16-57

step 2 ① 弹出【规划求解参数】对话框,在【通过更改可变单元格】文本框中,输入"$E$3:$E$4";② 单击【添加】按钮,如图 16-56 所示。

图 16-56

step 4 ① 在【单元格引用】文本框中输入"$C$5";② 选择小于等于运算符;③ 在【约束】文本框中输入"=$C$2";④ 单击【添加】按钮,如图 16-58 所示。

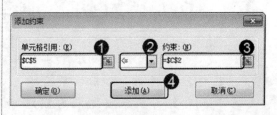

图 16-58

step 5 ① 在【单元格引用】文本框中输入 "$D$5"；② 选择小于等于运算符；③ 在【约束】文本框中输入 "=$D$2"；④ 单击【添加】按钮；⑤ 单击【取消】按钮，如图 16-59 所示。

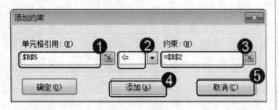

图 16-59

step 7 ① 弹出【规划求解结果】对话框，选中【保留规划求解的解】单选按钮；② 单击【确定】按钮，如图 16-61 所示。

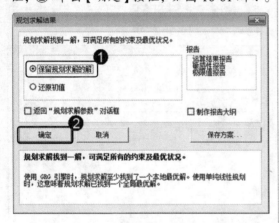

图 16-61

step 6 ① 返回到【规划求解参数】对话框，选中【最大值】单选按钮；② 在【选择求解方法】下拉列表框中，选择【单纯线性规则】选项；③ 单击【求解】按钮，如图 16-60 所示。

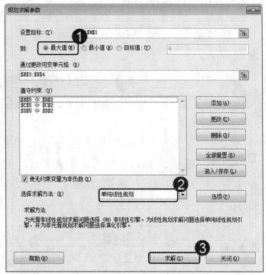

图 16-60

step 8 通过以上方法，即可完成规划求解的操作，结果如图 16-62 所示。

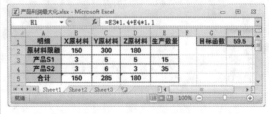

图 16-62

16.7　分析求解结果

通过查看规划求解工具生成的各种报告，可以进一步对求解结果进行分析规划。如果求解失败，还可以对数据做出适当的调整。本节将详细介绍分析求解结果的相关知识。

16.7.1 显示分析报告

在规划求解的过程中，用户还可以根据需要显示相应的分析报告，在【规划求解结果】对话框中，选择【报告】列表框中相应的选项，如图 16-63 所示，即可显示相应的分析报告，如图 16-64 所示为运算结果报告。

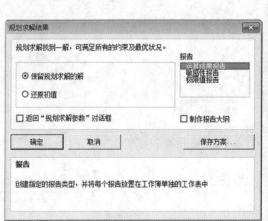

图 16-63

图 16-64

在【报告】列表框中，用户还可以选择查看敏感性报告和极限值报告，分别如图 16-65 和图 16-66 所示。

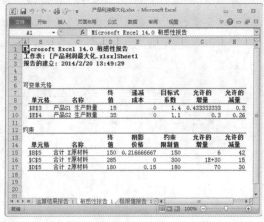

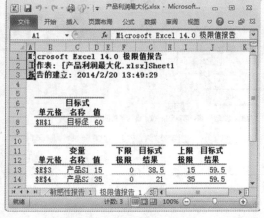

图 16-65

图 16-66

16.7.2 修改规划求解参数

在规划模型有所变动的时候，用户可以在工作表中修改相关数值，并重新运行规划求解功能即可。下面详细介绍修改规划求解参数的操作方法。

素材文件 ❈ 第 16 章\素材文件\产品利润计算.xlsx

效果文件 ❈ 第 16 章\效果文件\提高原材料上限.xlsx

step 1 ① 打开素材文件，将 B2 单元格中的数值修改为"450"；② 选择【数据】选项卡；③ 单击【分析】组中的【规划求解】按钮，如图 16-67 所示。

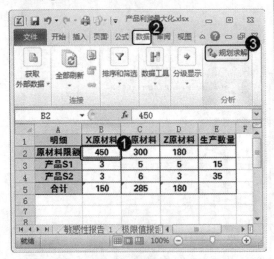

图 16-67

step 3 弹出【规划求解结果】对话框，单击【确定】按钮，如图 16-69 所示。

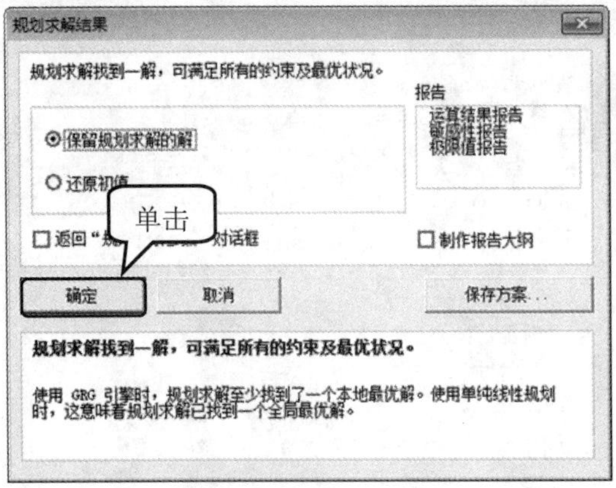

图 16-69

step 2 弹出【规划求解参数】对话框，单击【求解】按钮，如图 16-68 所示。

图 16-68

step 4 返回到工作表界面，可以看到因为 X 原材料的限额发生改变，所以两种产品的产量也发生了改变，而目标也由原来的 59.5 变为了 60.8，如图 16-70 所示，这样即可完成修改规划求解参数的操作。

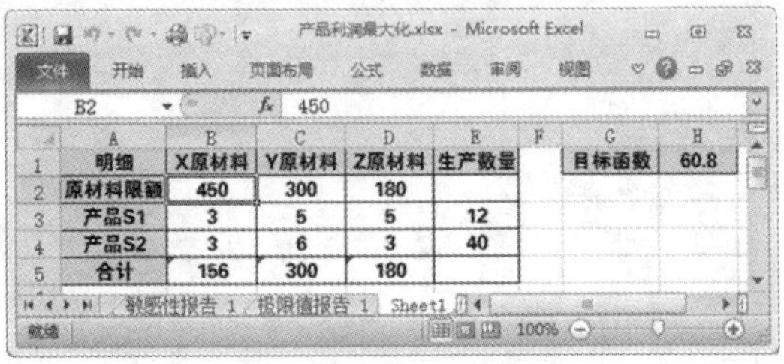

图 16-70

16.7.3 修改规划求解选项

在【规划求解参数】对话框中，单击【选项】按钮，即可弹出【选项】对话框。在【选项】对话框中，用户可以根据需求选择单纯线性规则、非线性 GRG(广义简约梯度法)和演化三种求解算法之中的任意一种。其中单纯线性规划可用于求解线性问题，非线性 GRG 可用于求解平滑非线性问题，而演化算法可用于求解非平滑问题。

选用不同的求解算法需要设置的选项也不相同。这些选项的设置和调整主要与相应的算法密切相关，科学、合理地设置这些选项需要全面了解规划模型的数学原理、有关算法的基本原理和求解步骤。相对来说，系统默认的选项值能够满足绝大多数规划问题求解的需要。【选项】对话框如图 16-71 所示。

图 16-71

【选项】对话框中各选项的含义说明，如表 16-1 所示。

表 16-1

选　项	含　义
约束精确度	用来指定约束单元格值的计算精度。必须是小于 1 的正数。该选项值越接近 1，则精度越低，反之则精度越高，但是计算时间也越长。默认值为 0.000001
使用自动缩放	如果选中此复选框，当有关单元格的数值量级差别很大时，算法可自动按比例缩放数值，以保证最佳的计算精度。此复选框默认为选中
显示迭代结果	如果选中此复选框，每进行一次迭代后都将暂停求解，并显示当前计算结果，可以根据需要选择继续或者停止求解。此复选框默认为不选中
忽略整数约束	如果选中此复选框，则忽略对决策变量的整数约束，即允许非整数解。此复选框默认为不选中
整数最优性	用于指定整数最优性的百分比公差。必须是介于 0～100 之间的十进制数字。该参数仅适用于定义了整数约束的情况，数值越高，求解过程越快。默认值为 1
最大时间	可选项，用来指定求解一个问题所花费的最大时间值(单位为秒)。该值必须为正整数。默认设置下规划求解大多能顺利找到一个解，但如果求解报告中说明求解超出了时间显示，则可以增加最大时间重新求解
迭代次数	可选项，用来指定求解一个问题终止时的迭代次数。默认设置下规划求解大多能够顺利找到一个解，修改迭代次数可能会影响求解问题的精度和时间
最大子问题数目	可选项，用来指定分支定界算法求解问题过程中考察的子问题的最大数目。该值必须为正整数
最大可行解数目	可选项，用来指定分支定界算法求解问题过程中考察的可行解的最大数目。该值必须为正整数

16.8 范例应用与上机操作

通过本章的学习，读者基本可以掌握使用模拟分析与规划分析的基本知识以及一些常见的操作方法。下面通过操作练习，以达到巩固学习、拓展提高的目的。

16.8.1 计算不同年限贷款月偿还额

在贷款金额、贷款利率给定的情况下，利用单变量模拟运算可以计算出不同年限下的贷款月偿还额，下面详细介绍具体操作方法。

素材文件❀第 16 章\素材文件\贷款偿还.xlsx
效果文件❀第 16 章\效果文件\贷款偿还.xlsx

step 1 ① 打开素材文件，选择 B4 单元格；② 在窗口编辑栏文本框中，输入公式"=PMT(B2/12,A4*12,A2,0,0)"，并按 Enter 键，如图 16-72 所示。

step 2 ① 选择 A4～B8 单元格区域；② 选择【数据】选项卡；③ 单击【数据工具】组中的【模拟分析】下拉按钮；④ 在弹出的下拉菜单中，选择【模拟运算表】菜单项，如图 16-73 所示。

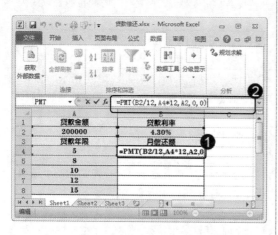

图 16-72

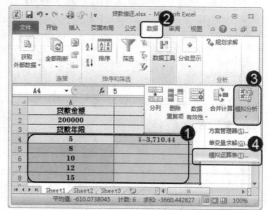

图 16-73

step 3 ① 弹出【模拟运算表】对话框，在【输入引用列的单元格】文本框中，输入"$A$4"；④ 单击【确定】按钮，如图 16-74 所示。

step 4 通过以上方法，即可完成计算不同年限贷款月偿还额的操作，结果如图 16-75 所示。

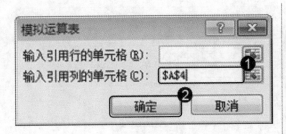

图 16-74

图 16-75

16.8.2 计算不同利率下不同年限贷款月偿还额

在贷款金额、贷款利率给定的情况下，利用双变量模拟运算可以计算出不同利率下不同年限的贷款月偿还额，下面详细介绍具体操作方法。

素材文件 第 16 章\素材文件\双变量贷款偿还.xlsx

效果文件 第 16 章\效果文件\双变量贷款偿还.xlsx

 ① 打开素材文件，选择 B4 单元格；② 在窗口编辑栏文本框中，输入公式 "=PMT(B2/12,C2*12,A2,0,0)"，并按 Enter 键，如图 16-76 所示。

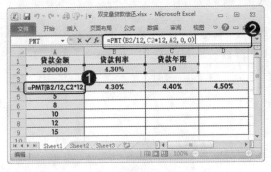

图 16-76

① 选择 A4~D9 单元格区域；② 选择【数据】选项卡；③ 单击【数据工具】组中的【模拟分析】下拉按钮；④ 在弹出的下拉菜单中，选择【模拟运算表】菜单项，如图 16-77 所示。

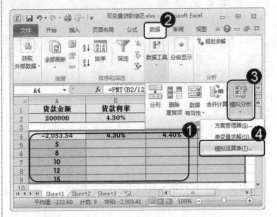

图 16-77

① 弹出【模拟运算表】对话框，在【输入引用行的单元格】文本框中输入 "$B$2"；② 在【输入引用列的单元格】文本框中输入 "$C$2"；③ 单击【确定】按钮，如图 16-78 所示。

通过以上方法，即可完成计算不同利率下不同年限贷款月偿还额的操作，结果如图 16-79 所示。

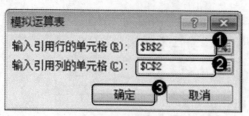

图 16-78

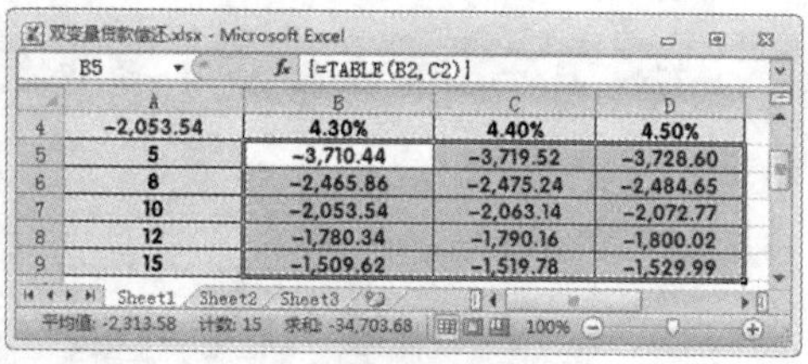

图 16-79

16.9 课后练习

16.9.1 思考与练习

一、填空题

1. _____是指在一个单元格区域内，在一个或者多个公式中替换不同的值而显示不同的结果。

2. 利用_____，用户可以正确地应用函数和公式描述数据间的关系，同时可以理解和分析规划求解工具生成的各种_____。

二、判断题

1. 单变量模拟运算是指对多个变量设置不同的值，来看对一个或者多个公式的影响。（　　）
2. 如果约束条件和目标函数都是线性函数，则被称作线性规划。　　　　　　　（　　）

三、思考题

1. 什么是模拟运算？
2. 解决规划分析问题的首要任务和关键是什么？

16.9.2 上机操作

1. 打开"进口毛巾.xlsx"文档文件，并计算所需金额。效果文件可参考"第16章\效果文件\进口毛巾.xlsx"。

2. 打开"方程式.xlsx"文档文件，并解出方程式。效果文件可参考"第16章\效果文件\方程式.xlsx"。

课后练习答案

第 1 章

1 思考与练习

一、填空题

1. 工作簿、单元格
2. 工作簿
3. 工作表、工作表
4. 单元格、单元格

二、判断题

1. 错
2. 对

三、思考题

1. Excel 2010 工作界面是由快速访问工具栏、标题栏、功能区、工作区、编辑栏、状态栏、滚动条和工作表切换区组成的。

2. 在 Excel 2010 工作表中，格式化工作表包括调整表格行高与列宽、设置字体格式、设置对齐方式、添加表格边框以及自动套用格式。

2 上机操作

1. 打开素材文件，右击准备重命名的工作表标签，在弹出的快捷菜单中，选择【重命名】菜单项。此时选中的工作表标签转换为文本框，显示为可编辑状态。在工作表标签文本框中，输入准备使用的工作表名称，如"东风起亚"，并按 Enter 键。右击需要设置保护的工作表标签"东风起亚"，在弹出的快捷菜单中，选择【保护工作表】菜单项。弹出【保护工作表】对话框，选中【保护工作表及锁定的单元格内容】复选框，在【取消工作表保护时使用的密码】文本框中，输入准备使用的密码，单击【确定】按钮。弹出【确认密码】对话框，在【重新输入密码】文本框中，输入刚刚设置的密码，单击【确定】按钮。通过以上方法，即可完成重命名 Sheet1 工作表为"东风起亚"并设置工作表保护的操作。

2. 打开素材文件，选择 A1～G8 单元格区域。选择【开始】选项卡，在【字体】组中，单击【边框】下拉按钮，在弹出的下拉菜单中，选择【所有框线】菜单项。返回工作表界面，可以看到，已经为选中的单元格区域添加了所有框线。通过以上方法，即可完成为选择的单元格区域添加所有框线的操作。

第 2 章

1 思考与练习

一、填空题

1. 公式、公式
2. 运算优先级
3. 单元格、单元格区域
4. 单元格引用

二、判断题

1. 对
2. 错

三、思考题

1. Excel 2010 中有 4 种运算符，分别是比较运算符、算术运算符、文本运算符和引用运算符。

2. A1 引用样式是 Excel 的默认引用类型。这种类型引用字母标志列(从 A 到 XFD，共1.6384 万列)和数字标志行(从 1 到 104.8576 万行)。这些字母和数字被称为列和行标题。如果要引用单元格，请顺序输入列字母和行数字。

在 R1C1 引用样式中，Excel 使用 "R" 加行数字和 "C" 加列数字来指示单元格的位置。例如，单元格绝对引用 R1C1 与 A1 引用样式中的绝对引用$A$1 等价。如果活动单元格是A1，则单元格相对引用 R[1]C[1]将引用下面一行和右边一列的单元格，即 B2。

2 上机操作

1. 打开素材文件，选择准备命名的单元格区域，如 A4～A11 单元格区域。选择【公式】选项卡，在【定义的名称】组中，单击【名称管理器】按钮。弹出【名称管理器】对话框，单击左上角的【新建】按钮。弹出【新建名称】对话框，在【名称】文本框中输入"员工姓名"，在【范围】下拉列表框中，选择单元格所在的工作表，单击【确定】按钮。返回到【名称管理器】对话框界面，单击【关闭】按钮。通过以上方法，即可完成为单元格区域命名的操作。

2. 打开素材文件，选择准备删除公式的 L2 单元格，单击窗口编辑栏文本框，使包含公式的单元格显示为选中状态。按 F9 键，可以看到选中的单元格中的公式已经被删除。通过以上方法，即可完成删除 L2 单元格包含的公式的操作。

第 3 章

1 思考与练习

一、填空题

1. 公式、错误
2. 循环引用

二、判断题

1. 对
2. 错

三、思考题

1. 所谓错误值是由于单元格中的数据不符合单元格格式要求，使单元格不能识别该数据，而造成的显示错乱，包括"#####"错误、"#DIV/0!"错误、"#N/A"错误、"#NAME?"错误、"#NULL!"错误、"#NUM!"错误、"#REF!"错误和"#VALUE!"错误。

2. 括号不匹配是指用户输入了公式或者函数的右括号，而没有输入左括号，将左括号补齐即可解决此问题。如果只输入左括号，在公式输入完成并按 Enter 键后，系统会自动补齐右括号，并在单元格中显示计算结果。

造成括号不匹配的原因还有，在编辑栏中输入公式或者函数，其中的括号要在英文状态下输入，汉字符号中的括号将不被系统识别。解决此问题的方法为，将公式中汉字符号的括号修改为英文符号的括号。

2 上机操作

1. 打开素材文件，选中准备自动求和的单元格区域,如 B2～E9 单元格。选择【公式】选项卡，在【函数库】组中，单击【自动求和】按钮，系统会自动将选择的单元格区域向后扩展一格，用来显示求和结果。通过以上方法，即可完成统计蛋糕销量的操作。

2. 打开素材文件，选择包含公式的 E1 单元格。选择【公式】选项卡，在【公式审核】组中，单击【追踪引用单元格】按钮，系统会自动以箭头的形式指出影响当前所选单元格值的所有单元格。通过以上方法，即可完成追踪"总计"的引用单元格的操作。

第 4 章

1 思考与练习

一、填空题

1. 函数、参数

2. 函数、手动输入函数

3. 单元格区域、定义名称

二、判断题

1. 错

2. 对

三、思考题

1. Excel 函数一共有 11 类，分别是数据库函数、日期与时间函数、工程函数、财务函数、信息函数、逻辑函数、查询和引用函数、数学和三角函数、统计函数、文本函数以及用户自定义函数。

2. 函数与公式常见的限制有：计算精度限制、公式字符限制、函数参数的限制和函数嵌套层数的限制。

2 上机操作

1. 打开素材文件，选择 E10 单元格。窗口编辑栏文本框中，输入公式"=SUM(E5:E9)"，单击编辑栏中的【输入】按钮。此时在 E10 单元格内，系统会自动计算出结果。通过以上方法，即可完成通过函数计算初装费合计的操作。

2. 打开素材文件，选中准备定义公式名称 E8 的单元格。复制窗口编辑栏中的公式，按 Esc 键退出编辑。选择【公式】选项卡，单击【定义的名称】组中的【定义名称】按钮。弹出【新建名称】对话框，在【名称】文本框中，输入准备使用的公式名称，如"费用合计"，在【引用位置】区域中，粘贴刚刚复制的公式，单击【确定】按钮。在【定义的名称】组中，单击【名称管理器】按钮，在弹出的【名称管理器】对话框中，可以看到刚刚定义的公式名称。通过以上方法，即可完成定义 E8 单元格中的公式名称的操作。

第 5 章

1 思考与练习

一、填空题

1. 文本函数、文字串

2. 右对齐、居中

3. 逻辑函数、函数

二、判断题

1. 错

2. 对

3. 对

三、思考题

1. CONCATENATE 函数的语法结构为：

CONCATENATE(text1,text2], ...)

参数 Text1 为的选项，表示要连接的第一个文本项。

参数 Text2,…可选项，表示要连接的其他文本项，最多为 255 项。项与项之间必须用逗号隔开。

2. AND 函数

AND(logical1,logical2, …)。

参数 logical1, logical2, … 表示待检测的 1～30 个条件值，各条件值可能为 TRUE，可能为 FALSE。参数必须是逻辑值，或者包含逻辑值的数组或引用。

2 上机操作

1. 打开素材文件，选择 C2 单元格。在窗口编辑栏文本框中，输入公式"=RMB(B2*6.05,2)"并按 Enter 键，系统会自动在 C2 单元格内计算出人民币单价，使用鼠标左键向下填充公式至其他单元格，这样即可完成计算人民币单价的操作。

2. 打开素材文件，选择 C2 单元格，在窗口编辑栏文本框中，输入公式"=IF(B2>30000, "500","400")"，并按 Enter 键，系统会自动在 C2 单元格内显示出该员工所得奖金额。使用鼠标左键向下填充公式至其他单元格，这样即可完成通过判断业绩发放奖金的操作。

第 6 章

1 思考与练习

一、填空题

1. 日期数据、序列数
2. 数学、减法

二、判断题

1. 对
2. 错

三、思考题

1. WEEKDAY 函数的语法结构为：

WEEKDAY (serial_number,[return_type])

参数 serial_number 为必选项，表示判断星期几的日期，可以是输入的表示日期的序列号、日期或者单元格引用。

参数 return_type 为可选项，表示一个指定 WEEKDAY 函数返回的数字与星期几的对应关系的数字，如果省略该参数，则表示星期日为每周第一天。

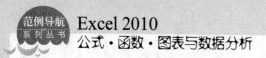
2. TIME 函数语法结构为：

TIME(hour,minute,second)

参数 hour 为必选项，表示小时，取值范围在 0～32767 之间。

参数 minute 为必选项，表示分钟，取值范围在 0～32767 之间。

参数 second 为必选项，表示秒，取值范围在 0～32767 之间。

2 上机操作

1. 打开素材文件，选择 B1 单元格。在窗口编辑栏文本框中，输入公式"="2014-01-31"-TODAY()"，并按 Enter 键，系统会自动在 B1 单元格内计算出本月的天数。通过以上方法，即可完成计算本月天数的操作。

2. 打开素材文件，选择 D2 单元格。在窗口编辑栏文本框中，输入公式"=SECOND(C2-B2)"，并按 Enter 键，系统会在 D2 单元格内计算出该广告的播放时长。向下填充公式至其他单元格，即可完成计算广告时长的操作。

第 7 章

1 思考与练习

一、填空题

1. 数学函数

2. 三角函数

二、判断题

1. 对

2. 错

三、思考题

1. SUM 函数的语法结构为：

SUM(number1,number2, …)或者 SUM(某列)

其参数 number1，number2，…为 1 到 30 个需求和的参数。

2. DEGREES 函数 r 语法结构为：

DEGREES(angle)

参数 angle 为必选项，表示要转换为角度的弧度值，可以直接输入数字或单元格引用。

2 上机操作

1. 打开素材文件，选择 E7 单元格。在窗口编辑栏文本框中，输入公式"=SUM(B6:G6)"，并按 Enter 键。在 E7 单元格中，系统会自动计算出一&二季度产量总和。通过以上方法，即可完成计算一&二季度产量总和的操作。

2. 打开素材文件，选择 B2 单元格。在窗口编辑栏文本框中，输入公式"=ROUND(DEGREES (A2)*6,0)"，并按 Enter 键，系统会在 B2 单元格内计算出六边形的内角和。通过以上方法，即可完成计算六边形内角和的操作。

第 8 章

1 思考与练习

一、填空题

1. 直线法、双倍余额递减法
2. 现值、终值
3. 本金与利息
4. 收益率计算

二、判断题

1. 对
2. 错

三、思考题

1. DB 函数的语法结构为：

DB(cost, salvage, life, period, [month])

参数 cost 为必选项，表示资产原值。

参数 salvage 为必选项，表示资产在使用寿命结束时的残值。

参数 life 为必选项，表示折旧期限(有时也作资产的使用寿命)。

参数 period 为必选项，表示计算折旧值的期间，该参数必须与参数 life 的单位相同。

参数 month 为可选项，表示第一年的月份数，省略该参数时，其值默认为 12。

2. IRR 函数的语法结构为：

IRR(values, [guess])

参数 values 为必选项，表示投资期间的现金流。IRR 函数使用该参数的顺序来解释现金流的顺序，所以必须保证支出和收入的数额以正确的顺序输入。

参数 guess 为可选项，表示初步估计的内部收益率，其默认值为 0.1。

2 上机操作

1. 打开素材文件，选择 B8 单元格。在窗口编辑栏文本框中，输入公式"=AMORDEGRC (B2,B3,B4,B5,B6,B7,1)"，并按 Enter 键。在 B8 单元格中，系统会自动计算电视在此期间的余额递减折旧值。通过以上方法，即可完成计算余额递减折旧值的操作。

2. 打开素材文件，选择 B5 单元格。在窗口编辑栏文本框中，输入公式"=RATE(B3*12, −B4,B2)"，并按 Enter 键。在 B5 单元格中，系统会自动计算出贷款月利率。通过以上方法，即可完成计算贷款月利率的操作。

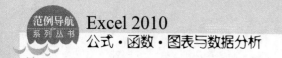

第 9 章

1 思考与练习

一、填空题

1. 常规统计函数、公式
2. 数理统计函数、公式

二、判断题

1. 错
2. 对

三、思考题

1. AVERAGE 函数的语法结构为：

AVERAGE (number1,[number2],…)

参数 number1 为必选项，表示要计算平均值的第一个数字，可以是直接输入的数字、单元格引用或数组。

参数 number2 为可选项，表示要计算平均值的第 2～255 个数字，同样可以是直接输入的数字、单元格引用或数组。

2. F.TSET 函数的语法结构为：

F.TSET (array1,array2)

参数 array1 为必选项，表示第一个数据集，可以是数组或单元格区域。

参数 array2 为必选项，表示第二个数据集，可以是数组或单元格区域。

2 上机操作

1. 打开素材文件，选择 B9 单元格，在窗口编辑栏文本框中，输入公式"=COUNT(B2:B8)"，并按 Enter 键。在 B9 单元格中，系统会自动统计出参加考试的人数。通过以上方法，即可完成统计参加考试人数的操作。

2. 打开素材文件，选择 C7 单元格，在窗口编辑栏文本框中，输入公式"=MODE.SNGL (B2:B6)"，并按 Enter 键。在 C7 单元格中，系统会自动统计出最畅销的款式编号。通过以上方法，即可完成统计最畅销款式的操作。

第 10 章

1 思考与练习

一、填空题

1. 数据、检索
2. 引用函数、单元格区域

二、判断题

1. 错

2. 对

三、思考题

1. CHOOSE 函数的语法结构为：

CHOOSE (index_num,value1,[value2],…)

参数 index_num 为必选项，表示所选定的值参数。该参数必须是 1～254 之间的数字，或是包含了 1～254 的公式或者单元格引用。

参数 value1 为必选项，表示第一个数值参数，CHOOSE 函数将从此数值列表中选择一个要返回的值，可以是数字、文本、引用、名称、公式或者函数。

参数 value2 为可选项，表示第 2～254 个数值参数。此列表中的值可以是数字、文本、引用、名称、公式或者函数。

2. ADDRESS 函数的语法结构为：

ADDRESS(row_num,column_num,[abs_num],[a1],[sheet_text])

参数 row_num 为必选项，表示在单元格引用中使用的行号。

参数 column_num 为必选项，表示在单元格引用中使用的列号。

参数 abs_num 为可选项，表示返回的引用类型。省略该参数的时候，默认为绝对引用行和列。

参数 A1 为可选项，表示返回的单元格地址是 A1 引用样式，还是 R1C1 引用样式。该参数是逻辑值，如果该参数为 TRUE 或者省略，ADDRESS 函数将返回 A1 引用样式；如果误该参数为 FALSE，ADDRESS 函数将返回 R1C1 引用样式。

参数 sheet_text 为可选项，表示用于指定作为外部引用的工作表的名称。省略该参数的时候，表示不使用任何工作表名称。

2 上机操作

1. 打开素材文件，选择 C2 单元格，在窗口编辑栏文本框中，输入公式 "=CHOOSE(IF (B2<60,1,2),"补考","")"，并按 Enter 键。在 C2 单元格中，系统会自动对该学生是否需要补考进行标注，向下填充公式至其他单元格，即可完成标注学生补考的操作。

2. 打开素材文件，选择 C4 单元格。在窗口编辑栏文本框中，输入公式 "=HYPERLINK ("HTTP://WWW.xiaoyuantuiguangzhan.COM","形象推广网站")"，并按 Enter 键。在 C4 单元格中，系统会自动创建一个超链接，单击该超链接即可访问该学校的形象推广网站。通过以上方法，即可完成添加校园形象推广网站超链接的操作。

第 11 章

1 思考与练习

一、填空题

1. 数据库函数

2. 信息函数

二、判断题

1. 对
2. 错

三、思考题

1. DPRODUCT 函数的语法结构为：

DPRODUCT (database,field,criteria)

参数 database 为必选项，表示构成数据库的单元格区域。

参数 field 为必选项，表示指定函数所使用的数据列，即要进行函数计算的数据列。需要注意的是，此处的列号是相对于数据库而不是整个工作表而言的。

参数 criteria 为必选项，表示包含条件的单元格区域。可以指定任意区域但是必须包含一个列标题及其下方用于作为条件的至少一个单元格，而且不能与数据库互相交叉重叠。

2. ISBLANK 函数的语法结构为：

ISBLANK (value)

参数 value 为必选项，表示判断是否为空的单元格。

2 上机操作

1. 打开素材文件，选择 C11 单元格，在窗口编辑栏文本框中，输入公式 "=DSUM(A1: D9,4,E2:G3)"，并按 Enter 键。在 C11 单元格中，系统会自动统计出符合条件的销售额总和。通过以上方法，即可完成统计符合条件的销售额总和的操作。

2. 打开素材文件，选择 D10 单元格。在窗口编辑栏文本框中，输入公式 "=SUM (ISNUMBER(FIND(A2:A9,A10)))*D2:D9)"，并按 Ctrl+Shift+Enter 组合键。在 D10 单元格中，系统会自动统计出指定员工的工资总和。通过以上方法，即可完成统计指定员工工资总和的操作。

第　12　章

1 思考与练习

一、填空题

1. 数组、逻辑值
2. 数组公式、数组公式
3. 多维引用、公式
4. 数值

二、判断题

1. 错
2. 对

3. 错

4. 对

三、思考题

1. 数组公式使用大括号来区别于其他普通公式。数组公式是以按 Ctrl+Shift+Enter 组合键来完成编辑的特殊公式，作为标识，Excel 会自动在窗口编辑栏中，在数组公式首尾添加大括号。数组公式的实质是单元格公式的一种书写形式，用来显式地通知 Excel 计算引擎对其执行多项计算。

所谓多项计算是指，对公式中有对应关系的数组元素同步执行相关计算，或在工作表的相应单元格区域中同时返回常量数组、区域数组、内存数组或者命名数组的多个元素。

但是，并不是所有执行多项计算的公式，都必须以数组公式的输入方式来完成编辑。一些函数在 array 数组类型或者 vector 向量类型的参数中使用数组，并返回单一结果时，Excel 不需要获得通知即可直接对其执行多项计算，例如 SUMPRODUCT、LOOKUP、MMULT 以及新增的 MODE.MULT 函数。

2. 多维引用可以用来取代辅助单元格公式，在内存中构造出对多个单元格区域的虚拟引用，各区域独立参与计算，同步返回结果，从而提高公式的编辑和运算效率。

2 上机操作

1. 打开素材文件，选择 D9 单元格。在窗口编辑栏文本框中，输入公式 "=COUNT(1/(MATCH(C2:C9,C2:C9,)=ROW (C2:C9)-1))"，并按 Ctrl+Shift+Enter 组合键，系统会自动在 D9 单元格中统计出商品类型的数量。通过以上方法，即可完成统计商品类型数量的操作。

2. 打开素材文件，选择 F2～F9 单元格区域。在窗口编辑栏文本框中，输入公式 " =INDEX($B:$B,RIGHT(SMALL(COUNTIF(INDEX(A2:D9,,2),"<="&INDEX(A2:D9,,2))*100000+ROW(A2:D9) ,ROW()-1), 5))"，并按 Ctrl+Shift+Enter 组合键，系统会自动在 F2～F9 单元格区域中将所有商品名称进行重新排序。通过以上方法，即可完成对商品名称进行排序的操作。

第　13　章

1 思考与练习

一、填空题

1. 图表

2. 绘图区、数据系列

3. 使用图表向导创建图表

4. 编辑

5. 迷你图

6. 数据系列、数据系列

7. 趋势线、误差线

二、判断题

1. 对

2. 错

3. 对

4. 错

三、思考题

1. 图表的类型共 11 种，分别是柱形图、折线图、饼图、条形图、面积图、XY 散点图、股价图、曲面图、圆环图、气泡图和雷达图。

2. 在 Excel 2010 中，创建完成的图表由图表区、绘图区、标题、数据系列、坐标轴、图例和模拟运算表等多个部分组成。

2 上机操作

1. 打开素材文件，单击选择表格中任意单元格。选择【插入】选项卡，单击【图表】组中的【折线图】下拉按钮，在弹出的下拉菜单中，选择准备应用的折线图样式。通过以上方法，即可完成创建折线图的操作。

2. 打开素材文件，选择【插入】选项卡，单击【迷你图】组中的【柱形图】按钮。弹出【创建迷你图】对话框，单击【数据范围】文本框右侧的【折叠】按钮。在工作表中选择准备创建迷你图的数据源区域，单击【创建迷你图】对话框中的【展开】按钮。返回【创建迷你图】对话框，单击【位置范围】文本框右侧的【折叠】按钮。在工作表中选择准备插入迷你图的单元格，单击【创建迷你图】对话框中的【展开】按钮。返回【创建迷你图】对话框，单击【确定】按钮。返回到工作表界面，可以看到已经插入了迷你图。通过以上方法，即可完成创建迷你图的操作。

第 14 章

1 思考与练习

一、填空题

1. Excel 数据列表

2. 行、降序

二、判断题

1. 错

2. 对

三、思考题

1. 选中准备排序的一列中的任意单元格，选择【开始】选项卡，单击【编辑】组中的【筛选和排序】下拉按钮，在弹出的下拉菜单中，选择准备使用的排序方式。通过以上方法，即可完成简单排序的操作。

2. 单击数据列表中任意单元格，选择【数据】选项卡，单击【分级显示】组中的【创建组】下拉按钮，在弹出的下拉菜单中，选择【自动建立分级显示】菜单项。通过以上方法，即可完成新建分级显示的操作。

2 上机操作

1. 打开素材文件，选中准备排序的数据列表中的任意单元格。选择【数据】选项卡，单击【排序和筛选】组中的【排序】按钮。弹出【排序】对话框，单击【选项】按钮。弹出【排序选项】对话框，在【方法】选项组中，选中【笔画排序】单选按钮，单击【确定】按钮。返回到【排序】对话框界面，设置【主要关键字】的相关排序条件，单击【确定】按钮。通过以上方法，即可完成按笔画排序的操作。

2. 打开素材文件，选中 I2 单元格。选择【数据】选项卡，单击【数据工具】组中的【合并计算】按钮。弹出【合并计算】对话框，单击【引用位置】文本框右侧的【折叠】按钮。进入工作表界面，选择第一个需要引用的位置，如 A2～C3 单元格区域，单击【展开】按钮。返回【合并计算】对话框，单击【添加】按钮，再单击【折叠】按钮。进入工作表界面，选择第二个需要引用的位置，如 E2～G3 单元格区域，单击【展开】按钮。返回【合并计算】对话框，单击【添加】按钮，在【标签位置】选项组中，选中【首行】复选框，单击【确定】按钮。通过以上方法，即可完成按分类合并计算的操作。

第 15 章

1 思考与练习

一、填空题

1. 数据透视表、数据

2. 自动创建

二、判断题

1. 错

2. 对

三、思考题

1. 数据透视表是一种交互式报表，可以进行计算，如求和与计数等。所进行的计算与数据与数据透视表中的排列有关。使用数据透视表可以深入分析数值数据，并且可以解决一些预计不到的数据问题。

2. 数据透视图是以图形形式表示的数据透视表，和图表与数据区域之间的关系相同，各数据透视表之间的字段相互对应，如果更改了某一报表的某个字段位置，则另一报表中的相应字段位置也会改变。

2 上机操作

1. 打开素材文件，在数据透视表中，单击"行标签"单元格中的下拉按钮，在弹出的下拉菜单中，选择【升序】菜单项。通过以上方法，即可完成对姓名进行升序排序的操作。

2. 打开素材文件，右击准备更改类型的透视图，在弹出的快捷菜单中，选择【更改图表类型】菜单项。弹出【更改图表类型】对话框，选择【折线图】选项卡，再选择准备应用的图表样式，单击【确定】按钮。返回到工作表界面，可以看到图表的类型以及样式已发生改变。通过以上方法，即可完成更改数据透视图类型为折线图的操作。

第 16 章

1 思考与练习

一、填空题

1. 模拟运算
2. 规划模型、运算报告

二、判断题

1. 错
2. 对

三、思考题

1. 模拟运算是指在一个单元格区域内，在一个或者多个公式中替换不同的值而显示不同的结果。在面对一些分析需求的时候，最简单的处理方法是直接将假设的值填入其中，然后利用公式自动重算的特性，观察值的变化结果。

2. 解决规划分析问题的首要任务和关键是必须将实际问题数学化、模型化，即将实际问题通过一组决策变量、一组不等式或者等式表示的约束条件以及目标函数来表示。在 Excel 中，这些变量、等式或者函数，其实都是利用单元格中的数值、公式以及规划求解工具中的参数来构成的。因此，只要能在工作表中将决策变量、约束条件和目标函数的相互关系清晰地用有关公式描述清楚，用户不需要掌握高深的数学知识和复制的计算方法即可方便的应用 Excel 的规划求解工具进行求解。

2 上机操作

1. 打开素材文件，选择 E3 单元格。在窗口编辑栏文本框中，输入公式"=D2*$B$3*$B$2"，并按 Enter 键，系统会自动计算出结果，向下填充公式至其他单元格，即可完成计算购买进口毛巾所需金额的操作。

2. 打开素材文件，选择 D2 单元格，在窗口编辑栏文本框中，输入公式"=5*B1-2*A2+3"，并按 Enter 键。选择 B2～F6 单元格区域，选中【数据】选项卡，在【数据工具】组中，单击【模拟分析】下拉按钮，在弹出的下拉菜单中，选择【模拟运算表】菜单项。弹出【模拟运算表】对话框，在【输入引用行的单元格】文本框中输入"$B$1"，在【输入引用列的单元格】文本框中输入"$A$2"，单击【确定】按钮。通过以上方法，即可完成利用双变量模拟运算解方程式的操作。